冶金过程自动化技术丛书

炼钢生产自动化技术

刘 玠 主编

蒋慎言 陈大纲 编著

北 京

冶金工业出版社

2022

内 容 提 要

本书为《冶金过程自动化技术丛书》之一,内容包括:铁水预处理自动化;转炉炼钢工艺与设备;转炉电气传动系统;转炉炼钢控制的基础自动化;转炉过程控制系统;转炉炼钢数学模型等。

本书可供从事冶金自动化技术的科研、设计、生产维护人员使用,也可供大专院校自动化专业的师生参考。

图书在版编目(CIP)数据

炼钢生产自动化技术/蒋慎言等编著. —北京:冶金工业出版社,2006.11(2022.8 重印)

(冶金过程自动化技术丛书/刘玠主编)

ISBN 978-7-5024-4148-7

Ⅰ. 炼… Ⅱ. 蒋… Ⅲ. 炼钢—自动化技术 Ⅳ. TF7-39

中国版本图书馆 CIP 数据核字(2006)第 131533 号

炼钢生产自动化技术

出版发行	冶金工业出版社	电　话	(010)64027926
地　址	北京市东城区嵩祝院北巷 39 号	邮　编	100009
网　址	www.mip1953.com	电子信箱	service@ mip1953.com

责任编辑　戈 兰　美术编辑　彭子赫　版式设计　孙跃红
责任校对　王永欣　责任印制　李玉山
三河市双峰印刷装订有限公司印刷
2006 年 11 月第 1 版,2022 年 8 月第 5 次印刷
787mm×1092mm　1/16;18.75 印张;449 千字;282 页
定价 53.00 元

投稿电话　(010)64027932　投稿信箱　tougao@cnmip.com.cn
营销中心电话　(010)64044283
冶金工业出版社天猫旗舰店　yjgycbs.tmall.com
(本书如有印装质量问题,本社营销中心负责退换)

序

　　建国以来,冶金工业在我国国民经济的发展中一直占据很重要的位置,1949 年我国粗钢产量占世界第 26 位,到 1996 年粗钢产量为一亿零一百万吨,上升到世界第 1 位。预计今年钢产量能达到二亿六千万吨左右,稳居世界第 1 位。根据国家统计局数据,2003 年我国冶金工业总产值为4501.74 亿元,占整个国内生产总值的 4.8%。

　　统计表明,国民经济增长和钢材需求之间有着非常紧密的关系。2000 年我国生产总值增长率为8.0%,钢材需求增长率为8.0%。2002 年我国生产总值增长率为7.5%,钢材需求增长率为21.3%。预计今年我国生产总值增长率为7.5%,而钢材需求增长率为13%。据美国《世界钢动态》杂志社的研究,钢材需求受经济增长的影响是:如果经济年增长率为2%,钢材需求通常没有变化,但是如果经济增长为7%,钢材需求可能会上涨10%。这也就是20世纪90年代初期远东地区和中国钢材需求量迅猛上涨的原因。

　　从以上的数据中我们可以清楚地看出冶金工业在国民经济中的地位和作用。在中国共产党的正确领导下,经过半个世纪,尤其是改革开放的20 多年来的努力奋斗,我国已经成为世界的钢铁大国,但还不是钢铁强国,有许多技术经济指标还落后于技术发达的国家。如我国平均吨钢综合能耗,在 1995 年为 1516 kg/t,2003 年降低为 778 kg/t,而日本在 2003 年为 658 kg/t。很显然是有差距的,要缩小这些差距,除了进行产品结构的调整,新工艺流程的研究与开发,建立现代企业管理制度以外,很重要的一条,就是要遵循党的十六大所提出的"以信息化带动工业化,以工业化促进信息化,走新型工业化道路"的伟大战略。

众所周知,自从电子计算机诞生半个世纪以来,尤其是近几年来信息技术和自动化技术的迅猛发展,为提高冶金企业的市场竞争力,缩短技术更新周期与提高企业科学管理水平提供了强有力的手段,也使得冶金企业得以从产业革命的高度来认识信息技术和自动化技术所带来的影响。各冶金企业,谁对信息技术、自动化技术应用得好,谁的产品质量就稳定,谁的竞争优势就增强,谁的市场信誉就提高,谁就能在激烈的市场竞争中生存、发展。因此这种"应用"就成了一种不可阻挡的趋势。

2003 年,中国钢铁工业协会信息与自动化推进中心及信息统计部就全国 65 家主要冶金企业的信息与自动化现状进行了调查,调查的结果表明:

第一,我国整个冶金企业在主要的工序流程上,基本普及了自动化级(L1),今后仍将坚持和普及;

第二,过程控制级(L2)近年也有了一定的发展,但由于受到数学模型的开发及引进数学模型的消化、吸收较为缓慢的制约,过程控制级仍有较大的发展空间,今后应关注控制模型的引进、消化和开发,它是提高产品质量重要的不可替代的环节;

第三,生产管理级(L3)、生产制造执行系统(MES)尚处于研究阶段,还不足以引起企业领导的足够重视,这一级在冶金企业信息化体系结构中的位置和作用是十分重要的,它是实现控制系统和管理信息系统完美集成的关键。

由此可见,普及、提高基础自动化,大力发展生产过程自动化,重视制造执行系统(MES)建设,加快企业信息化、自动化的建设进程,早日实现我国冶金企业信息化、自动化及管、控一体化,是"十五"期间乃至今后若干年内提升冶金工业这一传统产业,走新型工业化道路的重要目标和艰巨任务。

为了加速这一重要目标的实现和艰巨任务的完成,我们组织编写了这套《冶金过程自动化技术丛书》。根据冶金工业工艺流程长,而每一个工序独立性、特殊性又很强，要求掌握的技术很广、很深的特点，为了让读者能各取所需，本套丛书按《冶金过程自动化基础》、《冶金原燃料生产自动化技术》、《炼铁生产自动化技术》、《炼钢生产自动化技术》、《连铸及炉外精炼自动化技术》、《热轧生产自动化技术》、《冷轧生产自动化技术》、《冶金企业管理信息化技术》等8个分册出版，其中《冶金过程自动化基础》是论述研究一些在冶金生产自动化方面共性的问题，具有打好基础的作用，其他各册是根据冶金工序的不同特点编写的。

这套丛书的编著者都是在生产、科研、设计、领导一线长期从事冶金工业信息化及自动化工作的专家，无论是在技术研究的高度上，还是在解决复杂的实际问题方面都具有很丰富的经验，而且掌握的实际案例也很多，因此书中所介绍的内容也是读者感兴趣的，在实际工作中需要的，同时书中所讨论的问题也是当前冶金企业进行大规模技术改造迫切需要解决的问题。

时代的重任，国家的需要，要求我们每一个长期从事冶金企业信息化自动化的工程技术人员，以精湛的技术、刻苦求实的精神，搞好冶金企业的信息化及自动化，无愧于我们这一伟大的时代。相信，这套丛书的出版，会对大家有所帮助。

中国工程院院士 刘玠

2004 年仲夏

前　言

　　众所周知,我国已成为世界钢铁生产第一大国,但不是钢铁生产的强国。如何使用电子和自动化技术使冶金生产获得高效、高产、优质、低耗和环保,不仅是钢铁工业现代化标志和必不可少的环节,也是通向钢铁生产强国的重要方法与途径。

　　为了使读者对自动化及计算机在钢铁工业中的应用有一个较完整的认识,也使从事钢铁生产的技术人员和广大职工能够更深入地学习和掌握冶金工业中自动化的新技术,本书从实践出发,系统介绍了转炉生产的基础自动化、仪表自动化、电气传动自动化及管理自动化等概念,也根据转炉炼钢的工艺流程介绍了数学模型及其应用,因为任何先进的控制手段都是以先进的生产工艺为基础,为生产工艺服务的。

　　本书结合实际案例,较详细地阐述了先进的自动化及计算机技术的应用。本书共分6章,第1章铁水预处理自动化由蒋慎言、陈大纲编著;第2章转炉炼钢工艺与设备、第5章转炉过程控制系统、第6章转炉炼钢数学模型由陈大纲编著;第3章转炉电气传动系统由严树平、陈大纲编著;第4章转炉炼钢控制的基础自动化由年延红编著。蒋慎言对全书进行了校核和修改。另外,在本书编著过程中,陈志迅、周明、黄金霞、张辉、张成业、金鹏、于继勇、孙尚鹏提供了大量资料,参与了本书的编著。

　　本书在编著过程中得到了刘玠院士精心的指导和帮助,在此表示衷心的感谢!

　　由于作者手中的资料及水平所限,尽管付出了极大的努力,但在编著过程中仍难免有不妥之处,恳请读者见谅,恳请专家、学者批评指正。

编　者

2006年8月

目　录

第1章 铁水预处理自动化

1.1 工艺概述

近年来,由于生产的发展和技术的进步,对于钢的力学性能和表面质量要求日益提高,要求钢中的含硫量控制在 0.02% 以下,有的甚至要求磷、硫含量达到近于"双零"(小于 0.01%)的水平。传统的高炉—转炉炼钢工艺很难满足上述要求,这是因为低硫的原料和焦炭日益减少,铁水含硫量有逐渐升高的趋势,如果加大在高炉内的脱硫,需要一定的碱度而增大渣量和增加焦比,同样转炉炼钢脱硫通常只有 30%～50% 左右,用高炉铁水或者一般铁水炼低硫钢,需要采用高碱度渣,从而增加了渣量消耗,延长了冶炼时间,降低了金属收得率,为了解决以上这些问题,现广泛采用炉外预脱硫的方法,炉外预脱硫包括在高炉出铁时脱硫和在炼钢厂设置铁水预处理装置,而后者则更多地被广泛采用。"高炉—铁水预处理—复吹转炉—炉外精炼—连铸—连轧"已经成为当代钢铁生产的主要模式和生产流程。

在 20 世纪 80 年代以前,铁水预处理只进行脱硫预处理,80 年代以后开始发展为三脱(脱硫、脱磷和脱硅)处理。脱硫剂主要是石灰、萤石或碳化钙。脱磷则主要采用 FeO-CaO-CaF$_2$ 或 NaCO$_3$。脱硅则主要采用 CaO,氧化铁粉并吹氧。由热力学可知,只有铁水含硅量 [Si] 小于 0.15% 时,[P] 与氧的亲和力才大于 [Si] 与氧的亲和力,故当铁水含硅量 [Si] 大于 0.15% 时,在脱磷前必须是脱硅。

脱硅可以在高炉出铁场中连续或半连续进行,也可以在运输工具如鱼雷罐车或铁水包中进行。前者是在高炉出铁沟中进行,主要方法是喷入脱硅剂进行脱硅。

脱磷一般在运输工具如鱼雷罐车或铁水包中进行,主要方法是喷入脱磷剂进行脱磷,目前有的炼钢厂还采用将两座复吹转炉作为反应器,一座作为脱磷炉,另一座作为脱碳炉,脱碳炉生成的炉渣作为脱磷剂返回到脱磷炉进行脱磷。这样可以使石灰用量减少,并有效地将锰矿熔化还原,此法简称 SRP 法。

脱硫主要有喷吹法和搅拌法(KR 法)两种,喷吹法脱硫作业是在鱼雷罐车或铁水包内进行,以氮气为载流气体,采用顶喷法将脱硫剂喷入铁水以进行脱硫,这种方法适用于大批量脱硫,脱硫率可达 60%～80% 这种方法应用得最广泛,特别是大型钢厂中几乎都采用这种方法。搅拌脱硫法的设备维修费用较高,用于搅拌浆耐火材料消耗也较高,处理铁水量比喷吹法要小,一般认为脱硫成本略高,但脱硫率可达 90%,处理后的铁水 [S] 小于 0.005%,适合于冶炼低硫和超低硫钢种。

从以上铁水预处理的简述中可以看出,铁水预处理的处理流程如图 1-1 所示。

1.1.1 铁水预脱硫工艺

铁水预脱硫是指铁水进入炼钢炉前的脱硫处理,它是铁水预处理中最先发展成熟的工艺。

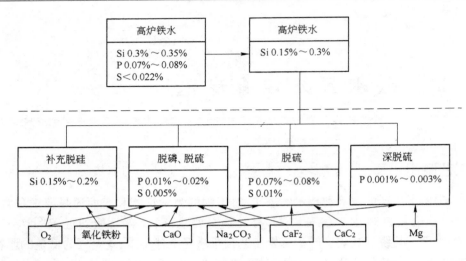

图 1-1　铁水预处理流程

钢的很多性能都受含硫量及其在钢中形成的硫化物夹杂的物理和化学性质的影响。硫化铁、硫化锰夹杂在热轧温度下很容易变形,成为延伸形夹杂,引起钢的性能各向异性。当含硫量小于 0.02% 时,板材和带材的横向冲击功迅速增加,含硫量小于 0.01% 时断口延伸率也急剧增加,在高硅电工钢中含硫量的增加将使磁性恶化。除了易切钢的特殊情况外,硫一般认为是有害之素,尤其在结构钢中,除了对力学性能影响外,含硫量的增加还对浇铸件和轧制件表面质量极为有害,对连铸钢坯来说尤其是这样,它使表面缺陷增加,因而影响收得率,增加精整工作量。实践证明钢中含硫量高于 0.02% 时的板坯表面缺陷为含硫量低于 0.019% 时的两倍,所以必须把含硫量限制在 0.02% 以内。世界各国钢铁厂经脱硫处理的铁水含硫量均小于 0.015%~0.01%。随着生产的不断发展,优质钢材的需要量日益增加,这是铁水预脱硫发展的重要原因,另外在氧气转炉炼钢生产中,钢中含硫量由铁水硫的总输入量、渣量、渣成分所决定。铁水输入含硫量高时,需要渣碱度高才能得到低硫钢水,相应渣中含铁量也较高。所以使用脱硫后的低硫铁水,减少了输入硫量,可少加石灰,减少渣量降低炉渣碱度,提高钢水收得率,改善热平衡,这也是铁水预处理得以发展的另一个原因。

1.1.1.1　铁水预脱硫的方法

铁水预脱硫的方法很多,各种方法经工业实际应用,有的因处理能力较小主要部件耐火材料寿命短,处理效果及可控性较差,和环境污染问题较严重而逐渐被淘汰。下面就几种工业上应用较成熟的方法和有应用前景的方法做进一步介绍。

A　KR 搅拌法

KR 搅拌法是日本新日铁广畑制铁所于 1963 年用于工业生产的铁水炉外脱硫技术,这种脱硫方法是以一种外衬耐火材料的搅拌器,浸入铁水包内旋转搅动铁水,使铁水产生漩涡,同时加入脱硫剂,该脱硫剂由槽车用氮气压送到贮料罐内,再经压送泵通过流槽加入铁水包的铁水中并把搅拌桨也下降到铁水中,使其卷入铁水内部进行充分反应,在铁水进行脱硫之后要进行扒渣,从而达到铁水脱硫的目的,它具有脱硫效率高、脱硫剂耗量少,金属损耗低等特点。具体脱硫操作各工序作业时间和工艺流程图、设备示意图如图1-2和图1-3所示。

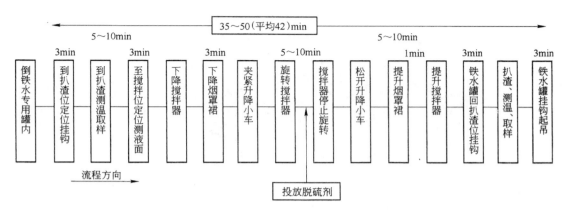

图1-2 KR工艺流程图和各工序作业时间

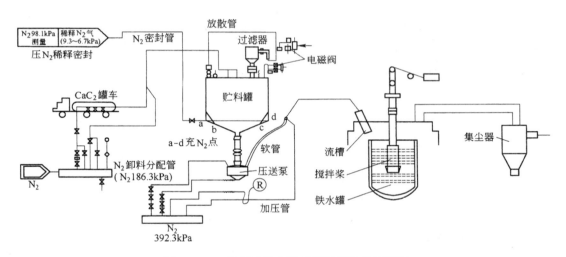

图1-3 KR搅拌法铁水脱硫预处理设备示意图

B 喷吹法

喷吹法是将脱硫剂用载气经喷枪吹入铁水深部,使粉剂与铁水充分接触,在上浮过程中将硫除去。为了完成这一过程,要求从喷粉罐送出的气粉流均匀稳定,喷枪出口不发生堵塞,脱硫剂粉粒有足够的速度进入铁水,在反应过程中不发生喷溅,最终取得较高脱硫率,使处理后的铁水含硫量能满足低硫钢生产的需要。下面介绍两种不同特点的喷吹装置和生产状况,即宝钢鱼雷罐车顶喷法(TDS)铁水预脱硫和太钢二炼钢铁水罐喷吹脱硫。

宝钢TDS铁水预脱硫处理工艺图如1-4所示,氮气流量为430~480 m^3/h,其中配入脱硫剂CaC_2比例越大流量越小,加压压力为0.28~0.32 MPa,喷吹压力为0.20~0.23 MPa。喷吹速度CaO为50~60 kg/min,CaC_2为40~45 kg/min。喷枪插入深度为1.2~1.4 m,喷吹时间因处理后的含硫量要求不同,喷粉量不同而不同,时间变化在5~30 min平均为21.63 min。脱硫剂单耗不大于5 kg/t。根据统计的平均脱硫率$\eta_s = 73.1\%$,处理后硫含量可达0.001%~0.002%,喷吹降温为20℃左右。

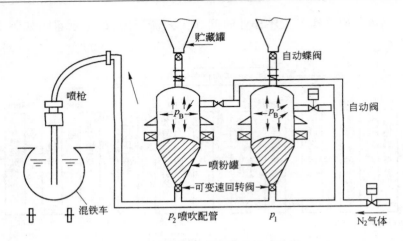

图 1-4　TDS 法铁水预脱硫处理工艺

　　该喷吹系统的特点是:喷吹罐下部采用旋转给料器,驱动采用啮合式变速电机,叶轮用聚胺酯类弹性材料制成,给料器的速度可在 10:1 内调节。因此,CaO 和 CaC₂ 的配料可根据各自的给料器的不同转速进行在线配料和调节,也可调节供粉速度。由于采用了大的氮气流量,其载气耗量大,容易造成喷溅,近来多发展为较浓相的喷吹系统(粉气比 40:60)。

　　太钢二炼钢的铁水预处理其喷粉系统示意图如图 1-5 所示。

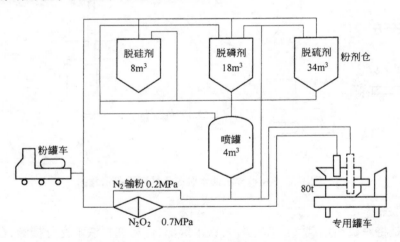

图 1-5　太钢铁水预处理其喷粉系统示意图

　　太钢铁水预处理喷粉系统示意图,铁水处理在 55 t 专用包内进行,有运罐车将专用包在处理工位和扒渣工位反复运行。根据铁水"三脱"(脱硫、脱硅、脱磷)的需要,顶部有 3 个贮粉罐,分别装脱硫、脱硅、脱磷 3 种粉剂,下面共用 1 个喷吹罐,工艺流程是:高炉铁水罐—兑入 55 t 专用包—扒渣、测温、取样—喷入脱硫剂—扒渣、测温、取样—兑入转炉。粉剂由粉罐车运来,由压力输送至相应的贮粉罐,再根据处理的需要加入喷粉罐。喷吹前,加压,等待喷吹。如果粉料已吹完或不足一次喷吹用料或需吹不同粉料,则需放气卸压再装料或将残料返回上部贮料罐再装新料。其氮气流量为 1 ~ 1.2 m³/min,喷吹速度为 60 ~ 65 kg/min。喷吹枪插入深度为 1.34 m,脱硫剂配比为石灰 95%、萤石 5%,平均脱硫率为

$\eta_s = 78.75\%$，处理后的铁水含硫量为 0.007%。喷吹降温为 20℃ 左右。

该喷吹系统的特点是，喷吹罐下部有加松动气的锥体部分，该处有大量微孔，气流从微孔高速吹入，使该处气粉呈松动混合状态。

1.1.1.2 脱硫剂

在工业上采用的铁水脱硫剂种类很多，有石灰系、金属镁系、电石系等，为了满足铁水脱硫的要求，多使用复合型脱硫剂。

A 石灰系脱硫剂

石灰系脱硫剂中主要成分石灰是冶金中常用的熔剂，其价格便宜，来源广泛，以其组成的脱硫剂能满足铁水脱硫的要求。研究得出在石灰中加入萤石可取得成效。配方中加入 $5\% \sim 10\%$ 的萤石在 1350℃ 左右的铁水中，CaO 与 CaF_2 能在石灰颗粒的晶粒界处生成液相，改善了硫在石灰颗粒的晶粒界的传输过程，脱硫速度增加了 $2 \sim 3$ 倍，除配 CaF_2 外，有的还配入 $15\% \sim 30\%$ $CaCO_3$，其作用在于石灰在分解，增加新的 CaO 表面流行性度，使放出的 CO_2 有强烈的搅拌作用，有利于脱硫。

B 镁和电石系脱硫剂

将镁浸入焦炭内部的镁焦作脱硫剂，20 世纪 70 年代在美国使用了相当长的时间，后来发展成为石灰—镁，电石—镁，包盐镁粒等喷吹法。这些方法的变化主要在于抑制镁的剧烈反应，即加入钝化剂，降低镁的消耗量，保证处理后的铁水达到极低硫的水平（$\leqslant 0.003\%$）。由于其耗量低渣量小，温降小，脱硫效果稳定。

电石用于脱硫已有较长时间，它比石灰脱硫能力强，而耗量约为石灰的一半左右，对减少脱硫渣量和铁损有利，因而广泛的应用于铁水脱硫。但在生产实践中发现有少量的回硫现象，回硫量约为 $0.001\% \sim 0.002\%$。因此电石系脱硫剂的发展有两种趋向，一种是配入更强的镁作为脱硫，另一种是配入石灰防止回硫。

1.1.1.3 脱硫渣的扒除

脱硫渣的扒除是脱硫处理过程的重要环节，完成这一操作与三方面的因素有关，一是扒渣机的性能，目前的扒渣机的产品性能不能很好满足要求，应进一步改进，使扒渣动作智能化；二是脱硫渣的性能和状态，石灰基脱硫渣在正常情况下是干渣，呈松散状，机械型扒渣机能很好扒除；三是高炉渣过多，使脱硫性能变差，或者是铁水罐带有残渣，铁水温度过低等。

1.1.2 铁水预脱硅工艺

铁水预脱硅指铁水进入炼钢前的降硅处理，它是分步精炼工艺发展的结果。它能改善炼钢炉的技术经济指标，降低炼钢费用，也可作为预处理脱磷，脱硫的前处理，以提高脱磷脱硫的效率。处理后的铁水进入转炉，只需要完成脱碳和提高温度，渣量减少到 100 kg/t 以下，只起到保护渣层的作用，总之铁水预脱硅已成为冶炼优质钢种，改善预处理脱磷脱硫和转炉冶炼技术的重要工序。

1.1.2.1 铁水预脱硅的方法

铁水预脱硅的方法,按处理场所不同,分为在高炉出铁过程中连续脱硅和在鱼雷车(或铁水包)中处理两种。按加入的方法不同,有自然落下的上置法,喷枪在铁水面上的顶喷法和喷枪插入铁水的喷吹法等。按搅拌方法不同,有吹气搅拌、铁水落下流搅拌、喷吹的气粉流搅拌和叶轮搅拌。从改善处理剂与铁水的反应动力学条件看,以后两种较好,但需有相应的设备,铁水落下流搅拌最简单,吹气搅拌次之。各种脱硅方式的选择主要根据铁水的含硅量,目标含硅量和已有的设备场地限制等条件来确定。若铁水含硅量大于 0.45%~0.50%,应设置高炉炉前脱硅。若铁水需预处理脱磷脱硫,需先在铁水包中脱硅,将含硅量降至 0.10%~0.15%以下。

A 出铁场脱硅

有的脱硅剂以皮带机或溜槽自然落下加入铁水沟,随铁水流入铁水包进行反应。如图1-6 所示。

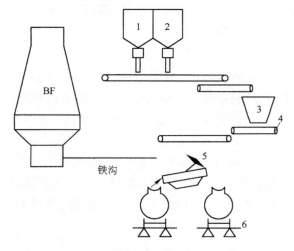

图 1-6 脱硅剂自然落入摆动溜嘴

1—主料仓;2—辅料仓;3—混料仓;4—定量给料机;5—摆动溜嘴;6—320 t 鱼雷罐车

有的铁水沟有落差,脱硅剂高点加入,过落差后一段反应距离设置撇渣器,将脱硅渣分离。有的脱硅剂以喷出方式进行,一种为插入铁水的喷枪,枪附近的铁水沟改为圆形的反应坑,枪有横吹 4 孔,位于反应坑的中心,如图 1-7 所示。

另一种喷枪在铁水面上以高速气粉流向铁水投射。有的投射点在铁水沟,该处改造为较宽较深的反应室,有的投射点在摆动溜嘴处。粉料粒度小于 1.0 mm,贮仓为 30 m³ 一个,40 m³ 两个,最大给料速度为 365 kg/min,这些加速添加方式都改善了反应的动力学条件,但同时需克服喷溅过大和耐火材料侵蚀等问题。日本千叶厂为了加大脱硅量采用了在上部投加式外增加在摆动溜嘴处投射式脱硅。投射式喷枪采用了矩形的广角投射式喷枪,以降低脱硅剂的投射密度;通过回转阀将脱硅剂定量送出后,用压缩气体加速,通过分配器可对上部投加法与投射法用的脱硅剂的投加比例进行任意调节。这种方法的效果是:处理前铁水含硅量为 0.30%,脱硅剂单耗为 13 kg/t,处理后含硅由原来的 0.15%降至 0.09%,造渣抑制剂由 0.23 kg/t 降至 0.10 kg/t。

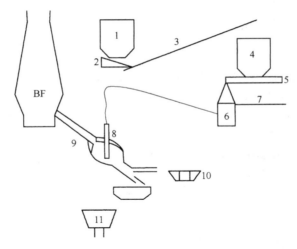

图 1-7 铁沟中喷吹脱硅

1—料仓;2—给料机;3—皮带机;4—料仓;5—定量给料器;6—输送装置;
7—载气;8—喷枪;9—主沟;10—摆动溜嘴;11—铁水包

B 铁水包脱硅

这种脱硅在专门的预处理站进行,采用插入铁水的喷枪脱硅,太钢脱硅剂粒度为0.370～0.147 mm。处理时铁水温度为1320℃左右,另加氧枪吹面(距铁水面200 mm左右),防止铁水温度下降。当气氧/固氧在0.3～0.5范围时,平均脱硅量达0.59%,处理后铁水温度基本不变,其气体用氧量相当于1.4～2.0 m³/t。

对比高炉炉前脱硅和铁水包脱硅,其利弊是:前者不需要增加脱硅工序时间,热损失少,处理后温度较后者高100℃左右,但铁水包装入量减少10%～20%。出铁中的硅含量,铁流大小和温度较难控制,影响了脱硅效率的稳定性。

1.1.2.2 脱硅剂

脱硅剂主要是冶金厂各种氧化铁、热轧钢皮、烧结返矿、烧结尘,也可考虑转炉尘和铁精矿粉。脱硅效果以转炉尘最好,轧钢皮次之、烧结矿粉第三,用轧钢皮处理后的含硅量比烧结尘约低0.05%,有的要加入一定量的熔剂(石灰、萤石)用于改进脱矿渣的性能,提高流动性,有利于提高氧效率,降低渣中氧化铁和氧化锰的含量。当渣碱度CaO/SiO_2为0.8～1.0时氧效率可提到60%～70%,减少汽沫渣。脱硅剂的粒度用于铁水包脱硅时较小(0.542～0.147 mm),用于出铁厂脱硅时小于5 mm。

1.1.2.3 脱硅渣起泡

炉前脱硅和铁水包脱硅均出现较严重的起泡问题。1 kg铁水的实验室脱硅试验发现,起泡高度为铁水高度的一倍,工业测验达到0.3～1.2 m(平均0.77 m)。脱硅渣起泡有两方面的原因:一是脱硅过程中碳的氧化,形成CO气体;二是气体在脱硅渣中释放不及时。渣中氧化铁和生铁中的碳反应是产生气体的来源。这种碳氧化现象虽不严重(脱碳小于0.3%),不致影响炼钢过程。但其发气体积很大(约为铁水体积近百倍),因此,脱硅过程中保碳是很重要的。采取方法就是控制较低温度,适当提高渣碱度,加强搅拌和吹氮气促进气体溢出和吹入氮气破泡,投入无水炮泥压渣和控制脱硅剂加入速度等办法加以控制。

1.1.3　铁水预脱磷工艺

铁水预脱磷是铁水进入炼钢炉前预处理的新工艺,是炼钢分步精炼工艺的新发展,是适应对低磷钢种的要求,改进炼钢工艺技术,和利用含磷较高的铁矿资源而得以发展的。氧气顶吹转炉有较强的去磷能力,对于一般含磷(0.04%~0.1%),铁水冶炼普通钢种都能满足去磷要求,但在 20 世纪 80 年代以后,由于石油危机冲击的影响,需要发展节能,省原材料,减少废弃物的新工艺。炼钢在实现铁水预脱硫后,进一步研究了预脱磷问题,同时也是适应低磷钢和纯净钢种的要求。

1.1.3.1　铁水预脱磷的方法

铁水预脱磷的处理方法按设备可分为炉外法和炉内法。炉外法设备有铁水包和鱼雷罐。炉内法设备有专用炉和底吹炉。按加料方式和搅拌方式可分为喷吹法、顶加熔剂机械搅拌法(KR)以及预加熔剂吹氮搅拌法等。

A　铁水包喷吹法

20 世纪 80 年代初,采用原有脱硫设备进行铁水脱磷工业测验,1985 年 7 月,日本钢管福山制铁所投入生产,它包括高炉出铁厂顶喷脱硅和铁水包喷吹脱磷,脱磷设备如图 1-8 所示。

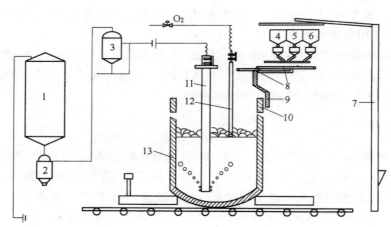

图 1-8　脱磷布置设备系统图

1—贮料仓;2—提升罐;3—喷吹罐;4—CaO₃;5—CaF₂;6—轧钢皮;7—斗式提升机;
8—运输机;9—集尘罩;10—副罩;11—N₂ 枪;12—O₂ 枪;13—铁水包

该脱磷处理有如下优点:铁水包混合容易,排渣性好,氧源供给可上部加轧钢皮,配以生石灰、萤石等熔剂,在强搅拌下加速脱磷反应;气体氧可以调节控制铁水温度;处理量与转炉匹配,使转炉可冶炼低磷(<0.010%)钢种,减少造渣熔剂并用锰矿石取代锰铁冶炼高温钢取得明显的经济效益。

B　鱼雷罐车喷吹法

在国内外有些大的钢铁企业,鱼雷罐普遍作为运输铁水的工具,因而,大部分实现了工业规模的鱼雷罐铁水预脱磷处理,使用的脱磷剂分别采用苏打或者轧钢皮和生石灰等。经过几年的生产实践发现,以鱼雷罐作为铁水预脱磷设备存在如下问题:鱼雷罐中存在死区,反应动力学条件不好,在相同粉剂消耗下,需要载气量大,且效果不如铁水包;喷吹过程中罐体摆动比较严重,改用倾斜喷枪或T形,十字形出口喷枪后有好转;用做脱磷设备后,由于渣量过大,罐口结渣铁严重,其盛铁容积明显降低;每次倒渣都需倒出相当多的残留铁水,否则倒不净罐内熔渣,影响盛铁量和下次处理效果;用苏打做脱磷剂罐体侵蚀严重,尚无经济适用的方案予以解决。因此,使用这种脱磷容器的厂逐渐减少。

C 专用炉脱磷处理

专用炉处理是在炼钢车间专门用一座预处理炉进行铁水脱磷。它有两种形式,一种是专门建造一座可倾翻扒渣,容量较大并配有防溅密封罩,喷粉处理的铁水包。另一种是将炼钢车间的转炉稍加改造后专用于铁水脱磷,目前不少厂采用此法,该工艺称为专用炉(即H炉)氧-石灰喷吹脱磷脱硫工艺,即OLIPS法。用氮气做载气顶吹脱磷剂,顶吹氧气脱磷,并用少量苏打分期脱硫。以后又发展成为两级转炉串联操作SRP工艺,其中,第一级转炉称为脱磷炉,或称为预炼炉,完成脱磷任务;第二级称为脱碳炉,完成炼钢任务。脱碳炉的转炉渣可配入铁矿石、萤石或加少量石灰作为预炼炉的脱磷剂,充分利用转炉渣的脱磷能力,可节省脱磷剂降低成本。

总的看来,铁水预处理脱磷的方法,除了已有的专用脱磷站外,由于转炉炼钢能力过剩,采用双转炉串联工艺是一种新的发展趋势。

1.1.3.2 脱磷剂

铁水脱磷剂主要由氧化剂、造渣剂和助熔剂组成。其作用在于供氧将铁水中磷氧化成P_2O_5,使之与造渣剂结合成磷酸盐留在脱磷渣中。目前工业上应用的脱磷剂有两类,一类为苏打(即碳酸钠),它既能氧化磷又能生成磷酸钠留在渣中;另一类为石灰系脱磷剂,它由氧化铁或氧气将磷氧化成P_2O_5,再与石灰结合生成磷酸钙留在渣中。工业上使用的氧化铁有轧钢皮、铁矿厂、烧结返矿、锰矿石等。此类脱磷剂往往需加助熔剂以改善脱磷渣性能,助熔剂采用萤石和氯化钙。

1.1.3.3 脱磷处理中铁水温度的控制

由于加入的脱磷剂量大和氧化铁熔融还原的吸热,处理后的铁水降温很大。从日本住友和歌山钢厂的经验看,当不吹氧时,处理后的铁水温度降达到130℃左右,(喷粉用氮气做载气)。当氧气占全部供氧50%时,铁水降温减少至30℃左右,应该指出,总供氧量是保证脱磷的关键因素。图1-9为日本钢管京滨厂260 t铁水包处理时脱磷量与总氧量的关系。

供氧7~8 m³/t可脱磷0.1%,低氧量时波动较大,而且温度对磷的分配也有明显的影响。

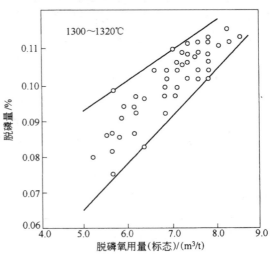

图1-9 脱磷量与总氧的关系

1.1.4　全量铁水"三脱"预处理工艺

近 20 年来,纯净钢市场日益扩大,所谓纯净钢,就是钢生产的总杂质含量$\sum P + S + TO + N + H \leqslant 100 \times 10^{-6}$的钢,而各种杂质对钢的使用性能和加工性能的影响如图 1-10 所示。

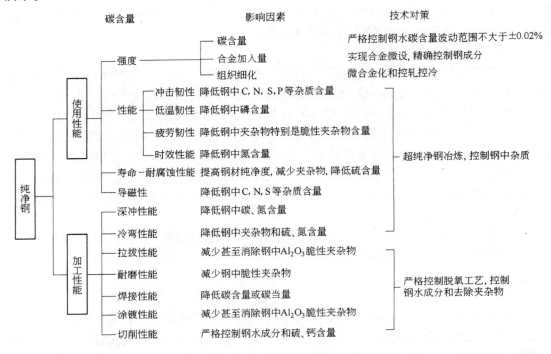

图 1-10　钢水杂质对钢材性能的影响

随着钢铁市场竞争的加剧,钢铁企业只是简单地掌握单元脱杂质的冶炼工艺技术还不能满足以增强企业的产品竞争能力。新一代钢铁厂,必须彻底打破传统钢铁生产流程和工艺指导思想的束缚,建立起大量生产纯净钢的生产体制,才可能在国际钢铁市场中立于不败之地。因此就提出了全量铁水"三脱"预处理工艺技术。

建立全量铁水"三脱"(脱硫、脱硅、脱磷)预处理的生产体制,核心是要实现全量(即100%)铁水"三脱"预处理。日本的经验已经证明,只有连续 20 炉以上进行"三脱"预处理,才能避免炉衬上凝结的高磷高硫炉渣对钢水的污染,顺利冶炼超纯净钢。因此目前,日本大多数钢厂铁水"三脱"预处理的比例已经超过 90%。

如何建立全量铁水"三脱"预处理生产体制应根据各钢厂的实际情况和生产钢种的纯度要求选择不同的处理工艺。根据我国的具体情况,在全国各地铁矿石的硫、硅、磷的含量相差较大,对以生产超纯净钢为主体的大型转炉一般有两种方法,第一种是适宜采用脱硫与脱硅、脱磷分别单独进行的生产工艺。建立单独的铁水脱硫站,采用金属 Mg-CaO 喷吹脱硫工艺,进行铁水脱硫预处理。采用转炉同时脱硅脱磷预处理。为了实现低温条件下的钢渣反应,应增加底吹搅拌强度,并采用精炼转炉渣作为脱磷剂促进化渣。而对于以生产普通纯净钢材为主的中小型转炉,可采用转炉同时脱磷脱硫的预处理工艺,在普通转炉上增建喷吹

CaO 粉剂的顶吹喷粉枪喷粉同时脱磷脱硫。第二种方法是采用铁水运输设备(如鱼雷罐车,铁水包等)作为"三脱"处理的反应容器。由于此类反应容器炉容比很小,不利于渣—钢反应。因此,多采用铁水脱硅预处理(目的是限制渣量)工艺和高 CaO/O$_2$ 喷粉的同时脱硫脱磷工艺,其工艺要点如下:

(1) 高炉低硅操作,控制铁水[Si] = 0.4%。

(2) 高炉出铁连续脱硅,处理后铁水[Si]≤0.15%。

(3) 鱼雷罐车或铁水包内同时脱磷脱硫,一般采用喷粉工艺,控制 CaO/O$_2$ 为 1.5~3.0 固/气 O$_2$ 比例≥60%,处理后铁水硫磷均≤0.015%(或根据钢种要求进行深处理)。

(4) 复吹转炉少渣冶炼和 Mn 矿、Cr 矿、熔融还原工艺,吨钢石灰消耗 10~15 kg/t,终点残 Mn 可达到 1.0%,基本不用加锰铁进行钢水合金化。

(5) 转炉高拉碳([C] = 0.07%~0.08%),弱脱氧出钢,然后进入炉外精炼进行真空喷粉深脱硫工艺。

采用以上"三脱"工艺可大规模生产∑P + S + TO + N + H≤100 × 10^{-6}的超纯净钢,而且生产成本低于采用传统工艺生产的普通钢种。

1.2 脱硫,脱硅及脱磷铁水预处理设备

从以上的工艺简述中我们可以看出铁水预处理工艺根据现场的工艺布置、原材料条件、铁水成分温度、目标钢种是不相同的,以此为依据,处理设备也是千差万别,在这里为了便于阐明其自动化控制,就其共性化的设备加以叙述。

1.2.1 喷枪及传动设备

喷枪及传动设备结构如图 1-11 所示。

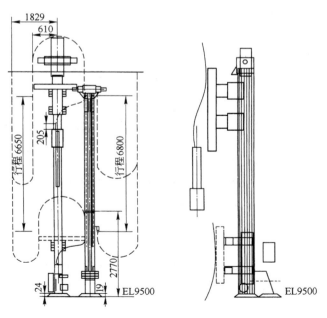

图 1-11　喷枪传动设备结构

喷枪传动设备用于固定喷枪并操纵喷枪实现升降,摆动及回转动作,设备实现以上三个动作时,就能随时停在其行程范围内的任一位置。在上述各行程处的起点终点各设一个限位开关。

升降、摆动、回转动作均设行程指示器,应是摆动溜嘴操作处和操作箱处于人员均看见的行程指示器面板。在设备上设吊耳,并附带吊具,本设备包括喷枪杆及喷枪头。

1.2.2　摆动溜嘴除尘罩

摆动溜嘴除尘罩的用途有:

(1) 做防尘罩及隔热用,保证摆动溜嘴处能有良好的除尘效果;阻止摆动溜嘴中铁水的热辐射向出铁场扩散。

(2) 除尘罩上开有窥视孔,操作人员借此观察铁水流入鱼雷罐的情况中间还有喷枪插入孔。

1.2.3　搅拌器

搅拌器侵入铁水内用于搅拌铁水。它衬有浇注耐火材料。一般设有多个搅拌器,其中一个作为正常使用,而其余为备用和干燥,搅拌器与主轴用法兰盘连接承受并传递搅拌力矩。

搅拌器旋转和液压缸用液压动力装置主要包括液压电机、液压缸和油泵装置。液压电机用于搅拌器的旋转。并安装在搅拌器小车上。液压电机传动适用于低转速大扭矩的要求。并可无级调速。液压缸用于提升罩裙,夹紧搅拌器小车和提升搅拌器小车滑轨。液压系统的液压油为防火磷酸酯。

1.2.4　扒渣机及系统

扒渣机如图 1-12 所示。

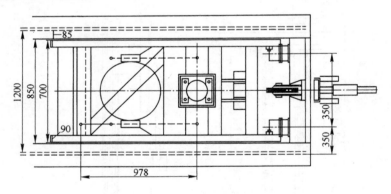

图 1-12　扒渣机

扒渣操作在卷扬器倾翻铁水包后进行扒渣,渣自铁水包内扒除并流入渣包内,扒渣操作是以一个钢板制作的扒渣板通过气缸装置连续地在铁水包上向前,在浮于铁水面上的渣上向下,向后运动,自铁水包内扒除渣子。

扒渣杆在扒渣操作时为了不发生卡死现象,可在渣面上旋转,扒渣板的位置可根据铁水包的高度和铁水量的不同由电机传动的千斤顶调整至最佳高度。

当进行了约 30 罐扒渣作业发生扒渣板损坏后,可视渣量和熔渣条件换新扒渣板。

扒渣机可手动操作和自动操作。

扒渣机系统包括扒渣机,铁水包倾翻卷扬及烟罩除尘 3 个部分,铁水包倾翻机比较简单,就不再以叙述。铁水脱硫过程中,由于搅拌和扒渣产生大量含尘烟气,必须及时进行捕集并分离净化烟气中的烟尘。现在一般采用布袋除尘器,排烟机安装在除尘器之后,捕集的烟尘连续地自布袋集灰斗,通过埋刮板卸料运输机运送至烟尘贮灰仓内,并定期卸灰清除。

除了以上具有共性的铁水预处理设备以外,贮粉仓、喷吹罐、氧枪、送料皮带,测温装置等,由于和后部炼钢设备相似在这就不一一加以叙述了。

1.3 铁水预处理自动化检测仪表

从上述铁水预处理的工艺过程看,压力、流量(氮气)、温度(铁水、钢水)、料位(粉剂的料位)、重量(粉剂、铁水、钢水等)都是必不可少的,但这些都是常规仪表,我们在炼钢自动化部分加以说明,以下只对铁水预处理所需要的特殊检测仪表如硫、硅、磷成分的检测,以及某些常规仪表在铁水预处理中的特殊安装,检测要求加以说明。关于硫、硅、磷成分的检测看工艺条件,一般有两种方法,一是取样,在化验室或炉前,通过直读光谱仪进行快速分析,通过计算机信息传递给操作者,即所谓的离线检测;二是在冶炼过程中利用特殊探头和仪表进行在线检测,在这里叙述的主要是第二种方法。

1.3.1 硫含量的检测

铁水中硫含量的检测主要有电化学法和声振动法。

A 电化学法

电化学法即浓差电池法,采用高温固体,电解质制成的硅浓差电池传感器(或称测量头),与现有各种定硫法相比设备简单,不需要取样,制样设备。另外把硅测量头插入铁水中,只需几秒钟就可产生稳定的电势,供检测仪表指示和记录,分析过程简单,但由于难以找到良好的高温下的硫离子的导体。目前开发的是带有负电极的硫测量头,如

$$Pt/S_2'/Na_2S \mid Na\text{-}\beta\text{-}AC_2O_3 \mid Na_2S/S_2''/Pt$$

$$Pt/S_2'/Ca_2S \mid ZrO_2(CaO) \mid CaS/S_2''/Pt$$

硫测量头的固体电解质是 Na^+ 离子导体的 $\beta\text{-}AC_2O_3$,不是硫(S^{2-})离子导体的固体电解质。

左侧的电极反应为 $2Na^+(\beta\text{-}AC_2O_3) + S_2'/2 + 2e = Na_2S$

右侧的电极反应为 $2N_2^+(\beta\text{-}AC_2O_3) + S_2''/2 + 2e = Na_2S$

硫测量头总电势为

$$E = (RT/4F_2'') \ln(PS_2''/P_2')$$

式中　E——硅浓差电势,V;

$\quad\quad F$——法拉第常数,96500 ℃/mol;

$\quad\quad R$——理想气体常数,8.314 J/(mol·K)。

其他还有日本神户制钢以 $CaS(TiS_2)$ 作为硫化物固体电解质组装了硫测量头,参比极

为 W + WS₂,成功地测量了 0.005% ~ 1.0% [S] 的铁水中的含硫量。

  B 声振动法

  声振动法是匈牙利国家钢铁研究院开发的。向铁水喷射一定量的脱硫剂时,有可能通过对金属液中的气泡所产生的声振动来了解金属液中的含硫量。这些振动可通过放置在离金属液面的一定距离的微型麦克风或安装在炉子上的加速计测得(图 1-13)。

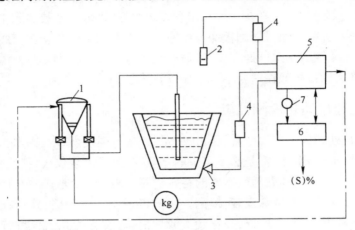

图 1-13 硫的声学控制系统

1—喷粉装置;2—麦克风;3—加速计;4—预放大器;5—变送器;6—计算机;7—显示结果

  当硫从金属液中去除时,金属液的表面张力增大,这将由气泡发射的频谱变化反应出来,这些信号标定后可用来计算金属液中硫浓度随时间的变化。这种在线连续监测铁水中硫表面活性溶质浓度变化系统已在芬兰 Raahe 钢铁厂中试验,效果良好。

1.3.2 硅含量的检测

  测定铁水中含硅量的测量有 3 种方法,即热电势法、电化学法和微粒子生成法。

1.3.2.1 热电势法

  热电势法的原理如图 1-14 所示,即异种导体组成热电偶的两端温度 t、t_0 一定、而热电偶的一极 a 成分固定时,则热电势只与热电偶 b 的成分有关。

$$E_{ab}(N_b) = f(N_b)$$

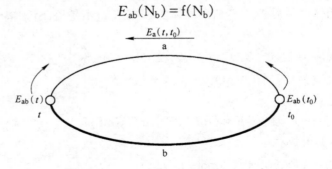

图 1-14 热电势法定硅原理

由此可组成图 1-15 所示的两种测定铁水中含硅量的方法。

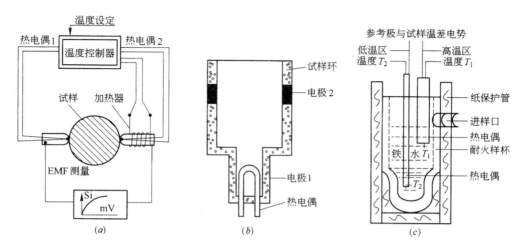

图 1-15 热电势法测定铁水含硅量示意图

(a)— 制成试样定硅;(b)—样杯式测硅传感器;(c)—测量枪的硅测量头结构

图 1-15a 为取铁水制成试样,把试样夹在一对电极中,两极之间给以一定温度差,这样两个电极测得的电动势将与硅含量成函数关系。其分析流程为取样 —冷却—磨试样与电极的接触面—测定三次—数据处理—显示。使用难氧化材料不锈钢(SUS304)作电极,温差保持在 $100\sim250$℃左右,该仪表测定精度为 0.02%,测定时间为 50 s。图 1-15 b、c 则无需制样,它没有耐火材料的样杯,其上下各装一个热电偶,倒入铁水后,由于样杯上下大小不同,铁样上下冷却也不同,而形成温差,在两热电偶正极产生一定的热电势 ΔV,通过运算即可得出硅含量。在实际线路中是当 T_2 达到设定温度(1050℃),测量 T_1 和 ΔV 而计算出硅含量。

1.3.2.2 电化学法

电化学法和定硫测量头类似,即用高温固体电解质组成浓差电池的方法,做成硅探头。其结构为 $Cr\cdot Cr_2O_3//ZrO_2\text{-}MoO//SiO_2/Si(铁中)$,用钼丝作为高温导线如图 1-16 和图1-17所示。

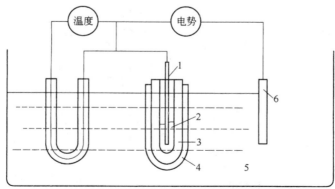

图 1-16 硅分析器结构

1—Mo;2—$Cr\cdot Cr_2O_3$;3—$ZrO_2\text{-}MoO$;4—SiO_2;5—Si(铁水中);6—Mo

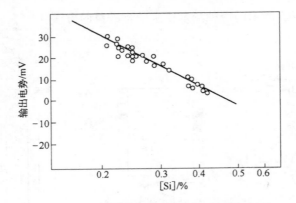

图 1-17　硅分析器输出电势与硅含量的关系

固体电解质外套石英管 SiO_2 与铁水中硅平衡时有如下关系

$$[Si] + 2[O] = (SiO_2)$$

从测定固体电解质/铁水/石英套管间氧的活度得出相应的含硅量,即硅含量与输出电势(mV)的关系。用此方法控制调节脱硅剂加入量的效果是:目标硅含量为 $0.05\% \sim 0.12\%$ 时命中率由 46% 提高至 77%,脱硅剂消耗减少 30%。

1.3.2.3　微粒子生成法

微粒子生成法是日本开发的,用以连续测量铁水中的含硅量,如图 1-18 所示。

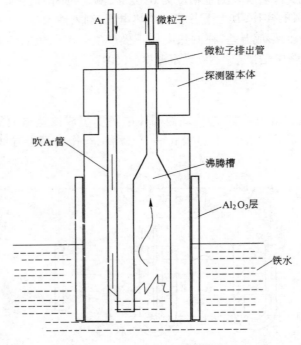

图 1-18　铁水硅含量在线检测测量头

在铁沟中设置微粒子测量头的升降架,测量时把微粒子测量头插入铁水中,吹入氩气,使铁水生成微粒子蒸发,由氩气流经过输送管导入旋风集成器,除去大型微粒后,经 $\phi 4\ \mathrm{mm} \times$

40 m 长的钢管传送到化学分析室内的 IPC 发光分析装置进行分析,约 80 s 即可得出硅含量。微粒子测量头是一个直径为 110 mm,长为 600 mm 的炭素圆棒,内有直径为 8 mm 的氩气供给管,为防铁水腐蚀,圆棒外加上厚 20 mm 的 Al_2O_3 耐火材料管。

1.3.3 磷含量的检测

为了控制铁水中的磷含量,近年来开发了电化学方法的磷测量头,它是一种磷浓度电池,采用一种三相电解质:立方 $ZrO_2 + CaO$ 固溶体,正方 ZrO_2 和 $3CaO + P_2O_5$ 制成定磷测量头来检测铁水中的磷含量。

1.3.4 铁水重量的检测

铁水重量的检测,对于喷粉剂的计算,处理时间是一个很重要的参数,视铁水预处理工艺过程的不同而不同,通常可使用轨道衡、平台秤和吊车秤等办法。平台秤和吊车秤比较简单,在这里就不再介绍,下面以我国的宝钢为例着重介绍一下鱼雷罐车用的轨道衡,如图 1-19 所示。

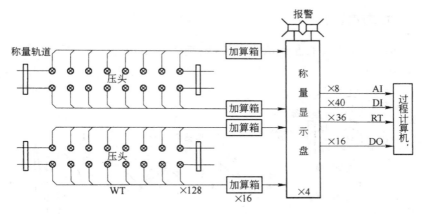

图 1-19 鱼雷罐车重量检测系统

该重量检测系统,每一个称量装置共有 16 个测重传感器(压头)装在装有力平衡机械结构的轨道的下方,当鱼雷罐车进入轨道以后,测重传感器受力迭加,经过加算箱得出重量测量信号 mV 值,送称量显示器显示。鱼雷罐车自重可以自动或手动扣除,在现场显示仪表盘上装有两排数字显示器,既可以看到鱼雷罐车总重,也可以看到铁水净重。当总重量达 90% 时,发出报警,提示操作人员减慢兑铁水速度以防止铁水外溢。重量达 100% 时,也发出报警,停止对兑铁水,并将重量送计算机。并可把重量值送到炼钢厂过程计算机。

1.3.5 鱼雷罐车、铁水包内衬形状的检测

由于喷吹对鱼雷罐车或铁水包的内衬烧损加重,为了及时检修和估计铁水量时,了解其剖面形状是十分必要的。国外,如日本川崎钢厂使用如图 1-20 的激光测量仪来测量鱼雷罐车和钢水包剖面形状。

其原理是利用激光测距仪来测量,内置有线性矩阵影像传感器,激光源向被测点发出激光,反射落在传感器的光点位置将与激光源至被测点距离成比例,激光源和传感器可作三维旋

转,测量整个鱼雷罐车或铁水包各点,经过处理后,就可以得出鱼雷罐或钢水包的内衬剖示图。

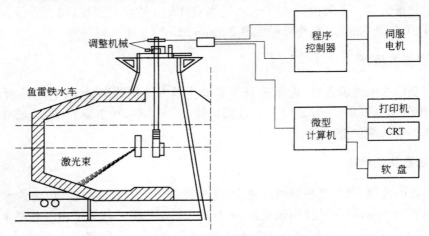

图 1-20 鱼雷罐铁水车钢水包内形状测量系统

1.3.6 铁水液位高度检测

铁水液位高度检测主要有激光法和微波法,前者的原理与 1.3.5 节所述相同。微波法其原理图如图 1-21 所示。

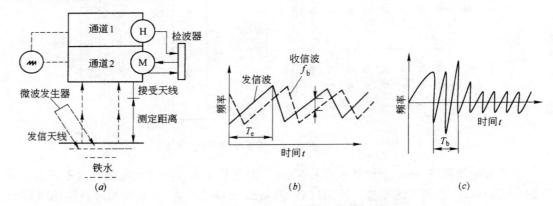

图 1-21 微波液位检测仪原理及其波形
(a)—原理图;(b)—发收波形;(c)—差频

调频微波一部分经通道 1 送检波器,另一部分经通道 2(包括从液面反射的路径)到达检波器,由于外表距离不同而出现的时间差如图 1-21b 所示。

若在检波器检出两个混合波,则所测距离 R 与频率 f_b 成线性关系。

$$R = (T_e/\Delta F) \times (C/2) \times (1/T_b) - L/2$$

式中 ΔF——频率偏移;

T_e——有效调剂周期;

C——光速;

$T_b = 1/f_b$——频率差的周期;

L——通道 1,2 长度差。

1.4 铁水预处理自动化

1.4.1 铁水预处理控制流程

为了提高转炉生产效率,满足全连铸及钢材市场对优质钢材的需求,生产高市场竞争力、高附加值产品,需要对铁水进行预处理。铁水预处理包括在高炉出铁时脱硫和在炼钢厂设置铁水预处理装置,后者的优点更多因而被广泛采用。"高炉—铁水预处理—复吹转炉—炉外精炼—连铸连轧"已成为当代钢铁生产的主要模式与生产流程。

铁水预处理在 20 世纪 80 年代以后开始发展为"三脱"(脱硫、脱磷和脱硅)处理。我国目前大型钢铁厂已广泛采用预脱硫处理。脱硫剂主要是石灰和萤石或碳化钙。脱硅则主要采用 CaO、氧化铁粉并吹氧。由热力学可知,只有铁水含硅量[Si]小于 0.15% 时,[P]与氧的亲和力才大于[S]与氧的亲和力,故当铁水含硅量[Si]大于 0.15% 时,脱磷前必须先脱硅,脱硅可以在高炉出铁场中连续或半连续进行,也可以在运送工具如鱼雷罐车或铁水罐中进行。前者是在高炉出铁沟中进行,主要方法是喷入脱硅剂进行脱硅。

脱磷一般是在运送工具如鱼雷罐车或铁水罐中进行,主要方法是喷入脱磷剂进行脱磷。

脱硫主要有喷吹法和搅拌法两种。喷吹法脱硫作业是在鱼雷罐车或铁水罐内进行,以氮气为载流气体,采用顶喷法将脱硫剂喷入铁水以进行脱硫,这种方法适用于大批量脱硫,脱硫率可达 60%~80%。这种方法应用最广泛,特别是大型钢厂中几乎都是采用这种方法。在铁水进行脱硫前和后,要进行扒渣。

1.4.2 铁水单脱硫自动控制的特点

1.4.2.1 铁水单脱硫特点

炼钢厂铁水供应系统通常由混铁车(如鱼雷罐车)、脱硫间(指单脱硫流程)、混铁车倒渣间及铁水倒罐站四部分组成。图 1-22 和图 1-23 为鱼雷罐车在脱硫间脱硫的工艺流程与控制原理图。然而,一些钢厂也采用铁水倒罐后入脱硫间,在铁水罐内进行脱硫操作,其脱硫

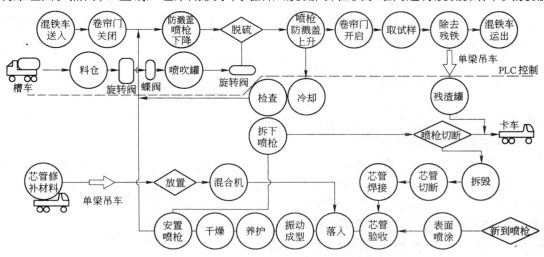

图 1-22 鱼雷罐车在脱硫间脱硫的工艺流程图

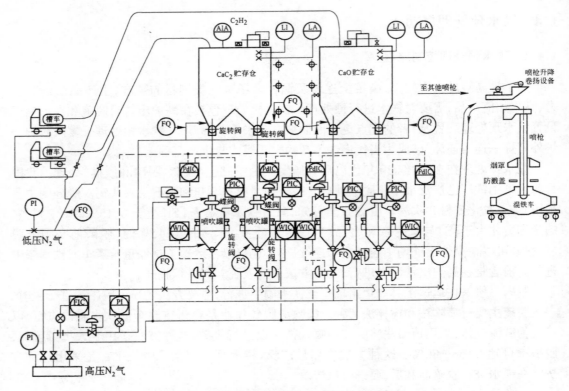

图 1-23　鱼雷罐车在脱硫间脱硫的控制原理图

基本原理相同,只在铁水运输工序有区别。现以鞍钢为例说明。鞍钢原有铁水脱硫能力为年处理量 600 万 t。新建西部新区一期工程年处理量 290 万 t,二期工程年处理量 580 万 t。铁水脱硫扒渣站(包括脱硫间和倒罐站),脱硫扒渣站处理高炉铁水。铁水运输采用两种方式:原有系统采用 180 t 铁水罐,脱硫间采用 100 t 铁水罐,180 t 铁水罐先用 275/75 t 吊车将铁水倒入 100 t 铁水罐,然后再进行脱硫扒渣处理。新区采用 260 t 混铁车(鱼雷铁水车),装载铁水的混铁车,从高炉直接送到转炉车间的铁水倒罐站。铁水倒罐站有多条渡线,每条渡线内设铁水罐称量台车,当铁水罐称量台车在混铁车下时,混铁车的鱼雷罐开始翻铁并称重,将铁倒入 260 t 铁水罐。

脱硫扒渣工艺上仍然采用 CaO-Mg 粉剂高压浓相复合喷吹技术,在脱硫、扒渣、兑铁时产生大量粉尘,为改善铁水供应系统对环境的影响,每个处理位都考虑对其进行通风除尘。

1.4.2.2　主要技术特点

铁水单脱硫主要技术特点为:

(1) 采用铁水罐顶吹脱硫粉剂对铁水脱硫处理,生产能力高,脱硫动力学条件好,反应充分,效率高,操作简单。采用固定喷枪升降装置和测温取样装置进行喷吹和测温取样,其操作稳定,干扰少,设备简单,易于控制。

(2) 脱硫剂的贮存和运输采用粉状料气力输送原理,采用高压浓相输送技术,以氮气作载流体,从而达到稳定、快速、高效的输送喷吹脱硫目的。

(3) 采用 CaO 粉和钝化金属 Mg 粉复合喷吹技术。从而提高了脱硫粉剂的利用率,尤其是金属粉的利用率得以提高,达到了快速高效的脱硫目的。而且渣量少、铁损少、喷溅少、烧损少是目前国内外广泛采用的脱硫技术。

(4) 贮粉仓向喷吹罐供料和喷吹罐向喷枪供料均采用粉料流态化沸腾床技术,以保证粉剂容重波动小,喷吹管道畅通,保证稳定的定量供应粉料。

(5) 采用 PLC 自动控制系统,以保证控制稳定、操作灵活、便于调节、设备充分利用,达到快速高效的脱硫目的。

图 1-24 所示为顶吹脱硫粉剂喷吹系统的工艺控制原理。

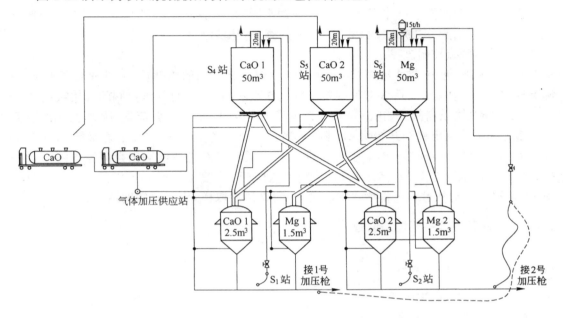

图 1-24　顶吹脱硫粉剂喷吹系统工艺控制原理图

1.4.2.3　铁水单脱硫系统的控制范围

铁水单脱硫系统的控制范围包括:

(1) 脱硫剂受料、贮存系统;

(2) 脱硫剂喷吹系统;

(3) 测温取样及化检验系统;

(4) 脱硫处理计算机、电器、电子秤仪表控制系统;

(5) 扒渣系统;

(6) 倒罐系统;

(7) 脱硫扒渣及倒罐烟气除尘系统。

1.4.3　铁水单脱硫控制流程

(1) 铁水预处理工艺控制流程:

1) 高炉→脱硫站→用 180 t 铁水罐拆入 100 t 铁水罐→100 t 铁水罐脱硫→100 t 铁水罐扒渣→兑入转炉。

2) 高炉→260 t 混铁车→铁水倒罐站→渡线内铁水罐称量台车→混铁车称重→鱼雷罐

翻铁入 260 t 铁水罐 →260 t 铁水罐脱硫 →260 t 铁水罐扒渣 →兑入转炉。

（2）粉料输送工艺流程：

CaO 粉：输粉罐车装→CaO 粉贮仓→CaO 粉喷吹罐→CaO 粉喷吹管道→喷枪喷吹脱硫。

Mg 粉：汽车纤维袋装→吊装→Mg 粉贮仓→喷吹罐→Mg 粉喷吹管道→喷枪喷吹脱硫。

（3）扒渣运输控制流程：

倒渣间倒渣至渣罐 → 外运。

（4）脱硫扒渣、倒罐周期控制流程：

铁水车渡到倒罐间 → 将铁水倒入兑铁铁水罐内 → 铁水车移到脱硫位置对位→喷吹脱硫 →将铁水吊起 → 铁水罐扒渣对位 → 扒渣 → 扒渣结束。

（5）喷粉脱硫控制流程：

起动脱硫周期 → 铁水罐对位 → 确认喷吹罐内有适当的粉剂量 → 排烟活板打开 → 测温取样 → 起动喷枪升降装置使喷枪下降到铁水液面上 → 打开供氮阀门开始吹氮气 → 打开 CaO 喷吹罐出料阀开始吹 CaO → 喷枪降到下极限 → 当 CaO 流量、压力达到设定值，打开 Mg 粉喷吹罐出料阀开始吹 Mg 粉 → 当 Mg 粉流量、压力达到设定值流量、压力达到设定值，关闭 Mg 粉喷吹罐出料阀，停止供 Mg → 关闭 CaO 粉喷吹罐出料阀停止供 CaO → 提升喷枪至铁水罐上方 → 高压吹扫，关闭供氮阀门 → 喷枪提升至上极限时关闭排烟活板 → 需要时自动从贮料仓将喷吹罐装满 → 再次测温取样 → 脱硫周期结束。

1.4.4　铁水预处理主要控制设备

1.4.4.1　脱硫扒渣作业区

脱硫扒渣工艺设施包括：

（1）铁水罐（重量检测）；

（2）铁水罐除尘防溅罩（防溅罩升降，开启除尘控制）；

（3）喷枪（提枪检测）；

（4）扒渣机（逻辑动作控制）。

脱硫扒渣冶金设备包括：

（1）喷枪升降装置（升降位置控制）；

（2）测温取样枪升降装置（升、降、位置、检查温度、成分）。

脱硫扒渣燃气设备包括：

（1）CaO 粉贮料仓本体（料位、装料检测、控制）；

（2）Mg 粉贮料仓本体（料位、装料检测、控制）。

脱硫扒渣通风设备有：除尘设备（除尘风机启停与控制）。

脱硫机械设备：

（1）流化床：CaO 贮粉料仓下（料位监控）；Mg：贮粉料仓下（料位监控）；

（2）贮粉料仓上部集尘器：CaO 贮粉料仓上（集尘阀等监控）；Mg 贮粉料仓上（集尘阀等监控）；

（3）喷吹罐 CaO 粉喷吹罐（可调喉口阀及相关阀门仪表）；

（4）Mg 粉喷吹罐（可调喉口阀及相关阀门仪表）。

1.4.4.2 倒罐作业区

倒罐间控制设备包括:
(1) 铁水罐（称重）;
(2) 吊车（吊车称量）。
倒罐间通风设备有:除尘设备（除尘风机及相应除尘阀门控制）。

1.4.5 喷吹法脱硫、脱磷、脱硅的铁水三脱预处理工艺特点

经高炉炉前脱硅的铁水送到脱硅扒渣间扒除脱硅渣后,送至喷吹工位,铁水脱磷的先决条件是铁水硅含量应小于0.15%,因此脱磷必须先进行脱硅和排渣;铁水含硅量超过规定值时需补脱硅,喷氧化铁粉和石灰混合剂。脱硅后铁水送至扒渣间扒除脱硅渣,然后回到喷吹工位进行脱磷脱硫处理,不需补充脱硅的铁水直接进行脱磷脱硫处理。脱磷脱硫处理是喷吹氧化铁粉、石灰粉、萤石粉和苏打粉的混合补剂,喷吹后铁水送扒渣间,扒除脱磷法。

图1-25示出了日本钢铁公司的三脱系统图,从自动化控制的角度讲,其控制过程可以脱硫为典型代表,只是为了减少铁水在三脱中的降渣,在喷枪内管需用氧气喷吹一定时间,增加了氧和氮的切换工艺过程。图中SV205,SV206是氧和氮的切换阀。

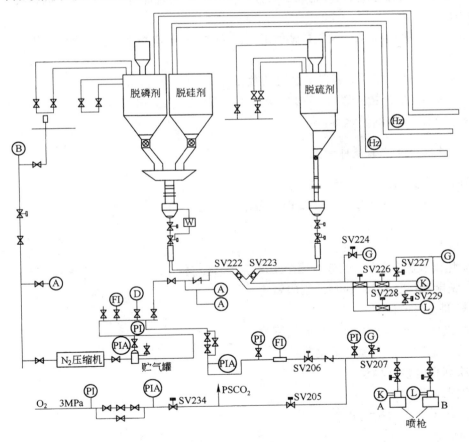

图 1-25 三脱系统图

1.4.6　铁水预处理基础自动化

1.4.6.1　铁水预处理基础自动化所完成的功能

铁水预处理基础自动化是生产过程最基本的自动化,其为生产所必需,又是过程自动化的基础,铁水预处理基础自动化的主要功能是:

(1) 自动检测,包括气送管线氮气的流量和压力检测,各料包的料位检测和越限报警,喷吹载气流量及压力检测,喷吹罐压力和压差以及喷吹量(即重量变化)的检测,铁水包内的铁水温度和液面检测,吹氧的压力和流量检测;此外也包括辅助设备的检测,如喷吹时烟罩冷却水及水处理的检测,即冷却水的流量、压力和温度、排水流量、冷却池水位、补充水流量、压力及吊车秤。

(2) 压力、流量的自动控制,包括喷吹量控制,喷吹罐差压控制,喷吹氮气,氧气量控制。

(3) 上料各阀门的顺序控制。

(4) 喷枪升降控制。

(5) 接受上位机的设定值,完成二级数学模型及人工智能运算后所给定的目标值,实现过程控制的目标。

(6) 画面显示,包括在 CRT 上显示工艺流程画面、操作画面,工艺参数趋势曲线、历史数据、图形画面。

(7) 数据汇总为打印报表提供必要的数据。

(8) 数据通讯,包括一级(L1)与二级(L2)的通讯,一级 PLC 与 PLC 之间的通讯,PLC 与工作站及操作终端的通讯等。

1.4.6.2　基础自动化的硬件配置

基础自动化一般由三大部分组成,即:

(1) PLC 及相应的网络 HMI 及现场操作站 OP;

(2) 仪表检测系统;

(3) 电气传动系统。

自动化仪表的配置,一般分为两个工序检测与控制:

(1) 脱硫(或三脱)站:检测控制内容为:

1) 粉剂仓料位检测;

2) 粉剂输送罐内压力控制和流量调节;

3) 粉剂仓压力控制和气量调节;

4) 粉剂仓内粉剂称量;

5) 铁水重量称量;

6) 氮气系统压力检测和调节。

(2) 烟气净化系统

1) 除尘器进出口压差检测及控制;

2）除尘器入口温度,压力检测,报警及联锁;

3）除尘风机轴温度,位移检测;

4）除尘风机入口温度和压力检测显示。

电气传动一般均使用交流电机,主要控制对象是喷粉枪的位置控制,采用变频器调速系统。

PLC 的配置原则也分为两部分,一部分为公共粉剂供粉及除尘,另一部分为站位。总体配置一台或两台 PLC 设备,相应的 HMI 监控整个系统,并留有与二级的接口,一个站位配置一台 PLC 及相应的 OP 操作站,用以进行站位的控制。

图 1-26 为鞍钢西部 260 t 铁水罐脱硫 PLC 系统配置图,其整个工艺流程如前所述。铁水预处理共有两个脱硫站。每站两个罐位,两个罐共用一套喷枪自动控制系统。中控室采用一台西门子 S7-400 进行集中监控,料位及除尘系统采用工业以太网与二级过程控制系统通信,配置两台 HMI 监控站,每个罐位使用一台西门子 S7-300 及一台 OP17 进行就地操作与监控,采用 PROMBVS-DP 网与中控室 S7-400 通信。

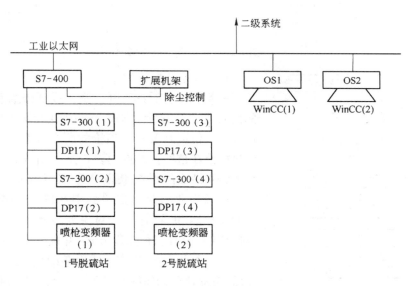

图 1-26　脱硫 PLC 系统配置图

1.4.6.3　基础自动化的软件编制

铁水预处理的基础自动化软件的编制依工艺要求而定,国内外各厂家所采用的工艺各有不同,但总的看来,应该由三个部分组成。

A　喷吹系统的顺序控制

图 1-27 是典型的喷吹系统主要控制程序框图。

B　脱硫部贮料仓受料顺序控制

脱硫剂通常由槽车运来,进入脱硫间的贮存仓库后,与供氮软管,受粉软管及槽车的快速接头连接,然后打开手动阀门,氮气充入槽车缸内加压,并使槽车内的脱硫剂在氮气搅拌下,溶态化,打开受料自动阀,经压送管道输入贮存仓。图 1-28 所示为脱硫剂受料的顺序控制程序框图。

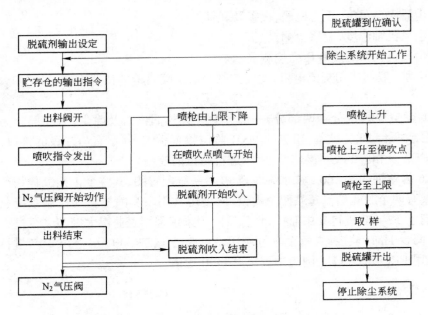

图 1-27　喷吹系统程序框图

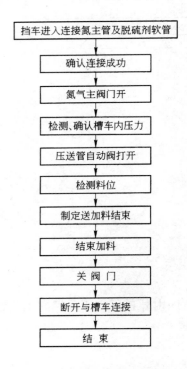

图 1-28　脱硫剂顺序控制程序框图

C　喷枪位置控制

一般喷枪位置的升降控制,均采用交流变频控制,位置的监测通常采用两种方式,一是采用特殊点检测,即使用接近开关或位置开关检测喷枪的所在位置,并起动变频驱动使喷枪停在这些特殊点上。二是采用位置码盘,检测喷枪距离铁水液面的距离,提前减速,使其控制位置精确。

脱硫作业的控制主要集中在脱硫操作室内进行,为了便于检修和灵活操作,对主要设备设置机旁操作终端或操作箱,设有三种操作方式,并设有安全联锁。

(1) 全自动方式,该方式由基础级 PLC 接各二级的命令后,自动执行动作的全过程。介入所有检测,安全联锁。

(2) 集中手动方式,即由中控室 HMI 对三大部分的操作进行手动操作与监控,同时介入安全联锁。

(3) 机旁手动,即由机旁操作面板或操作箱,直接观察,进行手动操作,只介入必要的联锁。为了达到科学管理的目的,基础自动化还配置必要的打印记录设备,对铁水成分、温度,重量和脱硫(或三脱)有关数据打印记录脱硫站与化验室之间的通信,以及与二级过程控制机之间的通信,接受上位机的指令,并将实际运行数据传输到上位机。

1.4.7　铁水预处理过程自动化

过程计算机设有跟踪铁水预处理过程和采集有关数据,并和铁水预处理基础自动化系统通信。近年来由于对铁水预处理要求及时提供合乎严格质量的铁水,且设备大型化以及要求有效化,一般大型钢厂设置铁水预处理过程自动化级计算机,且上联炼钢厂生产控制级计算机。

1.4.7.1 铁水预处理过程自动化的功能

铁水预处理过程自动化级计算机主要功能为:

(1) 计划接受和实绩反馈,即接受炼钢生产控制计算机下达的铁水预处理计划标准并执行,再把铁水预处理实绩反馈到生产控制计算机。

(2) 混铁车车号采集与处理,包括:

1) 混铁车跟踪并收集到位的混铁车号码;

2) 混铁车工作实绩收集;

3) 人机对话,包括混铁车信息显示、工作中混铁车号显示以及空载混铁车重量显示。

(3) 铁水预处理监控,包括:

1) 跟踪,如混铁车到达、喷粉开始、喷粉结束、吹氮开始、吹氮结束以及混铁车离开等;

2) 实绩收集,含喷粉期周期信息(预处理时间、喷粉量、吹氮量等)和铁水测温数据等;

3) 人机对话,包括铁水预处理生产指令显示、喷粉量和吹氧量计算结果显示、铁水预处理操作补充显示等。

(4) 扒渣数据处理。

(5) 混铁车清理数据处理,包括:

1) 跟踪(混铁车到达、混铁车清理开始、混铁车清理结束、混铁车离开等);

2) 混铁车清理实绩收集;

3) 人机对话(混铁车清理操作信息显示等)。

(6) 技术计算,包括脱硫脱磷等工艺效果评定指标计算、生产统计、技术经济指标等计算。它按规定的计算公式集进行,例如

1) 脱硫率 η_s 计算。

$$\eta_s = ([S]_{前} - [S]_{后}) / [S]_{前} \times 100\%$$

式中　$[S]_{前}$——处理前铁水原始含硫量;

　　　$[S]_{后}$——处理后铁水原始含硫量。

2) 脱硫能指数计算。

$$脱硫能指数 = \eta_p / \eta_B \times 100\%$$

式中　η_p——比较作业时的脱硫剂反应效率;

　　　η_B——标准作业时的脱硫剂反应效率。

3) 脱硫剂效率 K_s 计算:

$$K_s = d[S] / dW$$

式中,W 为脱硫剂总量。假设在脱硫反应过程中,脱硫剂效率 K_s 不变,则

$$K_s = \Delta[S] / \Delta W$$

$$K_s = ([S]_{处理前} - [S]_{处理后}) / \Delta W$$

喷粉(脱硫剂、脱磷剂等)量计算包括脱硫剂、脱磷剂等的组成、计算,并可把计算结果给

基础自动化的喷吹系统作为设定值进行设定控制。吹氮量也给基础自动化的喷吹系统作为设定值进行设定控制。

1.4.7.2　模型计算与专家系统

A　模型计算

模型计算以及设定控制,包括喷粉(脱硫剂、脱磷剂等)量计算、吹氮量计算、载气计算和处理时间等。以脱硫剂数量计算为例,它应按脱硫等化学反应式进行,与铁水脱硫前及目标含硫量有关。也可按做好的表格或曲线(铁水脱硫前及目标含硫量和所需脱硫剂数量关系曲线)查出或由统计得出的经验公式计算出单位铁水重量所需脱硫剂数量。如

$$W_{ST} = K_I \times W_{IT} \times W_{SST}$$

$$Q_S = W_{ST}/t$$

式中　　W_{ST}——脱硫剂总量,kg;

W_{IT}——铁水总重量,t;

W_{SST}——单位铁水重量所需的脱硫剂重量,kg/t;

K_I——修正系数;

Q_S——单位时间内脱硫剂喷入量,kg/min;

t——处理时间,min。

脱硫剂等数量计算模型可以是机理模型(按热平衡、物料平衡计算得出),也可以是统计模型。专家系统软件根据初始和最终硫含量及铁水重量、铁水温度来自动进行粉剂消耗量的计算并进行喷吹脱硫控制。在 HMI 上输入铁水重量、温度、初始硫、目标硫、喷吹类型。通过专家系统选择最佳的粉剂配比,确定喷吹速度、粉剂流量,计算出石灰、粉剂的喷吹量,然后按起动命令进行喷吹控制。

喷吹类型有:复合喷吹类型、单吹 CaO 粉。

B　专家系统的功能

专家系统的功能有:

(1) 根据铁水温度、重量、初始硫含量、目标硫含量、喷吹类型,选择最佳粉剂配比,计算出喷吹速度、粉剂流量、石灰喷吹量、镁粉喷吹量等。

(2) 对实际数据检测及分类保存。

(3) 在线设定自学习参数。

第2章 转炉炼钢工艺与设备

2.1 转炉炼钢工艺与基本原理

氧气转炉炼钢法是当今国内外最主要的炼钢法。氧气转炉炼钢法按气体吹入炉内部位不同又可分为氧气顶吹炼钢法、氧气底吹转炉炼钢法、氧气侧吹转炉炼钢法、顶底复合吹炼炼钢法等四种,顶底复合吹炼法是当前氧气转炉发展的主要方向。氧气转炉炼钢法的共同特点是设备简单,投资少,收效快,生产率高,热效率高,原料适应性强,适于自动化控制。其原料主要是铁水,以吹入气体(氧气)作氧化剂来氧化铁水中的元素及杂质,它不需要从外部引进热源,而是利用铁水中的碳、硅、锰、磷等元素氧化放热反应生成的化学热和铁水的物理热作为热源完成炼钢过程。炉子可旋转360°,转炉生产的钢种主要是低碳钢和部分低合金钢。氧气顶吹转炉(又称LD),于1952年在奥地利的林茨(Linz)和多纳维茨(Donawiz)两地投入生产后,在世界各国得到了迅速发展。其原料主要是铁水(或半钢)并加入少量的废钢,以高纯度的氧气(99.95%以上)通过水冷喷枪(俗称氧枪)以高压(405.2~1013 kP)喷入熔池上方,高速氧流穿入熔渣和金属,搅动金属液,在熔池中心形成高温反应区。开始,氧气与金属的反应限于局部区域,随着CO气体的逸出而很快氧化铁水的C,Si,Mn。氧化放热生成的化学热和铁水带入的物理热,足以为炼钢造渣去P,S等杂质和出钢所需温度提供热源,一般不需外来燃料,并且加入废钢或矿石等冷却剂来降温。在设备上逐渐趋向大型化、自动化,解决了除尘问题并发展综合利用等。冶炼品种多、质量高。我国钢产量的80%以上是氧气转炉生产的。图2-1所示为现代化转炉炼钢厂工艺流程图。

炼钢自动化过程控制系统以炼钢理论为基础,以冶炼过程的物料平衡、热平衡关系及炼钢反应的物理化学原理为基础,完成一炉钢从备料到出钢各阶段的自动控制。

转炉炼钢自动化依据的两个基本原则是:(1)在冶炼的各阶段,参加反应的各元素分别保持质量守恒,热能亦守恒的原则;(2)运用冶金物理化学原理研究各炼钢反应,建立各元素在炉气—熔渣—金属各相间分配系数的原则。

2.1.1 炼钢基本化学反应

2.1.1.1 石灰饱和方程

对于终渣成分的大量研究表明,在倒炉时石灰应饱和熔解于渣中,Ende 在 CaO-SiO$_2$-FeO 渣相图上做出了满足这一条件的成分曲线。Deeker 又提出在吹炼 P>0.25% 高磷铁水条件下,石灰饱和渣中各组元素含量之间的关系为

$$(CaO) = 1.57(P_2O_5) + 1.86(SiO_2) + A(\Sigma Fe) + B \tag{2-1}$$

并建立了系数 A,B 与(ΣFe)的关系式。

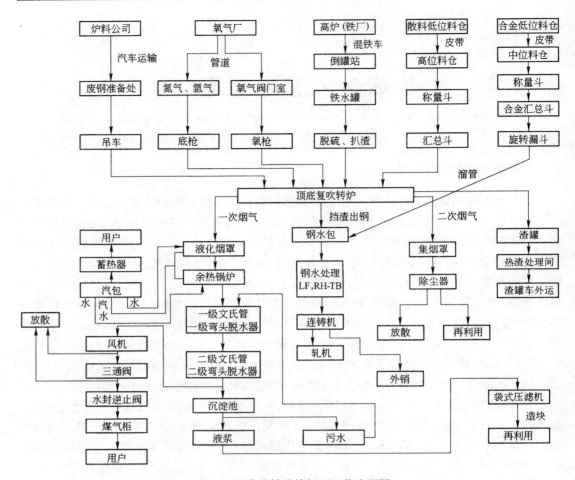

图 2-1　现代化转炉炼钢厂工艺流程图

对于低磷铁水,可将石灰饱和方程写成

$$C(CaO)/(SiO_2) + D = (\Sigma Fe) \tag{2-2}$$

式中系数 C,D 由[C]终点确定。

2.1.1.2　锰的氧化

对于低碳钢,认为锰氧化反应为

$$[Mn] + (FeO) = (MnO) + [Fe]$$

平衡常数 $K_{Mn} = \dfrac{a_{MnO}}{a_{Mn}a_{FeO}}$

$$\lg K_{Mn} = 6440/T - 2.95 \tag{2-3}$$

有

$$(MnO) = K_{Mn} \cdot (\gamma_{FeO} \cdot f_{Mn}/\gamma_{MnO}) \cdot [Mn] \cdot (FeO) \tag{2-4}$$

式 2-4 中 $f_{Mn} = 1$,通过实验,Deckes 得到下述结果

$$\gamma_{FeO}/\gamma_{MnO} \cdot (FeO)0.7848 = (\Sigma Fe) + 1.008 \tag{2-5}$$

在生产试验中,化验(MnO),求出锰平衡偏离

$$D_{Mn} = \frac{(MnO)计算}{(MnO)测定}$$

通过重复试验,用直方图法求得 D_{Mn} 统计,最终得到

$$(MnO) = \frac{K_{Mn}}{D_{Mn}统计}[Mn] \times (0.7848(\Sigma Fe) + 1.008) \tag{2-6}$$

对于中高碳钢,认为锰氧化反应为

$$[Mn] + [O] = (MnO)$$

平衡常数 $K'_{Mn} = \dfrac{a_{MnO}}{a_{Mn} \cdot a_{FeO}}$

$$\lg K'_{Mn} = 12760/T - 5.65 \tag{2-7}$$

由此, $$(MnO) = K'_{Mn} \cdot f_{MnO}/\gamma_{MnO} \cdot [Mn] \cdot a_O \tag{2-8}$$

式中,f_{MnO},γ_{MnO},a_O 近似为常数,得到

$$(MnO) = \frac{1}{D'_{Mn}统计} \cdot K'_{Mn} \cdot [Mn] \tag{2-9}$$

2.1.2.3 脱磷反应

关于脱磷反应,采用 Scimos 的算法,简述如下。

根据 Turkdogam 提出的脱磷反应式

$$2[P] + 5[O] = (P_2O_5)$$

得到 $$\lg K_p = \lg a_{P_2O_5} - 5\lg[\%O] - 2\lg[\%P] \tag{2-10}$$

根据 $a_{FeO} = Y_{Fe^{2+}} \cdot Y_{O^{2-}} \cdot N_{Fe^{2+}} \cdot N_{O^{2-}}$($Y_{Fe^{2+}}$,$Y_{O^{2-}}$ 为活度系数,$N_{Fe^{2+}}$,$N_{O^{2-}}$ 分别为渣中 Fe^{2+},O^{2-} Flood 摩尔分数,计算中根据统计规律假设 Fe^{3+}/Fe^{2+} 为 0.25),Scimas 做出了 $Y_{Fe^{2+}} \cdot Y_{O^{2-}}$ 与 $N_{O^{2-}}$ 的实验曲线,从而可由熔渣成分算出 a_{FeO}。

再由 $$a_{FeO} = \frac{[O]}{[O]饱和} \tag{2-11}$$

和 $$\lg[O]_{饱和} = -6320/T + 2.734 \tag{2-12}$$

可求得 $[\%O]$

$a_{P_2O_5}$ 的计算如下

设 $$a_{P_2O_5} = a_{P_2O_5}^s \cdot a_{P_2O_5}^\& \cdot a_{P_2O_5}^\wedge \cdot a_{P_2O_5}^* \tag{2-13}$$

式中 $a_{P_2O_5}^s$——CaO 饱和 FeO-CaO-P_2O_5 渣的 $a_{P_2O_5}$;

$a_{P_2O_5}^\&$——由于渣中含 SiO_2,Al_2O_3,对 $a_{P_2O_5}$ 的修正系数;

$a_{P_2O_5}^\wedge$——由于 CaO 不饱和,对 $a_{P_2O_5}$ 的修正系数;

$a_{P_2O_5}^*$——由于 (P_2O_5) 改变及 CaO 不饱和对 $a_{P_2O_5}$ 的修正系数。

Scimas 给出了上述四个因子的算法。

(1) 设 $a_{P_2O_5}^s = 1$;

(2) $a_{P_2O_5}^\& = \dfrac{(P_2O_5)/71}{(P_2O_5)/71 + (SiO_2)/60 + (Al_2O_3)/51}$;

(3) $a_{P_2O_5}^\wedge = f(a_{CaO})$。由关系曲线查出(其 a_{CaO} 与 a_{FeO} 由类似的方法求出);

(4) $a_{P_2O_5}^* = 2 \cdot (1.7 - 0.0775(P_2O_5)) \cdot (1 - a_{CaO})$。

从式 2-13 得到 $a_{P_2O_5}$。做出平衡常数 K_p 的温度曲线,最终求得[%P]。

2.1.2.4　脱硫反应

硫在渣 – 钢间的分配系数按 Gorl 等人提出的关系计算

$$L_S = \frac{(S)}{[S]} = C_1 \cdot B + C_2 \tag{2-14}$$

式中,$B = (CaO)/(SiO_2)$,C_1,C_2 为常数。

以测得的碱度 B 为自变量,测得的 L_S 为因变量,对同一炉役试验数据采用最小二乘法进行回归,得到式 2-14 中 C_1,C_2 分别为 0.996 和 1.403,相关系数 r 只有 0.21。按上述结果根据碱度 B 算得硫在渣 – 钢间的分配系数,标准误差为 0.178。

2.1.2　物料平衡和热平衡原理

关于过程的物料平衡和热平衡关系,国内外已有大量文献给予论述,不在此做更多说明,只给出炼钢自动化程序中所用的形式。

2.1.2.1　铁平衡方程

$$IB_{ST} \cdot W_{ST} = Y_{Fe} \cdot (IB_{HM} \cdot W_{HM} + \Sigma IB_{原料i} \cdot W_{原料i} - W_{SLT} \cdot Fe \cdot W_{HM})$$

式中　IB_{ST}——终点时钢液中铁元素浓度;

　　　W_{ST}——出钢量;

　　　Y_{Fe}——铁元素利用系数;

　　　IB_{HM}——铁水中铁元素浓度;

　　　W_{HM}——铁水重;

　　$IB_{原料i}$——除铁水外第 i 种原料中铁元素重量百分含量;

　　　$W_{原料i}$——除铁水外第 i 种原料重;

　　　W_{SLT}——终渣 – 铁水重量比;

　　　Fe——终渣(ΣFe),即终渣中铁元素的百分含量。

2.1.2.2　氧平衡方程

$$V_{OX} = [\Sigma(OB_{原料i} - O_{原料i}) \cdot W_{原料i} - (OB_{ST} + O_{ST}) \cdot W_{ST}] / YO_{21} + V_{OIGN}$$

式中　V_{OX}——本炉次总耗氧量;

　　$OB_{原料i}$——单位重量的第 i 种原料中除铁元素以外各元素完全氧化用氧量与入渣铁元素氧化用氧量之和;

　　　$O_{原料i}$——第 i 种原料中氧元素的百分含量;

　　　OB_{ST}——钢液中除铁外各元素完全氧化耗氧量;

　　　O_{ST}——钢液中氧元素的浓度;

　　　YO_{21}——氧气利用系数;

　　V_{OIGN}——开氧阀至点火之间的耗氧量。

2.1.2.3 热平衡方程

$$TB_{ST} \cdot W_{ST} = \sum TB_{原料i} \cdot W_{原料i} - TB_{SL} \cdot W_{SLT} \cdot W_{HM} - H_{LV} - H_{LOSS}$$

式中　TB_{ST}——单位重量钢液的物理热;

$TB_{原料i}$——单位重量第 i 种原料的物理热与参加反应的化学热之和;

TB_{SL}——单位重量终渣的物理热;

H_{LV}——通过炉壁的热损失;

H_{LOSS}——热损失常量,为各种未知的热损失之和。

上述三个平衡方程中,以 IB, OB, TB 表示的系数分别称为铁、氧和热平衡系数。

2.1.3 复吹转炉物料平衡的测试

为了对冶炼工艺进行详细全面的综合分析,提高炼钢自动化控制的准确度,为连铸生产合格钢水做准备,鞍钢曾对其第三炼钢厂三号复吹转炉进行了物料平衡及热平衡测试以完善工艺,为冶炼生产及数学模型提供科学的依据。物料平衡测定结果如下:

第三炼钢厂三号转炉公称容量为 180 t,实际吨位为 $180 \sim 200$ t,平均每天生产 22 炉钢,主要冶炼钢种为低、中碳钢。采用 4 孔拉瓦尔型氧枪喷头,底部供气工作压力为 0.95 MPa。

2.1.3.1 测试内容、方法及测试结果

根据实际情况,选择炉役中期进行测试。对各种计量仪器、仪表进行了检测及单项测定。结合计算机自动化炼钢,各种原材料的成分及入炉量非常准确地记录下来。冶炼周期为从装料开始到出钢为止,冶炼钢种为 Q235-B,进行了多次连续测试。

具体测定情况如下:

A　铁水渣的测定

测试时由混铁炉出铁,每炉装入两罐铁水。经扒渣后铁渣很少。这时采用机械插入测量出各罐铁水,渣温度及取铁水、铁渣样,每罐两个。

B　入炉料的测定

采用计算机过程控制,加之计量仪表的准备完好,入炉的各种原材料计量准确。

以上结果参见表 2-3 和表 2-4。

炉衬侵蚀量测定结果见表 2-5。

C　出炉钢渣量的测定

由于操作平稳,认真执行冶炼工艺操作规程,测试炉次没有发生喷渣现象,黏渣,散失等都可忽略不计。出炉的钢渣量采用测量体积的方法量出渣罐内的渣(每次出渣都换一个空罐),然后再测出钢水包内的渣层厚度,两者之和即为本炉所出钢渣。另外作为参考对钢渣进行了磷平衡计算,其计算结果与测量结果基本相符,故认为测量的渣量是准确的,渣量的计算结果见表 2-6。

D　炉尘和污泥的测定

出炉的污泥量是由环保和污泥处理部门提供的准确的统计数据。烟气的含尘量是由热

能研究所现场测出,两者之和为所测炉尘和污泥量,测定结果见表 2-7,物料平衡表及测试结果分析按照原冶金部《转炉热平衡测定与计算方法暂行规定》将一组测定值进行整理,计算得出如表 2-1 的物料平衡表。

表 2-1　物料平衡表(折成 1 t 钢水计)

收　　入			支　　出		
项　　目	kg	%	项　　目	kg	%
G_1 铁水	961.26	76.12	G_1' 钢水	1000	79.18
G_2 铁水渣	5.34	9.87	G_2' 渣中钢珠	1.33	0.11
G_3 废钢	124.63	9.87	G_3' 钢渣量	102.22	8.09
G_4 石灰	60.20	4.77	G_4' 炉尘量	15.06	1.19
G_5 轻烧白云石	13.55	1.07	G_5' 炉气量	143.33	11.14
G_6 混合料	5.94	0.47	G_6' 水分	0.33	0.03
G_7 焦炭	0.22	0.02	差　　值	3.27	0.26
G_8 锰铁	6.50	0.51			
G_9 氧气	70.6	5.59			
G_{10} 水分	0.33	0.03			
G_{11} 吸入空气	12.77	1.01			
G_{12} 炉衬侵蚀	1.55	0.12			
G_{13} 氮气	2.02	0.159			
G_{14} 二氧化碳	0.63	0.05			
合　　计	1265.54	100	合　　计	1262.27	100

$$误差 = \frac{3.27}{1265.54} \times 100\% \approx 0.26\% < 5\% \ 合格$$

结果的分析:

物料平衡测定误差为 0.26% ,小于 5%,达到了规定的要求。

据此,得出表 2-2 复吹转炉的有关技术经济指标。

表 2-2　复吹转炉的有关技术经济指标

项　　目	指　　标
钢铁料消耗	1085.88 kg/t
金属收得率	92.09%
废钢用量	124.63 kg/t
渣量	102.22 kg/t
耗氧量	49.41 m³/t
终渣吨含 Fe 量	7.62%

表 2-3　入炉铁水、废钢测试表

项　目		单　位	内　容		平均值
废钢	入炉废钢量	t／炉	23	23	23
	吨钢废钢量	kg／t			124.63
	平均化学成分 C	%			0.20
	平均化学成分 Si	%			—
	平均化学成分 Mn	%			0.40
	平均化学成分 P	%			0.03
	平均化学成分 S	%			0.03
铁水	入炉铁水总重量	t／炉	176	178.8	177.4
	吨钢铁水重量	kg／t			961.26
	铁水温度	℃	1289	1289	1289
	平均化学成分 C	%			4.312
	平均化学成分 Si	%			0.610
	平均化学成分 Mn	%			0.155
	平均化学成分 P	%			0.0662
	平均化学成分 S	%			0.0454

表 2-4　入炉铁水渣、炉料表

项　目		单　位	内　容		平均值
铁水渣	入炉铁渣总重量	t／炉	0.5251	1.4440	0.9845
	吨钢铁渣总重	kg／t			5.34
	铁渣平均温度	℃			
	平均化学成分 SiO_2	%			43.28
	平均化学成分 MnO	%			3.01
	平均化学成分 P_2O_5	%			0.06
	平均化学成分 Al_2O_3	%			7.42
	平均化学成分 CaO	%			11.69
	平均化学成分 MgO	%			2.78
	平均化学成分 TFe	%			18.24
	平均化学成分 Fe_2O_3	%			9.18
	平均化学成分 P	%			0.069
	平均化学成分 S	%			0.078
	平均化学成分 $CaO_游$	%			0.39
	平均化学成分 FeO	%			3.50
	平均化学成分 MFe	%			9.10
	平均化学成分 CaF_2	%			0.14

项　目		单　位	内　　容		平均值
石灰	入炉石灰总重量	t/炉	11.945	11.012	11.4785
	净石灰重量	t	11.911	10.981	11.4464
	含水量	t	0.033	0.031	0.03214
	吨钢净石灰重量	kg/t			62.20
	吨钢含水量	kg/t			0.174
	平均化学成分	CaO	%		84.625
		SiO$_2$	%		1.325
		S	%		0.027
		烧碱	%		14.023

表 2-5　炉衬侵蚀量测定表

项　目		单　位	内　　容		平均值
炉衬	吨钢耗量	kg/t			1.55
	化学成分	MgO	%		78
		C	%		15
		Fe$_2$O$_3$	%		1.9
		SiO$_2$	%		2.6
		Al$_2$O$_3$	%		2.5
锰铁	入炉总重量	t/炉	1.2	1.2	1.2
	吨钢耗量	kg/t			6.502
	化学成分	Mn	%		66.82
		Si	%		0.95
		S	%		0.009
		Fe	%		
氧气	入炉总重量	t/炉	13.011	13.048	13.0295
	吨钢耗量	kg/t			70.60
	氧气压力	kg/m^3			8.1
	氧气纯度	%			99.5
钢水	出炉钢水总重量	t/炉	186.8	182.3	184.55
	吨钢水重量	kg/t			1000
	钢水温度	℃			1665
	脱氧前钢水化学成分	C	%	0.142	0.166	0.154
		Si	%	0.042	0.0105	0.0278
		Mn	%	0.106	0.15	0.1165
		P	%	0.0171	0.0206	0.0189
		S	%	0.021	0.0281	0.0246
		O	%			0.0330
		N	%	0.0028	0.0028	0.0028

表 2-6　出炉钢水渣测试表

项　目		单　位	内　容		平均值
出炉钢渣总重量		t/炉	17.945	19.782	18.864
吨钢渣总量		kg/t			102.22
钢渣温度		℃			
钢渣	钢渣化学成分				
	SiO$_2$	%	19.71	21.95	20.780
	MnO	%	1.62	1.41	1.515
	P$_2$O$_5$	%	1.00	0.97	0.985
	Al$_2$O$_3$	%	2.81	3.16	2.985
	CaO	%	52.42	51.51	51.985
	MgO	%	7.47	7.42	7.445
	TFe	%	8.50	6.74	7.620
	Fe$_2$O$_3$	%	6.68	5.41	6.045
	P	%	0.82	0.84	0.83
	S	%	0.132	0.241	0.187
	CaO$_{游离}$	%		5.00	2.500
	FeO	%	3.23	2.10	2.665
	MFe	%	1.32	1.28	1.300
	CaF$_2$	%	1.69	1.68	1.685

表 2-7　炉尘和污泥测试表

项　目		单　位	内　容		平均值
出炉总重量		t/炉			2.780
吨钢尘泥量		kg/t			15.263
炉尘和污泥	平均化学成分				
	SiO$_2$	%			6.20
	FeO	%			15.63
	TFe	%			65.01
	Al$_2$O$_3$	%			0.87
	Fe$_2$O$_3$	%			12.14
	CaO	%			12.90
	MgO	%			3.02
					平均
	CO$_2$	%		18.4	16.7
	O$_2$	%	2.4	2.8	2.6
炉口炉气成分	CO	%	62.5	62.5	62.5
	N$_2$	%	16.7	11.6	14.15

2.1.3.2　物料平衡计算

经测定得到的数据为:

G_1 铁水重量:177.4 t　　　　961.26 kg/t

G_2 铁渣重量:0.9845 t　　　　5.34 kg/t

G_3 净废钢重量:23 t　　　　124.63 kg/t

其中实测:碎块废钢 $G_3a = 0$　　小块废钢 $G_3b = 23 \times 1/4 = 5.75$ t

　　　　　中、大块废钢 $G_3c = 23 \times 3/4 = 17.25$ t

式中　G_3a——碎块废钢重量;

　　　G_3b——小块废钢重量;

　　　G_3c——大块废钢重量。

　　故有:$G_3(FeO) = 0.15(0.1 \times 0 + 0.02 \times 5.75 + 0.01 \times 17.25) = 0.0431$ t

　　　　　$G_3(Fe_2O_3) = 0.85(0.1 \times 0 + 0.02 \times 5.75 + 0.01 \times 17.25) = 0.2444$ t

G_4 净石灰重量:11.4785 t,　　　　62.201 kg/t

G_5 轻烧白云石量:2.50 t,　　　　13.55 kg/t

G_6 混料重量:1.097 t,　　　　　　5.94 kg/t

G_7 净焦炭量:0.04 t,　　　　　　0.22 kg/t

G_8 净锰铁重量:1.2 t,　　　　　　6.5 kg/t

G_9 入炉氧气重量:13.0295 t,　　　70.60 kg/t

G_{10} 物料含水量:

　　石灰:0.28% H_2O

　　轻烧白云石:0.04% H_2O

　　混料:0.34% H_2O

　　废钢:按 0.1% 估计

$G_{10} =$ 废钢 + 石灰 + 轻烧 + 混料 + 焦炭

　　　$= 0.023 + 0.03214 + 0.001 + 0.00373 + 0.0006$

　　　$= 0.0605$ t

G_{11} 吸入空气量:

A　物料中的 Fe 氧化量

(1) 废钢中的 FeO 和 Fe_2O_3 量:$G_3(FeO) = 0.043125$ t

　　　　　　　　　　　　　　　$G_3(Fe_2O_3) = 0.244375$ t

(2) 物料中 FeO 和 Fe_2O_3 的生成量

$G(FeO) = 18.864 \times 2.665\% + 2.780 \times 15.63\% - 0.9845 \times 3.50\% - 0.043125 = 0.8597$ t

$G(Fe_2O_3) = 18.864 \times 6.045\% + 2.78 \times 12.14\% - 0.9845 \times 9.18\% - 0.2444 = 1.1431$ t

(3) 铁氧化成 FeO 和 Fe_2O_3 的重量及铁氧化的总量:

$G(Fe \rightarrow FeO) = 56/72 \times 0.8597 = 0.6687$ t

$G(Fe \rightarrow Fe_2O_3) = 2 \times 56/160 \times 1.1431 = 0.8002$ t

$G(Fe) = 0.6687 + 0.8002 = 1.4689$ t

B　物料中非铁元素的氧化量

(1) 入炉钢铁料总量 $G_\Sigma = G_1 + G_3 = 177.4 + 23 = 200.4$ t

(2) 入炉钢铁料中各非铁元素的平均成分

$[\overline{C}] = (177.4 \times 4.312 + 23 \times 0.2)/200.4 = 3.8401\%$

$[\overline{Si}] = (177.4 \times 0.61 + 0)/200.4 = 0.5400\%$

$[\overline{Mn}] = (177.4 \times 0.155 + 23 \times 0.4)/200.4 = 0.1831\%$

$[\overline{P}] = (177.4 \times 0.0662 + 23 \times 0.03) / 200.4 = 0.0621\%$

$[\overline{S}] = (177.4 \times 0.0454 + 23 \times 0.03) / 200.4 = 0.0436\%$

出钢前炉内钢水总重量：

$$G_1'' = \frac{G_\Sigma \left(1 - \dfrac{[\overline{C}] + [\overline{Si}] + [\overline{Mn}] + [\overline{P}] + [\overline{S}]}{100}\right) - G_{(Fe)} - G_2'}{1 - \dfrac{[C'] + [Si'] + Mn' + P' + S'}{100}}$$

$$= \frac{200.4 \times \left(1 - \dfrac{4.6689}{100}\right) - 0.4639 - 18.969 \times 1.3}{1 - \dfrac{0.3412}{100}}$$

$$= 189.98 \text{ t}$$

（3）物料中非铁元素的氧化量 $G(x)$

$G(C) = 200.4 \times 3.8401\% - 189.98 \times 0.154\% = 7.4030 \text{ t}$

$G(Si) = 200.4 \times 0.5400\% - 189.98 \times 0.02725\% = 1.030 \text{ t}$

$G(Mn) = 200.4 \times 0.1831\% - 189.98 \times 0.1165\% = 0.1456 \text{ t}$

$G(P) = 200.4 \times 0.0621\% - 189.98 \times 0.0189\% = 0.0885 \text{ t}$

$G(S) = 200.4 \times 0.0436\% - 189.98 \times 0.0246\% = 0.0406 \text{ t}$

C 元素氧化反应耗氧量 V_{01} 或 G_{01}

$V_{01} = (0.9 \times 7.403/2 \times 12 + 0.1 \times 7.4030/12 + 1.0304/28 + 0.1456/2 \times 55 + 5 \times$

    $0.0885/4 \times 31 + 0.3 \times 0.0406/32 - 0.7 \times 0.0406/2 \times 32 + 0.6687/2 \times 56 + 3 \times$

    $0.8002/4 \times 56) \times 22.4 \times 1000$

    $= 8906.6973 \text{ m}^3$

$G_{01} = 1.429 \times 8906.6973 = 12727.6704 \text{ kg} = 12.7277 \text{ t}$

折合 68.966 kg/t。

吸入空气重量 G_{11}：

$G_{11} = 4.35 \times \{68.9660 + 1000 \times 0.03\% + 0.01429 \times [2.6\% \times 104.79 - 99.5\% \times 49.41]\}$

    $= 12.7694 \text{ kg/t}$

G_{12} 炉衬侵蚀量：

$G_{12} = 1.55 \text{ kg/t}$

支出物料：

G_1' 出炉钢水重量 184.55 t

G_2' 终渣钢珠量：分析得出，渣中金属铁为 1.3%

$18.864 \times 1.3\% = 245.232 \text{ kg}, 1.329 \text{ kg/t}$

G_3' 出炉钢渣量，计算得出 18.864 t，102.22 kg/t，

G_4' 出炉炉尘量，2.780 t，15.063 kg/t

其中，烟气 0.063 kg/t

     干尘 15 kg/t

G_5' 出炉炉气量：

（1）石灰分解出的 C 重量。

石灰中的 CO_2 含量 $= 100 - 84.625 - 1.325 - 0.027 = 14.023\%$

$G_C = 22/44 \times 62.20 \times 14.023\% = 4.36 \ \text{kg/t}$

（2）熔池脱 C 量：$G(C)$

$G(C)$ = 废钢中 C ＋铁水中 C ＋焦炭中 C ＋炉衬中 C －钢水中 C

$\qquad = 23 \times 0.2\% + 177.4 \times 4.312\% + 0.04 \times 97\% + 0.286 \times 15\% - 184.55 \times 0.154\%$

$\qquad = 7.4938 \ \text{t}$

$G(C) = 40.61 \ \text{kg/t}$

（3）进入炉气中的总 C 量：

$G_{AC} = 4.36 + 40.61 = 44.97 \ \text{kg/t}$

（4）炉口干炉气体积：

$V_5' = (187 \times G_{AC})/(CO + CO_2) = (44.97 \times 187)/(62.7 + 17.55)$

$\qquad = 104.79 \ \text{m}^3/\text{t}$

（5）出炉炉气重量：

$G_5' = 104.79/(100 \times 22.4 \times (28 \times 62.7 + 44 \times 17.55 + 32 \times 2.6 + 28 \times 14.5))$

$\qquad = 143.33 \ \text{kg/t}$

G_6' 物料中水分量：$0.33 \ \text{kg/t}$

在冶炼自动化控制中,数学模型是其核心部分。因为各厂的原材料情况的不同,对于如何修正理论计算是一个十分重要的问题,经过对本厂的整个工艺过程的物料平衡,热平衡的实测,可以得到平衡方程的理论计算值与实际值的差距。这对完善整个工艺过程,使之更加优化是十分重要的。冶炼过程是一个十分复杂的化学反应过程,使其科学化的基本原则应该是:能在理论上模型化的功能尽可能用模型表示;对模型化和定量化有困难的功能,则采用知识库的专家系统,而建立适用于本厂的专家系统及知识库,以上基本测试就显得十分重要。

2.2　转炉炼钢设备与监控点

转炉炼钢的设备根据其在炼钢生产中的地位,分为主体设备与辅助设备两类,主体设备分别是转炉炉体设备、倾动机构、氧枪及升降、更换装置、副枪装置、供氧供氮及供气设备、底吹设备、辅原料加料设备、烟气净化与回收设备等,辅助设备分别为原料运输设备、二次除尘、水处理设备等。对上述系统设备的全面监测、控制、管理是炼钢自动化的主要任务之一。

2.2.1　转炉主体设备

2.2.1.1　转炉炉型

目前国内外采用的氧气转炉的炉型归纳为三种类型:筒球型,锥球型和截锥型,转炉内型的主要参数为如图 2-2 所示。

（1）炉子的公称吨位,即出钢量。

（2）炉容比,指转炉有效容积 V 与公称吨位 T 的比值 V/T,表示单位公称吨位所占炉膛有效空间的体积,单位是 m^3/t,是氧气转炉的重要参数。

（3）指转炉总高度 $H_{总}$ 与炉壳外径 $D_{壳}$ 之比 $H_{总}/D_{壳}$,此值愈小,利于减小倾动数据和降低厂房高度,但过小易造成喷溅,减少金属收得率。

（4）熔池尺寸，其包含熔池直径 D 与熔池深度 h 两个参数。熔池直径指转炉熔池在平行状态时金属液面的直径。熔池深度是指转炉熔池在平衡状态时以金属池面到炉底的深度。

（5）检测控制点及其设备包括：

1）压力变送器，主要检测炉体冷却水总管进出水压力（2点）；炉帽冷却水支管进出水压力（2点）；耳轴冷却水支管进出水压力（2点）。

2）电磁流量计，主要检测炉体冷却水总管进出水流量（2点）；炉帽冷却水支管进出水流量（2点）；耳轴冷却水进出水流量（2点）。

3）Pt100热电阻配相应变送器，主要检测炉体冷却水总管进出水温度（2点）；炉帽冷却水支管进出水温度（2点）；耳轴冷却水支管进出水温度（2点）。

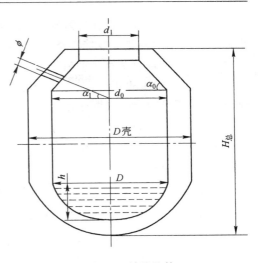

图 2-2　转炉炉体

4）光电编码器，主要进行转炉旋转角度检测。

2.2.1.2　倾动机构

A　转炉冶炼工艺对倾动机构的要求

转炉冶炼工艺对倾动机构的要求为：

（1）倾动角度，根据炼钢车间布置及工艺要求，转炉分为单面操作和双面操作两种，单面操作要求转炉能有 ±180° 旋转角度，双面操作要求转炉能有 ±360° 旋转角度。

（2）旋转速度，50 t 以上转炉要求采用两种速度工作，低速 0.2 r/min，高速 1～1.75 r/min。

B　转炉倾动机构类型

倾动机构主要由电动机、制动装置、扭矩平衡装置和润滑装置等组成，有以下几种组成方式。

（1）落地式倾动机构，此种结构由于缺点太大已在淘汰之列（图 2-3a）。

（2）半悬挂式倾动机构，其特点是把末级传动大小齿轮通过齿轮箱悬挂在转炉耳轴上，而其他传动部分仍安装在地基上，悬挂减速箱和主减速箱之间通过方向联轴器或齿轮轴器连接。当托圈与耳轴受热，受截面变形挠曲时，悬挂减速箱随之位移，内部齿轮正常传动（图 2-3b）。

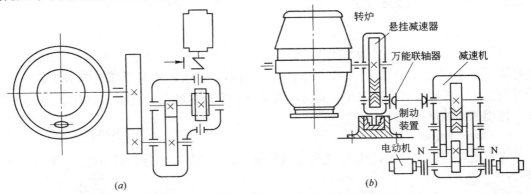

图 2-3　转炉落地式倾动机构(a)与半悬挂式倾动机构(b)

（3）全悬挂式倾动机构,为现在设计转炉普遍使用的方式。其原理是电动机到末级齿轮传动全部传动装置都悬挂在耳轴上,其优点是结构紧凑。例如采用四点啮合传动,在末级传动中,用四个各自带有传动机构的小齿轮共同带动悬挂在耳轴上的大齿轮使转炉倾动,当一个传动机构发生故障时,其他几个传动机构仍可继续工作,有较强的备用能力。在电气传动控制上,要求四台电机同步出力,如图 2-4 所示。

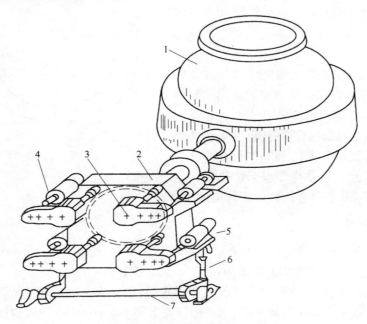

图 2-4　转炉全悬挂式倾动机构

1—转炉;2—齿轮箱;3—三级减速箱;4—联轴节;5—马达;6—连杆;7—缓振抗扭曲

C　检测控制点及其设备

检测控制设备主要有:

（1）压力变送器,检测润滑系统油压力;

（2）温度变送器,检测润滑系统油温度;

（3）变频或直流数字控制系统,进行转炉倾动速度控制(一套)。

2.2.1.3　氧枪升降及更换装置

A　氧枪的构造

氧枪是供氧装置中的关键部件,由喷头,枪身和枪尾三部分组成。枪体由三层组成,内层是氧气通道,中层返冷却水,高压冷却水从中层内侧进入,经喷头顶部转弯 180° 后经中层管外侧流出。外层管供出水之用。其功能为保证一定压力和足够流量的冷却水,使氧枪在高温作用区不被损坏。

B　氧枪的升降装置

为了适应吹氧的工艺要求,吹炼过程调整枪位较为频繁。这样,对氧枪的升降提出如下要求:

（1）具有合适提升和下降速度,在接近吹炼位采用慢速动枪,在结束吹炼提升及吹炼区以外采用高速动枪,以减少喷损炉口炉衬及提高冶炼速度。大、中型转炉氧枪升降速度快速达 50 m/min,慢速为 5 m/min。

(2)保证氧枪准确停枪,平稳运行,故多采用绝对式氧枪编码器,准确检测氧枪枪位,为达到准确停枪目的,使用变频或直流数控装置驱动,一般现代转炉的枪位精度可以精确到 ±1 cm。

(3)应具有必要的安全联锁。

(4)能快速换枪。

　氧枪升降设备如图 2-5 所示,共包括氧枪、氧枪升降小车、导轨、卷扬机、横移装置、钢绳及枪位检测系统。氧枪升降设备一般分为两种结构,第一种结构为带有平衡锤的配重结构,当卷扬将平衡锤提起时,氧枪及升降小车因自重向下降,反之,氧枪上升。因物理安装位置的原因,此种结构只有一套升降装置,换枪时只将备用枪导致升降小车上。其优点是配置动力较小,当发生故障时,利用手动装置将电机抱闸打开,利用平衡锤的重量将氧枪提起。缺点是:传动系统没有备用,一旦发生电气故障,处理时间长。第二种结构为两套升降装置,两套互备的氧枪系统装于两个小车上,一旦发生故障,工作枪小车开走,备用枪小车开至工作位,可立即投入生产。这种结构在停电情况下,高配置备用电源,将氧枪提起。缺点为:相应配置动力较大,需另设事故提枪装置,(一般采用充电池组或 UPS 电源)但其两套传动装置的互备性,保证了处理故障的快速,故一般大中型转炉都采用这种结构。

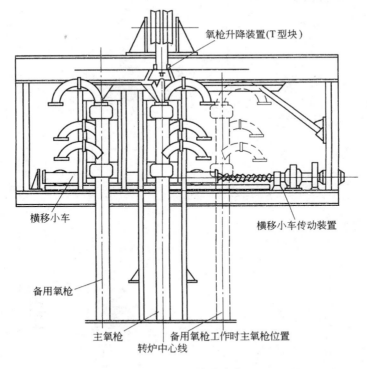

图 2-5　氧枪换枪小车

C　氧枪的供氧供氮供水系统

氧气转炉炼钢车间的供氧系统一般由制氧机、加压机、储气罐、输氧管道、控制阀门、测量仪表等主要设备组成,如图 2-6 所示。

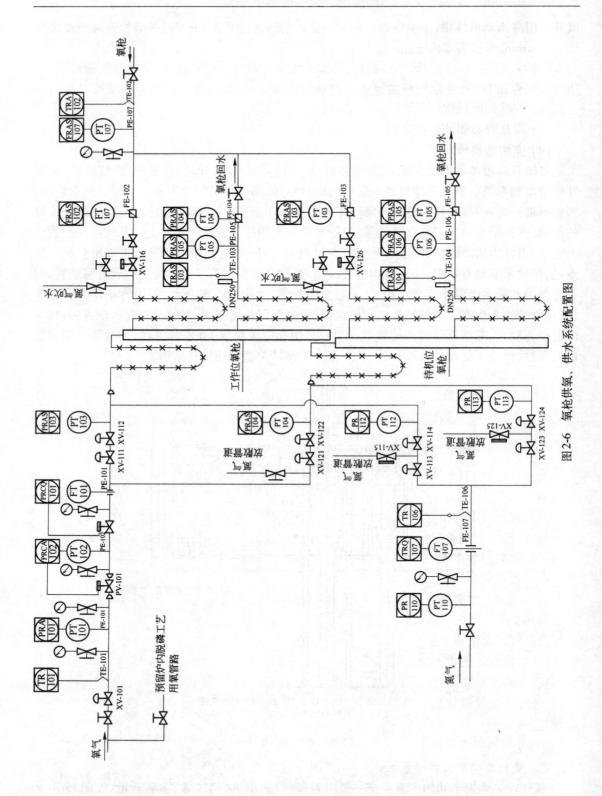

图 2-6　氧枪供氧、供水系统配置图

由输管道进入炼钢车间后,由总管道分成支管道。在管路中设置控制阀、测量仪表等。

(1) 减压阀将输送来的高压氧气调节到所需要的工作氧压,使进入调节阀前得到较低和稳定的氧压。

(2) 流量调节阀根据吹炼过程中需要调节给氧流量。

(3) 快速切断阀吹炼过程中喷氧管的氧气开关,要求开关灵活,快速可靠。

(4) 截止阀启闭使车间得到或停止氧气供应,同时防止氧气倒流。

(5) 手动切断阀在管道和阀门出事故时可用手动切断阀来开关氧气。

近年来普遍采取的溅渣护炉技术,亦要在氧枪管路上接入氮气吹炼管路,其与氧气通过切断阀进行氮气与氧气的切换,整个供氮回路与供氧回路基本相同。为了防止烟气 CO 外泄,要在吹炼后用氮封氧枪口。

D　检测控制点及其设备

(1) 压力变送器,主要检测氧、氮总管压力(2 点);氧、氮气总管稳压阀后压力(2 点);氧、氮调节阀后压力(2 点);氧、氮气支管切断阀后压力(4 点);氧枪冷却水总管进出水压力(2 点);氧枪冷却水支管进出水压力(4 点);氧枪氮封口压力(1 点)。

(2) 差压变送器,主要检测氮氧气总管流量(2 点)。

(3) 电磁流量计,主要检测氧枪冷却进出水流量(4 点)。

(4) 张力检测仪,主要检测氧枪升降系统钢绳拉力 (2 套)。

(5) 光电码盘(一般为绝对式),主要检测氧枪枪位检测。

(6) 变频或直流数控装置 (2 套),主要进行氧枪升降速度与位置控制。

(7) 直流电池组或 UPS,用于氧枪停电事故状态时提枪。

2.2.1.4　底吹设备

A　工艺设备概况

底吹工艺是在转炉底部布置若干支喷枪(或透气砖),在整个炼钢过程中(一个周期)将搅拌气体按照设定的供气强度通过转炉底部的喷枪(或透气砖)吹入转炉内部,使熔池得到充分搅拌,输气管路通过转炉从动侧轴中心套管进入,到达转炉壳的外侧,然后经不锈钢软管和联动器控制各个喷吹元件进入转炉内部。

由于底吹气源和底吹方式的不同,底吹设备及其控制各有不同,但其主要检测及控制的项目大体相同。主要对总管压力、流量、温度及各支管的压力和流量进行检测,对支管流量及供气种类的切换进行控制,底吹的管路进入转炉一般采用两种方式,一是多层套管,二是透气砖供气。无论哪一种方式,底吹的安全是十分重要的,一定要保证炉内有钢水时气体的正压,以防漏钢。底吹工艺要求根据钢种的不同底部供气的强度在 $0.01 \sim 0.1 \ \mathrm{m}^3/\mathrm{t \cdot min}$ 范围内,有些甚至更高,为达到较高的控制精度,许多转炉底吹采用两套系统,一套小流量常开系统,一套大流量调节系统,这样既可保证调节范围的宽大,又可保证安全。其系统结构如图 2-7 所示。

B　检测控制点及其设备

(1) 压力变送器,主要检测气体总管压力 (2 点),支管压力(视支管数)。

(2) 差压变送器,主要检测气体总管流量(2 点)。

(3) 涡街流量计,主要检测支管气体流量(视支管数)。

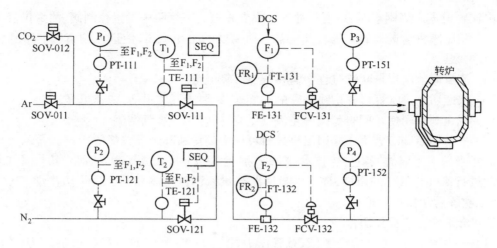

图 2-7　底吹系统结构图

（4）热电阻，主要检测总管气体温度（2 点）。

（5）气动切换阀，主要进行气体切换（2 点）。

2.2.1.5　副原料加料设备

A　工艺设备概况

工艺设备一般包括多个高位料仓及其下对应的振动给料机、成对对应的称量漏斗及每个称量漏斗下的密封闸门、每边有两个较大的中间漏斗，设备功能保证转炉炼钢所需副原料经上述设备自汽化冷却烟道的投料口投入转炉，如图 2-8 所示。

B　工艺设备的动作流程

转炉副原料物料流向为：副原料从高位料仓经过其下部的振动给料机进入称量漏斗，当称量值达到设定值时打开称量漏斗下部的双扇形闸门及密封闸门，副原料经密封闸门进入中间漏斗，打开中间漏斗下部的双扇形闸门，副原料经投料管进入转炉。为防止烟气 CO 漏出，要在下料口进行氮封。

高位料仓　高位料仓是将低位料仓中的副原料通过皮带或斗式提升经刮料小车存储副原料的存储仓。根据副原料种类的具体情况配置其数量及容量。

振动给料机　高位料仓下的振动给料机的功能是将高位料仓中的副原料给至相应的称量漏斗中。每台振动给料机的给料能力可分两挡：额定给料能力（高速）和接近设定给料量（低速）。接通条件是称量漏斗下部的双扇形闸门处于关闭状态且称量漏斗未满。

称量漏斗　称量漏斗的功能是准确的称量出转炉炼钢所需的各种副原料。称量漏斗出口闸门的打开条件是：只有当振动给料机给料作业完成以后，且中间漏斗的扇形闸门处于关闭状态、密封闸门处于开启状态时才能开启称量漏斗出口闸门。

汇总漏斗　汇总漏斗的功能是存放称量漏斗称出的副原料，起中间缓存的作用。汇总漏斗根据系统的投料指令开启其下的扇形闸门。

C　检测控制点及设备

（1）电子秤，主要进行副原料入炉量称量（一般四套）。

（2）料位计（电容式、射频式、超声波式），主要进行高位料仓料位检测（视料仓数量配置）。

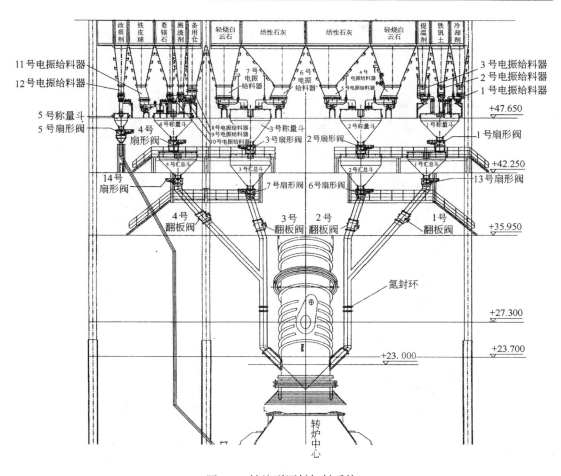

图 2-8　转炉副原料加料系统

2.2.1.6 铁合金投料系统

A　工艺设备概况

工艺设备包括数个高位料仓及其下的数个振动给料机、称量漏斗及其下电振给料机和输送皮带,设备功能保证转炉炼钢所需各种铁合金经上述设备由溜管投入钢包,如图 2-9 所示。

B　工艺设备的动作流程

铁合金物料流向为:铁合金从高位料仓经过其下部的振动给料机进入称量漏斗,再通过称量漏斗下部出口闸门和电振给料机经输送皮带、投料管进入钢包。

高位料仓　高位料仓是将铁合金通过皮带或斗式提升经刮料小车存储铁合金的存储仓。根据铁合金种类的具体情况配置其数量及容量。

高位料仓下振动给料机　高位料仓下的振动给料机的功能是将高位料仓中的铁合金给至称量漏斗中。每台振动给料机的给料能力有两挡,额定给料能力(高速)和接近设定给料量(低速)。接通条件为,称量漏斗下部的双扇形闸门处于关闭状态且称量漏斗未满。多台振动给料机分成两组,每组对应一台称量漏斗。每组的控制原理及要求相同。不同组内振

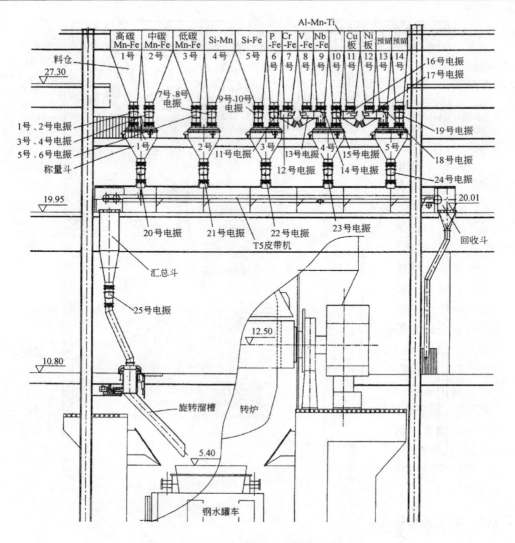

图 2-9　转炉铁合金投料系统

动给料机可以同时动作。但每组内振动给料机只能顺序工作,即只有某台正在工作的振动给料机的给料量达到设定值并停机后,另一台振动给料机才能开始工作。当振动给料机开启一段时间后称量设备无变化,应当有报警。

　　称量漏斗　称量漏斗的功能是准确地称量出铁合金的重量。

　　称量漏斗下出口闸门　称量漏斗的出口闸门是由一台振动给料机和安装在其溜槽上的扇形闸门组成。称量漏斗出口闸门的打开条件是:当高位料仓振动给料机给料作业完成以后才能开启称量漏斗出口闸门。当接到投料指令后,先打开扇形闸门,接着开启称量漏斗下振动给料机,在称重漏斗卸空后再延时数秒,振动给料机停止作业,扇形闸门关闭。

　　C　检测点与检测设备

　　(1) 电子秤或机械秤,主要进行合金称量(一台或数台)。

　　(2) 化学分析装置,主要进行合金成分检验。

　　(3) 皮带秤,主要进行合金上料称量。

2.2.1.7　转炉烟气净化与回收设备

A　操作工艺分类

烟气净化方法从操作工艺上可分为全湿法、干湿结合和全干法三种。

(1)全湿法烟气进入一级净化设备立即与水相遇,称为全湿法除尘系统。在系统中主要采用喷水的方式来达到烟气降温和除尘的目的。这种系统耗水量大,且需要有处理大量泥浆的设备。

(2)干湿结合法当烟气进入次级净化设备才与水相遇,称为干湿结合法除尘系统。这种系统需要处理的污水量甚小,污水处理简便,除尘效果基本上能满足小型转炉的要求。

(3)全干法在净化过程中烟气完全不与水相遇。称为全干法除尘系统。全干法除尘所得烟尘是干的,不需要处理污水。

B　湿法除尘工艺设备的组成与动作流程

烟气净化系统概括为烟气的收集与输导、降温与净化、抽引与放散三个部分。

采用未燃法实现转炉烟气净化的回收煤气方法称为OG(Oxygen Conventer Gas Recorery)法,OG系统是由烟罩、烟气冷却装置、烟气净化装置、煤气回收装置、冷水处理系统、烟气及其附属安全设施等构成。

烟罩　烟罩是由裙罩、上烟罩、下烟罩等组成,整个裙罩由四个支架悬挂在烟罩架上的液压缸,裙罩上下行程800 mm左右,在转炉兑铁水、出钢、回收煤气等生产过程中,裙罩要进行升降。转炉裙罩、上下烟罩采用封闭水循环冷却,该装置由裙罩、上下烟罩、膨胀箱、空冷式热交换器、循环水泵、切换阀等组成。

烟气冷却装置　新设计的转炉烟气冷却装置采用注反冷却烟道,其中无缝钢管排列形成的筒状烟道,两端分别有进水及出水围管。转炉烟气通过烟罩进入烟道内,与烟道壁进行热交换,使烟气温度降低至1000℃左右。烟道内的水加热至100℃以上产生蒸汽和水的混合物,经出口集箱引入汽包,进行汽水分离,蒸汽引出后可供使用,留下的水可重新补入汽包。

烟气净化装置　文氏管是一种湿法净化设备,主要起在烟气冷却与净化作用。其分溢流文氏管、可调文氏管与多喉文氏管三类。湿法净化设计多选用双文氏管串联的方式。工作原理是:在双文氏管串联的湿法净化系统中,采用溢流文氏管加可调喉口文氏管的方式。溢流文氏管由溢流槽、以缩段、锥口段、扩升段组成。在双文氏管串联的湿法净化系统中,溢流文氏管主要起降温与除尘作用。烟气出口温度为70~80℃,除尘效果达90%,在炼钢过程中烟气量变化很大,为了尽量保持喉口烟气速度不变,以稳定除尘效率,通常采用可调喉口文氏管,它随烟气量变大或变小,相应增大或减小喉口断面积,保持喉口烟气速度一定。调解喉口一般采用R/D阀,为保持喉口畅通,在喉口处设置捅针。

在湿法烟气净化装置中脱水器亦是重要设备之一,烟气经过文氏管等净化过程中,产生大量带烟尘的水,净化系统的脱水过程也就是排污水过程。一般转炉使用离心式差头脱水器其原理主要利用含污水的气流在进入脱水器后,因为惯性力及离心力作用,水滴被甩至脱水器的叶片及器壁上沿壁流下,通过排水槽排走。

为了增大工业水的循环利用率,达到节水目的,采用紧凑设计,将一文流入二文的污水简单沉淀处理后,重新泵入一文,是当前湿法除尘的典型方法。图2-10所示是其系统结构图。

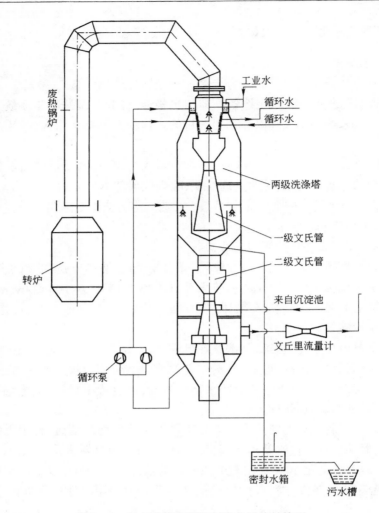

图 2-10　双文氏管串联烟气净化系统结构图

除尘风机　除尘风机是烟气净化系统的重要设备。含尘的高温炉气经冷却降温,净化后,由抽风机排至烟囱或输送到煤气回收系统中备用。目前设计的转炉一般采用高压力型煤气抽风机。

C　干法除尘

随着水资源的日益短缺,干法烟气净化装置越来越引起重视,静电除尘器是一种典型干法烟气净化设备。其除尘效果可达 99%,而且稳定,不受烟气量波动影响。

D　检测点与检测设备

(1) 热电偶,主要检测炉气出口烟气温度(1 点)。

(2) 微差压变送器,主要检测炉口微差压(1 点)。

(3) 电磁流量计,主要检测溢流器供水流量(1 点);一文浊环水流量(1 点);二文浊环水流量(1 点)。

(4) 差压变送器,主要检测一文差压(1 点);二文总压(1 点);丝网脱水器压(1 点)。

(5) 压力变送器,主要检测炉口做差压吹扫压力;文丘里吹扫压力;风机进出口烟气压力(2点);风机阻力平衡压力调节;分析仪反吹氮压力煤气管压力。

（6）热电阻,主要检测一文前后烟气温度;风机前烟温;风机轴承温度(2点);风机液力耦合器温度(2点);风机进出口温度(2点);风机进出口油温(2点);弯头脱水器温度。

（7）热电偶,主要检测烟罩出口烟温。

（8）炉气分析仪,分析冷端 O_2, CO, CO_2 含量。

2.2.2 转炉辅助设备

2.2.2.1 原料系统

转炉原料系统包括铁水、废钢,造渣材料及铁合金。

A 铁水的供应

目前的转炉铁水供应方式主要有以下几种:

（1）混铁炉供应铁水,其工艺流程为:

高炉→铁水罐车→混铁炉→铁水包→脱硫扒渣→称量→转炉

（2）罐车供应铁水工艺流程为:

高炉→罐车→铁水包→脱硫扒渣→称量→转炉

（3）鱼雷罐车供应铁水,工艺流程为:

高炉→鱼雷罐车→铁水包→脱硫扒渣→称量→转炉

B 废钢的供应

一般废钢要进行分类,根据工艺流程一般分四类即大块、压缩打包、厂内回收、社会回收。放于废钢坑内,装料时,根据废钢的配比,装入废钢料槽中进行称重,料槽加入转炉通常为两种方式,一种是用吊车直接吊起料槽将废钢加入炉中,另一种是用废钢车将料槽内的废钢加入炉中。

C 散状料的供应

散状料主要指转炉冶炼过程中所需要的石灰、白云石、萤石、矿石等多种副原料,其特点是种类多,批量小,批数多,要求供应迅速、准确、及时加入转炉。散状原料先按种类分别贮放在厂房外的贮料仓内,为了便于运输卸料,常常放于地下,再由运输机械从料仓运到转炉上方,通过自动卸料机械装高位料仓内,各高位料仓均设给料振动器、称量器、水冷溜槽及除尘装置,在入炉处的水冷溜槽设有氮气或蒸汽封口。

目前散状料的供应大体有两种方式:

（1）全胶带上料系统。其包含地下部分的料仓振动给料器,卸料皮带及相应的除尘装置,高位料仓根据料种的不同,按优先顺序起动某一料种振动给料机动作,并起动相应的除尘阀门,然后经几级转运皮带控制高位卸料小车将料卸入不同的高位料仓内,各层转运站均设除尘风机及除尘设备。如图 2-11 所示。

（2）多斗提升机和振动输送上料系统。这种上料系统中,水平运输采用翻斗汽车或胶带机。垂直部分用斗式提升机上料,此方式一般适用于中小型炼钢车间。

D 测量控制点及其设备

（1）皮带秤,主要进行上料重量测量。

（2）料位计(超声波式、射频式、电容式),主要进行低位料仓料位测量(视料斗数量定)。

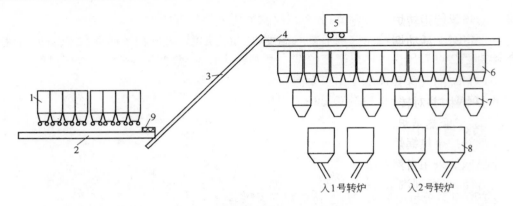

图 2-11　转炉全胶带上料系统图

1—低位料仓；2—低位料仓胶带；3—低位去高位料仓传送皮带；4—高位料仓皮带；
5—卸料小车；6—高位料仓；7—称量斗；8—汇总斗；9—皮带秤

2.2.2.2　热力系统的设备

热力系统设备包括：转炉活动烟罩、余热锅炉本体及余热锅炉的汽水循环系统、蓄热器本体及蓄热器站、余热锅炉用水的制备及供应、普通压缩空气的供应、净化压缩空气的供应。如图 2-12 所示。

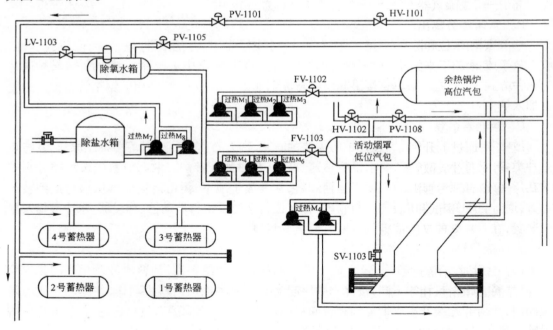

图 2-12　转炉热力系统图

A　转炉活动烟罩构成

转炉活动烟罩主要由活动烟罩本体、低位汽包和循环水泵等组成。活动烟罩采用强制循环汽化冷却。循环水泵扬程、循环流量、烟罩设计压力均与转炉吨位有关。

活动烟罩由多根无缝钢管组成的圆环叠放，组成上锥口与下锥口直径不同的锥形罩裙冷却壁。降罩后距转炉炉口保持一定净空,抬罩应有一定行程,当转炉修炉时烟罩可再向上提升一定距离。活动烟罩一般采用液压升降,活动烟罩与余热锅炉炉口段之间的空隙采用氮气密封。

循环系统的汽包有效水容积应满足冶炼一炉钢产汽量。汽包具有较大的水容积可提供可靠的安全性,并对转炉间断运行提供必要的缓冲。

B 转炉余热锅炉的构成

大型转炉余热锅炉主要由余热锅炉本体和高位汽包等构成。

余热锅炉采用自然循环汽化冷却,为了余热锅炉设备的制造、运输、安装、维护、检修的经济及方便,考虑到汽水循环的需要,将余热锅炉分为炉口段、上段和后段三段。余热锅炉是由多根鳞片管围成的圆形冷却壁气道,供转炉烟气冷却、排放。其各种开孔采用挤压方式实现,开孔处的弯管采用无缝钢管。

C 活动烟罩及余热锅炉的汽水循环系统设备

活动烟罩与余热锅炉本体共用的冷水循环系统由除氧系统、给水系统、汽包、循环水泵、烟罩冷却回路、蓄热器等组成。

除氧给水系统 为了向活动烟罩和余热锅炉提供合格用水,由除盐水站来的除盐水进入除盐水箱,通过除盐水泵经调节阀送入旋膜式热力除氧器,除氧后符合《低压锅炉水质》标准的水由给水泵通过给水调节阀送入汽包。由外送蒸汽管网接出的蒸汽经减压阀和调节阀进入除氧器,在除氧器中除盐水和蒸汽充分混合,达到除氧器压力 0.02 MP 下的饱和温度104℃。从水中分离出的空气自除氧器顶部排入大气。除氧后的水进入除氧水箱(亦称给水箱),除氧箱的水位和除氧器压力均采用自动调节阀控制。

由除氧水箱下来的除盐水分别由锅炉给水泵送入高位汽包,由烟罩汽包给水泵送入低位汽包。

汽包 大型转炉设一个高位汽包,用于余热锅炉;设一个低位汽包,用于活动烟罩。中小型转炉可两者合一。循环回路的冷却水在烟罩或余热锅炉冷却壁中吸热后,部分水气化,汽水混合物通过上升管分别进入低位汽包或高位汽包,在汽包内汽水分离,蒸汽通过蒸汽管送入管网或通过放散管排入大气。

汽包设有排污管满足冲洗和连续排污的需要,同时汽包设有启动放散管和排空气管,便于系统的试压、调试和启动。

汽包一般设有双色玻璃板就地水位计,并安装工业电视远距离监视水位,同时设有两套独立的远传水位信号指示。当汽包水位过低时,发出紧急报警信号。

由于转炉在冶炼过程中吹氧是间断的,因此循环水在烟罩、余热锅炉内产生汽、水混合物的过程也是间断的,由不吹氧过程转为吹氧过程是突然的,且炉气温度极高,再加炉气中部分CO遇空气中的氧发生燃烧反应,使烟气温度进一步升高,烟罩、余热锅炉内的循环水迅速形成汽、水混合物而导致体积急剧膨胀,使汽包内的水位急剧上升。不吹氧时由于烟罩、余热锅炉没有可供吸热的余热资源,循环系统不再形成汽、水混合物。导致汽包内的水位急剧下降,因此转炉在吹氧和不吹氧的过程中汽包水位相差很大,为了适应转炉冶炼工况的要求,汽包水位采用双水位控制,即吹氧前设置一个水位,吹氧后设置一个水位,采用三冲量调节。

循环水泵 活动烟罩采用强制循环汽化冷却,设置循环水泵。低位汽包下降管,接至循环水泵的进水联箱,供给循环水泵。

各循环水泵出口管均接至循环水泵出水联箱,从该联箱接出一根供水母管,波纹管组将循环水送入活动烟罩进水联箱、分配给活动烟罩冷却壁。

蓄热器　由于转炉余热锅炉的运行是间断的,为了稳定地输送管网合格的蒸汽,需有蓄热器站。

蓄热器站双层布置,安装多个蓄热器,出口的蒸汽通过压力调节阀以恒定压力送往上级管网。

蓄热器用除盐水由余热锅炉给水泵供应,通过给水及排水两个电动阀实现蓄热器水位自动控制。

给水泵　为了向活动烟罩和余热锅炉供水,需给水泵设备。主要设备包括:除盐水泵、锅炉给水泵、烟罩汽包给水泵。

均需采用备用方式,为了在停止供水情况下,保证转炉继续运行 2 h,需有除盐水箱。

除盐水制备和供应　除盐水是保证转炉余热锅炉正常工作的合格用水,其制备工艺流程为:管网来工业水→生水加压泵→机械过滤器→活性炭过滤器→逆流再生固定床阳离子交换器→除 CO_2 器→中间水泵→逆流再生固定床阴离子交换器→除盐水箱→除盐水泵→预热锅炉。

主要设备有:生水加压泵,机械过滤器,活性炭过滤器,逆流再生固定床阳离子交换器,除 CO_2 器;中间水泵;逆流再生固定床阴离子交换器;除盐水箱;除盐水泵。

D　检测控制点及其设备

压力变送器,主要检测除氧器蒸汽压力(2 点);除氧器水箱压力(2 点);汽包进水压力(2 点);汽包蒸汽压力(2 点);汽包供水阀前后压力(4 点)。

2.2.2.3　水处理系统的设备

A　净环系统设备:

系统流程　系统工艺流程为:净环冷却水对各用户进行冷却后仅水温升高,水质未受污染自流到净环泵站热水吸水井,经泵站内提升泵提升到屋面冷却塔降温,冷却后的水自流进入泵站冷水吸水井,再分别由高、中、低三组给水泵加压送到各用户循环使用,为确保供水水质,防止冷却器堵塞,在各给水泵组出口设置自清洗过滤器以拦截大颗粒悬浮物。

系统采取定期排污、旁通过滤及设置电子水处理器等作为水质稳定的措施。旁通水量为循环量的 10%,旁通过滤反洗水排入浊环烟气净化系统。

主要设备　主要设备如下:净环高压泵组、净环中压泵组、净环低压泵组、净环提升泵组、过滤反洗泵组、泵房排水泵组、冷却塔、纤维球过滤器、电子水处理器、自清洗过滤器。

B　浊环烟气净化系统

系统流程　系统流程如下:经用户使用后不仅水温升高,且水质受到严重污染,一文回水经高架流槽自流排至调节池,调节池设搅拌机以防止悬浮物沉淀,同时调节池能够使回水波动的水温和悬浮物得以均和,再由过滤提升泵加压送到袋式过滤机过滤,滤后清水自流至泵站热水吸水井,经冷却提升泵加压至冷却塔冷却,回水自流到冷水吸水井由给水泵加压供二文使用,回水再由加压泵加压供给一文循环使用。

袋式过滤机反洗排水排回调节池,底流污泥靠袋式过滤机内部压力排至泥浆调节池,再由泥浆泵加压送至离心脱水机进行脱水处理,脱水机的排水自流排到泵站热水吸水井,污泥排至下部贮泥斗,定期外运。

系统采取定期排污并设置电子水处理器对循环水进行杀菌灭藻,防止设备管道结垢,保持水质稳定。

主要设备 系统主要设备如下:

(1) 水泵设备包括:冷却提升泵组、给水泵组、泵房排水泵组、冷却塔、电子水处理器、二文提升泵组、过滤提升泵组、液浆提升泵组。

(2) 过滤脱水设备包括:搅拌机、袋式过滤机、离心脱水机、贮泥斗、污泥搅拌机、加药装置。

C 浊环钢渣冷却系统

系统流程 系统流程如下:水经用户使用后不仅水温升高,且水质受到严重污染,回水经暗渠自流排至沉淀池,经沉淀处理后进入热水吸水井,再由提升泵提升送到冷却塔冷却,回水自流到冷水吸水井并由给水泵加压供钢渣冷却循环使用。

沉淀池污泥送至污泥池,自然脱水后装车定期外运。

系统采取定期排污并设置电子水处理器对循环水进行杀菌灭藻,防止设备管道结垢,保持水质稳定。

主要设备 系统主要设备如下:提升泵组、给水泵组、冷却塔、电子水处理器。

D 监控设备

监控设备包括:

(1) 高、低压交流变频起动 MCC 柜,大于 50 kW 电机。

(2) 压力变送器,检测净环水压力(视供水部分确定);浊环水压力。

(3) 电磁流量计,检测净环水进出水流量;浊环水流量。

(4) 热电阻,检测净环水进水温度。

2.2.2.4 二次除尘系统的设备

A 转炉二次除尘系统

转炉二次除尘系统主要处理转炉在兑铁、加废钢、吹炼外溢、出钢、高位料仓及铁合金下料系统产生的烟尘。烟气净化后,由引风机经烟囱排入大气。根据生产工艺情况,除尘系统一般设有液力耦合器调速装置,转炉采用整体密封,如图 2-13 所示。

主要设备包括:低压脉冲除尘器、双吸、双支撑锅炉引风机、调速型液力耦合器。

B 倒罐及铁水脱硫扒渣除尘系统

兑铁倒罐烟尘与铁水脱硫和扒渣烟尘可共用一台除尘器处理,净化后的烟气由引风机经烟囱排入大气。

除尘系统根据生产工艺情况,设有液力耦合器调整转速。倒罐间兑铁除尘采用高悬式双侧抽风吸尘罩,除尘管道从集烟罩接出,支管道上设置电动蝶阀以调节风量。

主要设备包括:低压脉冲除尘器、脉冲阀、双吸、双支撑锅炉引风机,配电机 1800 kW、10 kV、调速型液力耦合器(或变频调速)。

C 原料除尘系统

汽车受料、转运站处产生的粉尘选用单机脉冲除尘器,烟气净化后分别由引风机经烟囱排入大气。除尘器分布于受料槽与转运站。

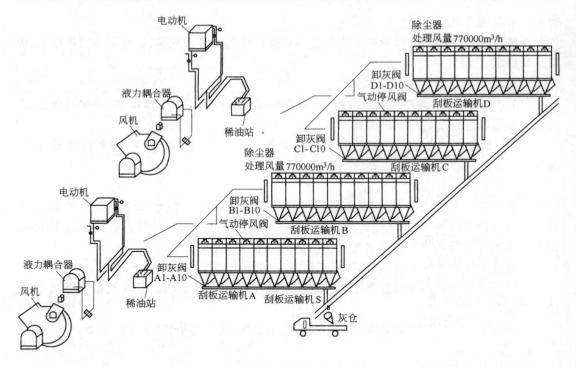

图 2-13　转炉二次除尘系统

转运站的除尘器设在转运站顶部,收集的粉尘卸在就近皮带上;汽车受料除尘器设在卸料密封室顶部,收集的粉尘卸在密封室内。

低位料仓设低压脉冲除尘器,净化后由引风机经烟囱排入大气。

D　LF 炉、RH 真空处理装置除尘系统

处理 LF 炉、LF 下料系统、RH 真空炉及其他钢水处理设备产生的烟尘。设低压脉冲除尘器,净化后由引风机经烟囱排入大气。

主要设备包括:低压脉冲除尘器、脉冲阀、引风机、调速型液力耦合器(或变频调速)。

E　除尘系统工艺流程

主要除尘系统工艺流程如图 2-14 所示。

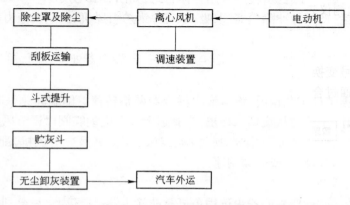

图 2-14　除尘系统工艺流程图

F　监控点及设备

主要监控设备包括：

(1) 高低压变频及软起动 MCC 控制系统,大于 50 kW 电机。

(2) 热电阻,监控引风机液力耦合器温度,引风机轴温度,液压站稀油温度。

(3) 位移检测仪,检测引风机振动轴位移。

2.3　转炉主要检测仪表的原理与特点

2.3.1　转炉检测仪表的应用特点

如前所述,检测在冶金生产领域中是必不可少的过程,在自动控制系统中,检测是其中一个非常重要的环节,典型的闭环控制系统的控制器是根据给定值与被控制变量之间的差值,经一定的运算形成输出去控制操纵变量。控制器输出值的变化使被控变量逐渐接近给定值,直到两者相等。可以看出如果没有检测手段使被控制变量逐渐接近给定值,或被控量的检测误差很大,则不能组成控制系统及准确控制。因而检测手段在炼钢过程控制中起着极其重要的关键作用,它直接影响产品的质量及能源的消耗,因而原冶金工业部曾明确规定转炉必须装备最低限度的仪表,颁布了"转炉炼钢计量器具配备规范"。

随着计算机及网络技术的飞跃发展,检测仪表也朝着智能化、数字化的方向有了长足的发展,尤其对于炼钢这种恶劣条件下的检测装备,更是如此。

炼钢自动化过程检测传感器及仪表主要有以下几个部分:水、气的压力、温度、流量检测仪表;钢水成分固体原料分析仪表;料位、液位、轴位,直线运动位的检测仪表;称量检测仪表;位移、振动检测仪表;炉气分析仪表以及定氧定碳等特殊检测仪表等。

转炉检测系统的工作环境,比一般认为条件恶劣的炼铁环境还要恶劣,炉内钢水温度高达 1300～1700℃,在钢水和氧激烈反应生成的炉气中,会有大量钢水飞沫和粉尘,这些东西附着在传感器上,会烧坏传感器或堵塞其管道。随着吹炼状态的不同,炉渣因泡沫化和喷溅可能达到炉口,炉口部位的检测器件必须充分考虑其耐热性。另一方面由高位钢水发出的高辉度的光和气的起伏波动,阻碍使用光学最新检测技术的应用,实践证明,转炉传感器和仪表往往很难好用或很难准确。

除了传感器和仪表的质量外,主要是对环境考虑不同。

同广义的检测仪表一样,转炉检测仪表通常包括两个过程(见图 2-15):一是能量(信息)形式一次或多次的转换,这一过程的目的是将人们无法感受的被测信息转换成可以被人直接感受(或利用已成熟的仪表可以感受)的信息(如机械位段、电压、电流信号),它一般包括配成元件、信号变换、信号传输和信号处理四个部分,二是根据规则将被测参数与相应的单位进行比较,通过合适的形式给出被测参数的具体信息。

图 2-15　检测仪表的组成图

随着现代检测技术的发展,有些专用的检测系统已被集成化,把它们集成为一台检测仪表。因此,检测仪表与检测系统之间没有明显的界线,检测仪表或检测系统和它们必需的辅助设备所构成的总体称为检测装置。转炉检测的特殊仪表将在相关的章节中介绍,本章仅介绍转炉检测所需的常规仪表。

2.3.2　压力检测仪表

压力是炼钢生产过程中的重要参数,其检测与控制为安全生产所必需。在国际单位制中,压力的单位为帕斯卡(简称帕,用符号 Pa 表示)。目前仍在技术上使用的压力单位还有:工程大气压、物理大气压、巴、毫米汞柱和毫米水柱等。我国已规定国际单位帕斯卡为压力的法定计量单位。

2.3.2.1　压力的表示方法

压力的表示方面有四种,即绝对压力 Pa、表压力 p,真空度或负压 p_h 和差压 Δp。图2-16 所示它们之间的关系。

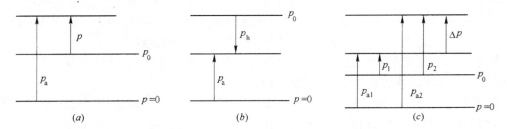

图 2-16　几种压力表示方法之间的关系

2.3.2.2　转炉压力检测的主要方法及压力检测仪表的分类

(1) 液体压力计:根据流体静力学原理,把被测压力或差压转换成液体高度(差),压力计一般采用充有水或水银的玻璃 U 形管或单管。

(2) 弹性压力计:根据弹性条件受力变形的原理,将被测压力转换成弹性条件的位移,并通过机械传动机构直接带动指针指示。转炉气体管路上常用的有弹簧管压力表,膜盒压力表。

(3) 电远传式压力仪表:这类仪表的敏感元件一般是弹性元件,通过进一步应用转换元件(或装置)和转换电路将与被测压力成正比的弹性元件的位移转换为电信号输出,实现信号的远距离输送。其包括力平衡式压力变送器,电容式压力变送器及霍尔式压力变送器。

(4) 物性型压力传感器:它是基于在压力的作用下,敏感元件的某些物理特性发生变化的原理。转炉中使用的有应变式压力传感器,压阻式压力传感器,压电式压力传感器等。它们都具有电远传功能。

2.3.2.3　压力检测仪表的使用

一般情况下,压力检测仪表使用时主要注意两个问题:一是压力仪表的选型;二是取压点及引压管路的设计,这对于恶劣条件下使用的转炉仪表,尤为重要。

A 压力仪表的选用

总体上讲,在压力仪表选用时,应根据工艺对压力检测的要求,被测介质的特性,现场使用的环境等条件,合理地考虑仪表的量程、准确度等级和类型。

仪表量程的选择 在被测压力较稳定的情况下,最大工作压力不应超过仪表满量程的3/4。在被测压力波动较大或测脉动压力时,最大工作压力不应超过仪表满量程的2/3。为了保证测量准确度,最小工作压力不应低于满量程的1/3,在被测压力变化范围大,最大和最小工作压力难以同时满足上述要求时,应首先满足最大压力工作条件。

目前国内出厂的压力(包括差压)检测仪表有统一的量程系列,它们是:1 kPa、1.6 kPa、2.5 kPa、4.0 kPa、6.0 kPa 以及它们的 10^n 倍数(n 为整数)。

仪表准确度等级的选择 压力检测仪表的准确度,主要根据允许的最大误差来确定,即要求仪表的基本误差小于实际被测压力的最大绝对误差,只要仪表的准确度满足生产的要求,不必追求过高准确度等级的仪表。

仪表类型的选择 压力仪表类型的选择主要考虑如下:

(1)被测介质的性质。如氧气等选用专用的压力仪表。腐蚀性较强的介质使用如不锈钢之类的弹性元件等。

(2)对输出信号的要求。如直接连到管道观察压力变化则选用弹簧压力表,如需将信号远传到控制室或其他地方,则选用电气式压力仪表或其他具有电信号输出的仪表。

(3)使用的环境要求。如对于温度特别高或特别低的环境,应选择温度系数小的敏感元件。对于差压检测仪表,还需要考虑高、低压侧的实际工作压力的大小。

B 取压方式

到目前为止,几乎所有压力检测都是接触式的,由取压口、引压管路、引压管路附件组成。对于一些特殊介质的取压方式常采用反吹技术取压方式、气液两相流取压方式、法兰式差压变送器取压方式等。图 2-17 所示为法兰式差压变送器取压系统。

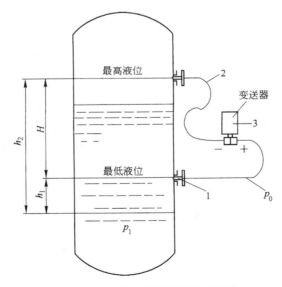

图 2-17 法兰式差压变送器取压系统

1—法兰式测量头;2—毛细管;3—变送器

2.3.3　物位检测仪表

用于检测液位的仪表称液位计,检测固体料位的仪表称料位计,统称物位计,是转炉检测系统中常用的仪表。固体料位一般用于转炉副原料高位料仓及合金料仓的料位检测。液位检测多用于转炉供水系统的水位检测。以下几类原理的检测仪表都可以用于转炉料位或液位的检测。

2.3.3.1　物位检测方法的分类

(1) 静压式液位计。根据液体静力学原理,静止介质内某一点的静压力与介质上方自由空间压力之差与该点上方的介质高度成正比,可利用差压来检测液位。其检测原理如图2-18 所示。

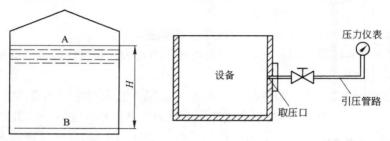

图 2-18　静压式液位计检测原理

A 代表实际液面,B 代表液位,H 为液柱高度,A,B 两点的压力差为 $\Delta p = p_B - p_A = H\rho g$。式中 p_A 和 p_B 分别为容器中 A,B 两点的静压,其中 p_A 应理解为液面上方气象的压力,当被测容器为敞口容器,则 p_A 为大气压,上式变为 $p = p_B - p_0 = H\rho g$。式中 p 为 B 点的表压力,两式中 ρ 为被测介质密度,一般为已知常数。这样,就把液体料位的检测转化成压力差或压力的检测。

(2) 浮力式液位计。利用漂浮于液面上浮子随液面变化位置,或者部分浸没于液体中的物体浮力随液位而变化来检测液位。浮力式液位计是指浮标式,浮球式和翻板式等方法,由于它们的原理比较简单,不再分述。

(3) 电容式料位计。把敏感元件做成一定形态(一般为圆筒形)的电极置于被测介质中, 则电极之间的电阻、电容参数随物位的变化而变化,这种方法可用于液位与物位两种检测。其检测原理如图 2-19 所示。它是由两个长度为 L,半径分别为 R 和 r 的圆筒形金属导体组成,当两圆筒间充以介电常数为 ε_1 的主体时,则由该圆筒组成的电容器的电容量为

$$C_0 = \frac{2\pi\varepsilon_1 L}{\ln\dfrac{R}{r}}$$

如果两圆筒到电极间的一部分被介电常数为 ε_2 的液体浸没,被浸电极长度为 H,此时电容量为 $C = C_1 + C_2 = \dfrac{2\pi\varepsilon_1(L - H)}{\ln\dfrac{R}{r}} + \dfrac{2\pi\varepsilon_2 H}{\ln\dfrac{R}{r}}$,经整理可得 $C = C_0 + \Delta C$,

其中 $\Delta C = \dfrac{2\pi(\varepsilon_2 - \varepsilon_1)}{\ln\dfrac{R}{r}}H$。

上式表明,当圆筒形电容器的几何尺寸 L,R 和 r 保持不变,电容器电容增量 ΔC 与电极介质为 ε_2 的介质所浸没的高度 H 成正比。从原理上讲,上述方法既可用于非导电流液位检测,也可用于固体料位检测。转炉料位检测的环境恶劣,用此方法往往效果不佳,但是由于其价格较低,仍有不少厂家应用。

(4)声学式物位计。利用超声波在介质中的传播速度及在不同相界面之间的反射特性来检测物位,可用于液位与物位两者检测。图 2-20 所示为超声波液位计检测原理。

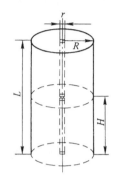
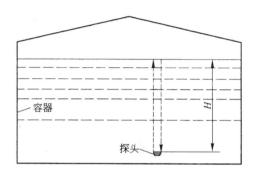

图 2-19 电容式料位计检测原理　　　　图 2-20 超声波液位计检测原理

超声波发射器被置于容器底部,在它向液面发物位的脉冲时,在液面处产生反射,同时被超声波接收器接收,若超声发射器和接收器(图中简称探头)到液面的距离为 H,声波在液面中的传播速度为 v,则有如下简单关系式 $H = \dfrac{1}{2}vt$,式中,t 为超声脉冲从发射到接收所经过的时间,当超声波的传播速度 v 为已知时,利用上式便可求得其物位。

(5)射线式料位计。放射性同位素所放出的射线(β 射线、α 射线等)穿过被测介质(液体或固体颗粒)因被其吸收而减弱,吸收程度与物位有关,利用此可实现物位的非接触式检测。由于射线的可穿透性,常被用于情况特殊或环境恶劣的场合,物位检测是转炉中应用实例。其检测原理为:当射线射入一定厚度的介质时,部分能量被介质所吸收,射线强度随通过介质厚度增加而减弱,其变化规律为 $I = I_0 e^{-\mu H}$,式中 I_0,I 分别为射入介质前和通过介质后的射线强度;μ 为介质对射线的吸收系数;H 为射线所经过的介质厚度。当射线源和被测介质一定时,I_0 和 μ 都为常数。测出通过介质后的射线强度 I,便可求出被测介质的厚度 H。

2.3.3.2 物位检测在转炉自动化中的应用

在各种物位检测方法中,有的方法仅适用于液位检测,有的方法既可用于液位检测,也可用于料位检测。在液位检测中,静压式和浮力式检测方法是最常用的,它们具有结构简单,工作可靠,准确度较高等优点。但其不适用于高黏度介质或高温、易爆等危险性较大的介质的液位检测。转炉的余热锅炉则是一个封闭的容器,在检测液位时,通常多使用浮力式,其在介质中插入浮筒,将此信号传出,用于锅炉水位控制,超声波物位计使用范围较广,只要界面的声阻抗不同,液位、粉末、块状的物位均可测量,敏感元件(换能器探头)可以不与被测介质直接接触,实现非接触式测量,但其价格比较昂贵,但出于对测试的可靠性考虑,在转炉系统中,其大量被应用于辅料的料位检测及控制中。

2.3.4 流量检测仪表

2.3.4.1 基本概念

在转炉自动化系统中,为了有效地指导生产操作,监视和控制生产过程,需要检测生产过程中各种流动介质(水、气体、蒸汽)的流量。同时对其精确计算作为经济核算的重要根据,因而流量检测在炼钢过程中显得尤为重要。

流量是指单位时间内流动介质流经管道中某截面的数量,也称瞬时流量,流量又有体积流量和质量流量之分。

(1) 体积流量:单位时间内流过某截面的流体的体积。用 q_v 表示,单位 m^3/s 由下式表示

$$q_v = \int A v \mathrm{d}A$$

式中,v 为截面 A 中某一微元 $\mathrm{d}A$ 上的流速。如果液体在横截面上的流速处处相等,则体积流量可简写成 $q_v = vA$。

(2) 质量流量:单位时间内通过某截面的流体的质量,用符号 q_m 表示,单位 kg/s,由下式表示

$$q_m = \int A \rho v \mathrm{d}A$$

式中,ρ 为截面 A 中某一微元面积 $\mathrm{d}A$ 上的流体密度。如果液体在横截面上的密度和流速处处相等,则质量流量可简化写成 $q_m = \rho v A = \rho q v$。

由于流体的体积受流体的工作状态影响,所以在用体积流量表示时,必须同时给出流体的压力和温度,压力和温度的变化实际上引起流体密度的变化。对于流体,压力变化对密度的影响非常小,可忽略不计。温度相对影响大些。对于气体,密度受温度、压力的影响较大,因此在气体流量检测时,常将在工作状态下测得的体积流量换算成标准状态下(温度20℃压力 1.0132×10^5 Pa)的体积流量。单位为 m^3/s。

2.3.4.2 体积流量的检测方法

体积流量的检测方法分为直接法和间接法,在一般情况下(除去高黏度、低雷诺数的流体)一般使用间接法。

间接法也称速度法,其基本方法是先测出管道内的平均流速,面积以管道截面积求得流体的体积流量,主要的检测仪表有以下类型:

(1) 节流式流量计:利用节流件前后的差压与流速之间的关系,通过差压值获得流体的流量。孔板流量计就是节流式流量计的一种。

(2) 电磁流量计:导电流体在磁场中流动切割磁力线产生感应电势,感应电势的大小正比于流体的平均流速。

(3) 转子流量计:它是基于力平衡原理,流体流经垂直的内含可动的转子的锥型管,转子的高度代表了流体流量的大小。

(4) 涡街流量计:流体在流动中遇到一定形状的物体会在其周围产生有规则的漩涡,漩

涡释放的频率正比于流速。

（5）涡轮流量计：流体对置管内涡轮的作用力，使涡轮转动，其转动速度在一定流速范围内与管内流体的流速成正比。

（6）超声波流量计：根据超声波在流动的流体中传播速度的变化可获得流体的流速。

一般在转炉气、水流量的检测中，多用节流式流量计，电磁流量计及涡街流量计。根据管径和介质的不同，节流式流量计多用于大于 50 mm^2 管径的气体流量检测；电磁流量计用于转炉循环冷却水系统的水流量检测；而底吹系统的小管径气体的流量检测选用涡街流量计。

2.3.4.3　节流式流量计

在管道中安装一个固定的阻力件，只要测出阻力件前后的差压就可以推算出流量，通常把流体流过阻力件流速的收缩造成压力变化的过程称节流过程，其阻力件称节流件。

　　A　检测原理

标准节流件包括标准孔板、标准喷嘴和标准文丘里管，如图 2-21 所示，设稳定流动的流体及水平管流经节流件，在节流件前后将产生压力和速度的变化，根据流体经节流件时压力和流速的变化情况，设流体为不可压缩的理想流体，由伯努利方程可导出体积流量公式为

$$q_v = \alpha A_0 \sqrt{\frac{2\Delta p}{p}}$$

考虑到流体的压缩性，$q_m = \alpha \varepsilon A_0 \sqrt{2\rho_1 \Delta p}$。

引入一个膨胀的校正系数 ε（也可称膨胀系数），并规定在流量公式中使用节流件前的密度 ρ_1 则可得出流量与差压的关系为

$$q_v = \alpha \varepsilon A_0 \sqrt{\frac{2\Delta p}{\rho_1}}$$

式中　α——流量系数；

　　　　Δp——差压；

　　　　A_0——节流件的开孔面积；

　　　　ρ_1——流体密度。

式中，可膨胀性系数 ε 的取值为小于等于 1，如果是不可压缩性流体，则 $\varepsilon = 1$。在实际应用中，流量系数 α 常用流量系数 C 来表示，它们之间的关系为 $C = \alpha \sqrt{1 - \beta^4}$。式中，$\beta = \dfrac{d}{D}$，称为直径比，这样，流量方程也可写成

$$q_m = \frac{C\varepsilon A_0}{\sqrt{1 - \beta^4}} \sqrt{2\rho_1 \Delta p}$$

$$q_v = \frac{C\varepsilon A_0}{\sqrt{1 - \beta^4}} \sqrt{\frac{2}{\rho_1} \Delta p}$$

在以上的流量公式中，压力损失没有直接反映出来，但是在节流件设计和选用时，它是必须要考虑的重要因素。压力损失的产生是由于当流体通过节流件时，因流量突然收缩或扩大造成涡流及能量损失。它与节流件的直径比 β 等有关。文丘里管的流出系数较大（一般为 0.985～0.995），喷嘴的流出系数在相同 β 时也比孔板的流出系数要大。因此，在相同的差压 Δp 下文丘里管和喷嘴的压力损失小，而孔板的压力损失大。

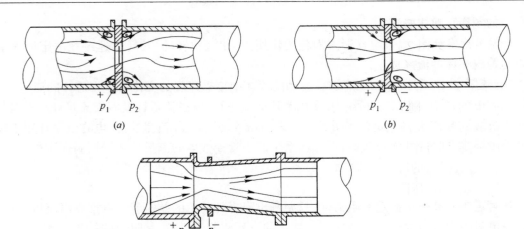

图 2-21　标准节流件

(a)—孔板；(b)—喷嘴；(c)—文丘里管

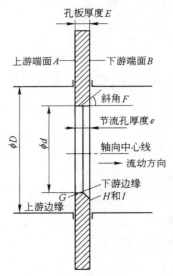

图 2-22　标准孔板示意图

在转炉有关流量检测中最常见的节流件是标准孔板,故以此为例简要介绍其测量原理和实现方法。

B　标准节流装置

标准节流件——孔板　标准孔板是一块具有与管道轴线同心开孔的,两面平整且平行的金属薄板,其割面如图2-22 所示,其节流直径是一个很重要的尺寸,在任何情况下必须满足 $d \geqslant 12.5$ mm 和 $0.20 \leqslant \dfrac{d}{D} \leqslant 0.75$,上经分立层面 A 的平面度(即连接孔板表面上的任何两点的直线与垂直于轴线的平面之间的斜度)应小于 0.5%。节流孔厚度 e 应在 $0.005D$ 与 $0.02D$ 之间。

标准取压装置　对于标准孔板,国家规定标准的取压方式有角接取压法、法兰取压法和 $D-D/2$ 取压法。

C　节流式流量计

节流式流量计主要有四部分:

(1)节流装置,包括节流件、取压装置和测量所要求的直管段。

(2)传送差压信号的引压管路,包括可能的隔离主管或集气罐、管路和三阀组。

(3)检测差压信号的差压计或差压变送器。

(4)流量显示部分。

节流式流量计是在转炉自动化系统中使用较为广泛的流量检测器件,用于检测转炉的氧、氮、烟气流量。由节流式流量计的特点可以看出,标准孔板适用于中型管径管路的气体流量检测,一般小于 50 mm 的管路则不采用孔板,而在检测转炉烟气流量时,由于烟尘中固体粉尘大,一般采用流出系数较大的文丘里管进行检测。

D　转子流量计

转子流量计是利用在下窄上宽的锥形管中的浮子所受的力平衡原理工作的。由于流量不同,高度不同,即环形的流通面积要随流量变化。

检测原理　如图 2-23 所示在一垂直的锥形管中,放置一阻力件——浮子(也称转子),当流体自下而上流经锥形管时,受到浮子阻挡产生一个差压,并对浮子形成一个向上的作用力。同时浮子在流体中受到向上的浮力,随着浮子的上升,浮子与锥形管间的环形流通面积增大,使流速减低,流体作用在浮子上的阻力减少,直到各作用力平衡。由于无论浮子处于哪个平衡高度,其前后的压力差(即流体对浮子的阻力)总是相同的,故又称恒压降式流量检测方法。

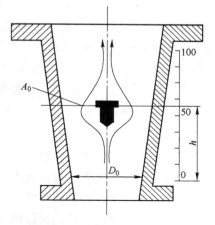

图 2-23　转子流量计检测原理

浮子在锥形管中所受到的力有以下几种:

浮子本身垂直向下的重力 $f_1 = V_f \rho_f g$;

流体对浮子所产生的垂直向上的浮力 $f_2 = V_f \rho g$;

和流体作用在浮子上垂直向上的阻力 $f_3 = \xi A_f \rho v^2 / 2$;

当浮子在某一位置平衡时,则 $f_1 = f_2 - f_3 = 0$;

设环形流通面积为 A_0,经公式可导出流体的体积流量为

$$q_v = \alpha A_0 \sqrt{\frac{2V_f(\rho_f - \rho)g}{A_f \rho}}$$

式中　α——转子流量计的流量系数;

$\qquad V_f$——浮子体积;

$\qquad \rho_f$——浮子密度;

$\qquad \rho$——流体密度;

$\qquad \xi$——阻力系数;

$\qquad A_f$——浮子最大截面积;

$\qquad g$——重力加速度。

因 A_0 与锥形管高度 h 有关,上式可推出

$$q_v = \pi \alpha h D_0 \tan \varphi \sqrt{\frac{2V_f(\rho_f - \rho)g}{A_f \rho}}$$

式中　D_0——标尺零处锥形管直径;

$\qquad \varphi$——锥形管锥半角;

$\qquad h$——锥形管高度。

转子流量计的使用特点　转子流量计的使用特点为:

(1) 转子流量计主要适用于中小管径,较低雷诺数的中小流量的检测。如转炉底吹系统。

(2) 其结构简单,仪表前直管段长度要求不高。

(3) 其基本误差约为仪表量程的 ±1% ~ ±2%。

(4) 其测量准确度易受介质因素及安装质量影响。

综合上述,其不易用于较精确流量的检测。

E　涡街流量计

漩涡式流量检测方法是按流体振荡原理工作的,应用自然振荡的卡门漩涡列原理的叫做涡街流量计。

　　在流体中垂直于流动方向放置一个工作流线型的物体(如圆柱体、棱柱体),在它的下两侧会交替出现漩涡(图 2-24)两侧漩涡的旋转方向相反,并轮流地从柱体上分离出来,这两排平行但不对称的旋涡被称为卡门涡列,也称涡街。稳定时,单列漩涡产生的频率与柱体附近的流体速度成正比,与柱体的特征尺寸成反比。即

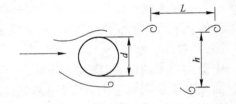

图 2-24　卡门涡列形成原理

$$f = S_t \frac{v}{d}$$

式中　　S_t——斯特劳哈尔数;

　　　　v——柱体附近流体速度;

　　　　d——柱体的特征尺寸。

　　根据此原理可以导出流体的体积流量公式

$$q_v = v A_0 = \frac{\pi D^2 md}{4 S_t} f = \frac{f}{K}$$

式中　　A_0——流道截面积;

　　　　S_t——斯特劳哈尔数;

　　　　f——漩涡产生的频率;

　　　　v——流速;

　　　　D——柱体直径, $m = \dfrac{A_0}{A}$, $A = \dfrac{\pi}{4} D^2$;

$K = \dfrac{4 S_t}{\pi D^2 md}$——流量计的仪表系数。

　　漩涡频率的检测是卡门流量计的关键,常见的检测元件有热电丝、热敏电阻、压电元件及超声波检测元件。

　　涡街流量计的特点是管道内无可动部件,使用寿命较长,压力损失较小,测量准确度高(约为 $\pm 0.5\% \sim 1\%$),几乎不受流体的温度、压力、密度、黏度等变化影响,尤其适用于大口径管道的流量测量。在转炉底吹系统中流量计安装有足够的直管段长度,对于气体流量的检测一般使用涡街流量计。

F　电磁流量计

　　检测原理　电磁流量计是根据法拉第电磁定律进行流量测量的。导电的流体介质在磁场中作垂直方向流动而切割磁力线时,会在管道两边的电极上产生感应电势,感应电势的方向由右手定则确立,其原理如图 2-25 所示。

　　其大小由下式决定

$$E_x = BDv$$

式中　　E_x——感应电势;

　　　　B——磁感应强度;

　　　　D——管道直径;

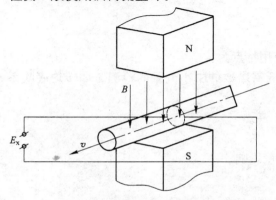

图 2-25　电磁流量计检测原理

v——垂直于磁力线方向的流体的平均速度。

因为体积流量 q_v 等于流速 v 与管道截面积 A 的乘积,故

$$q_v = \frac{1}{4}\pi D^2 v$$

将其代入上式,可得体积流量为

$$q_v = \frac{\pi D}{4B}E_x$$

由此可知,在管道直径 D 正确并维持磁感应强度不变时,体积流量与感应电势具有线性关系,而感应电势与液体的温度、压力、密度等无关。

电磁流量计的组成 电磁流量计主要由磁路系统、测量管、电极、衬里、外壳及转换电路组成。

电磁流量计的特点 电磁流量计在转炉检测系统中应用最为广泛,几乎所有的水流量的检测都使用电磁流量计。因为其具有如下特点:

(1)测量管内无可动部件,几乎无压力损失。

(2)只要是导电的液体,不受颗粒、悬浮物及酸碱介质影响。

(3)不受液体的温度、压力、密度等参数影响。

(4)测量口径范围大,准确度优于 0.5%。

(5)反应迅速,可以测量脉动流量。

(6)电磁流量计不能测量气体,由于安装和衬里材料的限制,一般使用温度为 0～200℃,压力不超过 2.5 MPa。

2.3.5 温度检测仪表

在转炉控制过程中,最经常遇到的就是温度的检测与控制。

2.3.5.1 热电偶温度计

由热电效应可知,闭合回路中所产生的热电势由两部分组成,即接触电势和误差电势,实验证明,误差电势太小,可忽略,则热电偶的电势可表示为

$$E_{AB}(t,t_0) = e_{AB}(t) - e_{AB}(t_0)$$

式中 t——热端接点;

t_0——冷端接点。

表 2-8 给出了标准化热电偶的名称、分度号及可测的范围和主要功能。

表 2-8 标准化热电偶功能表

热电偶名称	分度号	测温范围/℃		特点及应用场合
		长期使用	短期使用	
铂铑$_{10}$－铂	S	0～1300	1700	热电特性稳定,抗氧化性强,测温范围广,测量精度高,热电势小、线性差且价格高。可作为基准热耦合,用于精密测量
铂铑$_{13}$－铂	R	0～1300	1700	与 S 型热电偶的性能几乎相同,只是热电势同比大 15%
铂铑$_{30}$－铂$_6$	B	0～1600	1800	测量上限高,稳定性好,在冷端低于 100℃不用考虑温度补偿问题,热电势小,线性较差,价格高,使用寿命远高于 S 型和 R 型

热电偶名称	分度号	测温范围/℃		特点及应用场合
		长期使用	短期使用	
镍铬－镍硅	K	−270～1000	1300	热电势大,线性好,性能稳定,价格较便宜,抗氧化性强,广泛应用于中高温测量
镍铬硅－镍硅	N	−270～1200	1300	在相同条件下,特别在 1100～1300℃ 高温条件下,高温稳定性及使用寿命较 K 型有成倍提高,其价格远低于 S 型热电偶,而性能相近,在 −200～1300℃ 范围内,有全面代替廉价金属热电偶和部分 S 型热电偶的趋势
铜－铜镍(康铜)	T	−210～350	400	准确度高,价格便宜,广泛用于低温测量
镍铬－铜镍(康铜)	E	−210～870	1000	热电势较大,中低温稳定性好,耐磨蚀,价格便宜,广泛应用于中低温测量
铁－铜镍(康铜)	J	−210～750	1200	价格便宜,耐 H_2 和 CO_2 气体腐蚀,在含碳或铁的条件下使用也很稳定,适用于化工生产过程的温度测量

2.3.5.2　热电阻温度计

大部分导体或半导体的电阻随温度的升高而增大或减小。根据这个性质,它们可作为温度检测元件。目前国际上最常见的热电阻有铂、铜及半导体热敏电阻。

由于热电阻在温度 t 时的电阻值 R_t 与 R_0 有关,故对 R_0 的允许误差值有严格的要求。因此要综合考虑选用合适的 R_0,目前中国规定工业用的铂电阻温度计有 $R_0 = 10\ \Omega$ 和 $R_0 = 100\ \Omega$ 两种,它们的分度号分别是 Pt10 和 Pt100,铜电阻温度计也有 $R_0 = 50\ \Omega$ 和 $R_0 = 100\ \Omega$ 两种,其分度号分别为 Cu50 和 Cu100。

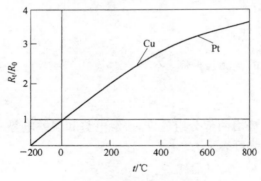

图 2-26　常用热电阻特性曲线

图 2-26 列出了常用热电阻的特性曲线。

此外,还有其他原理的温度检测表,但在转炉自动化系统中,主要是应用以上两类温度检测仪表。

2.3.6　重量检测仪表

转炉检测仪表中,重量的检测是极其重要的环节,其主要用于铁水、钢水及副原料重量的检测。其检测原理是利用物理的弹性原理。

2.3.6.1　称量测量传感器原理

称量传感器是应变式压头,如图 2-27 所示。在弹性体上贴有四个应变片,弹性体受力后,产生变形,其值由四个电阻丝组成的应变片测出(弹性体受力时,电阻丝也变形而产生电阻变化)并由这四个应变片所组成的电桥电路转换成电量输出。

桥路输出电压 V_m 计算公式为

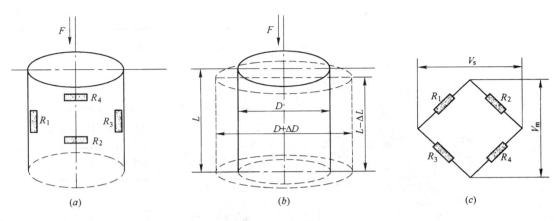

图 2-27　称量传感原理图

(a)—贴有应变片的压头；(b)—压头受力变形；(c)—应变片组成的电桥

$$V_{\mathrm{m}} = [V_{\mathrm{s}} \times \Delta R \times 2(1-\mu)]/\varepsilon R E \pi D^2$$

式中　　D——弹性体直径；

V_{s}——桥路供电电压；

E——弹性模量；

μ——泊松系数；

ε——应变系数，$\varepsilon = \Delta L / L$；

L——弹性体高度；

R——应变电阻初始电阻；

ΔR——弹性体受力变形而使应变片变形产生的电阻变化。

桥路输出电压与弹性体受力成正比，以此测出重量。一般称量系统可由多个压头组成。

在铁水、钢水的称重中，可以在吊车上进行。除要将电信号转成数字显示外，还要通过无线传输将信号传给地面接收站。

2.3.7　转炉炼钢计量器具配备规范

表 2-9～表 2-15 为原冶金工业部质量司规定的转炉炼钢装备的仪表。

表 2-9　转炉冶炼计量器具配备规范明细表

工　艺　要　求							计量器具配备			
测量部位及对象	参数名称	测量目的	允许误差	重要度			计量器具名称	准确度	功能	备　注
				关键	重要	一般				
入转炉废钢	重量	保证装入量	±1%	○			电子秤,多功能数字电子秤	±0.1%	IR	
高位料仓料位	物位	保证储量	±2%			○	电子秤或电容式料位计	±1%	IA	
散装料,合金料	成分	控制预处理效果	化学允差		○		化学分析装置	化学标准	I	
入炉散装料	重量	保证合理造渣	±1%	○			电子秤或电子配料秤	±0.5%	IRC	
总管氧气	压力	监视	±2%	○			压力变送器	±0.5%	IR	
总管氧气	温度	监视	±1%			○	热电阻,温度变送器	±1.0%	I	
总管稳压阀后氧气	压力	保证支管操作	±2%		○		压力变送器	±0.5%	IR	
调节阀后氧气	压力	保证工作氧气	±2%	○			压力变送器	±0.5%	IRCA	

续表 2-9

工艺要求							计量器具配备			
测量部位及对象	参数名称	测量目的	允许误差	重要度			计量器具名称	准确度	功能	备 注
				关键	重要	一般				
支管切断阀后氧气	压力	监视入口氧压	±2%	○			压力变送器	±0.5%	IA	
支管切断阀后供氧	流量	保证吹炼需要	±2.5%	○			差压式流量变送器	±1.5%	IRQC	
支管切断阀后供氧	时间	技术分析	±1 s		○		电子数字计时器	±1 s	IQ	
氧枪枪位	位置	保证正常吹炼	±25 mm				光码盘,自整角机,激光校准器	±25 mm	I	
氧枪冷却水总管	温度	监视	±2%				热电阻,温度变送器	±0.5%	I	
氧枪冷却水总管	压力	监视	±2%				压力变送器	±0.5%	IR	
氧枪冷却水进水	压力	保证氧枪冷却	±2%				压力变送器	±0.5%	IA	
氧枪冷却水出水	压力	保证氧枪冷却	±2%				压力变送器	±0.5%	IA	
氧枪冷却水进水	流量	保证氧枪冷却	±2%	○			差压式流量变送器,电磁流量计	±2.0%	IRA	
氧枪冷却水出水	流量	保证氧枪冷却	±2%	○			差压式流量变送器,电磁流量计	±2.0%	IRA	
氧枪冷却水出水	温度	监视	±1%	○			热电阻,温度变送器	±0.5%	IRA	
氧枪卷扬张力	力	保证安全	±2.5%		○		张力仪	±2.5%	IA	中小不测
氧枪口氮封	压力	少吸入冷空气,提高煤气质量	±2.5%		○		压力变送器或远传压力表	±1.5% ±2.5%	IA IA	
底吹气体总管	压力	监视	±2.5%	○			压力变送器	±0.5%	I	
底吹气体总管	流量	流量控制	±2.5%				差压变送器	±2.0%	IR 或 IQ	
底吹气体总管	温度	监视	±1%			○	热电阻,温度变送器	±0.5%	I	
底吹供气	压力	控制底吹强度,安全	±2.5%	○			压力变送器	±0.5%	IRAC	
底吹供气	流量	控制底吹强度,安全	±3%	○			差压式流量变送器	±2.5%	IRAC	
副枪冷却水进水	压力	监视	±2.5%			○	压力变送器	±0.5%	IA	
副枪冷却水进水出水温差	温度	监视	±1%		○		热电阻,温度变送器	±0.5%	IA	
副枪冷却水进水	流量	监视	±2.5%		○		差压式流量变送器,电磁流量计	±2%	I	
副枪冷却水出水	流量	监视	±2.5%		○		差压式流量变送器,电磁流量计	±2%	IA	
副枪测钢水	温度	确定终点	±8℃		○		快速热电偶,温度变送器	±0.5%	IR	
副枪定碳含量	成分	确定终点	±0.03%		○		副枪测量探头	±0.03%	IR	
熔池液面	物位	确定氧枪吹炼高度	±25 mm		○		测量探头	±25 mm	IR	超低碳钢除外
副、氧枪枪位	位置	确定插入深度	±25 mm		○		光电脉冲发生器	±25 mm	I	
副、氧枪卷扬张力	力	保证安全	±2.5%		○		张力仪	±2.5%	IA	中小不测
副、氧枪口氮封	压力	少吸入冷空气,提高煤气质量	±2.5%		○		压力变送器或远传压力表	±1.5% ±2.5%	IA IA	
冶炼终点钢水	温度	出钢,考核	±8℃	○			热电阻,温度变送器	±0.5%	IR	
转炉炉体倾角	物位	保证炉体安全操作	3°		○		光电编码器	±3°	I	中小可不测
冶炼终点钢水	成分	出钢,考核	化学允差	○			(1) 化学分析装置 (2) 直读光谱分析仪器 (3) 红外分析仪	化学标准	IR	
冶炼终点钢渣	成分	技术分析	化学允差		○		(1) 化学分析装置 (2) X 荧光光谱分析仪器 (3) 直读光谱分析仪器	化学标准	IR	
合金称量	重量	确保成品成分、核算	±0.5%	○			(1) 机械秤 (2) 机电秤 (3) 电子秤 (4) 多功能数字电子秤	±0.2%	I IR IR IR	

表 2-10 炉体冷却及汽化回收计量器具配备规范明细表

测量部位及对象	参数名称	测量目的	允许误差	关键	重要	一般	计量器具名称	准确度	功能	备注
炉体冷却总管进水	流量	保证冷却效果	±3%		○		差压式流量变送器,电磁流量计	±2.5%	I	
炉体冷却总管出水	流量	保证冷却效果	±3%		○		差压式流量变送器,电磁流量计	±2.5%	IA	
炉体冷却总管进水	压力	保证冷却效果	±2.5%		○		(1) 压力变送器 (2) 弹簧式压力表	±1.0% ±2.5%	I I	
炉体冷却总管出水	压力	保证冷却效果	±2.5%		○		(1) 压力变送器 (2) 弹簧式压力表	±1.0% ±2.5%	I I	
炉体冷却总管进水	温度	保证冷却效果	±1%			○	热电阻,温度变送器	±0.5%	I	中小参考
炉体冷却总管出水	温度	保证冷却效果	±1%			○	热电阻,温度变送器	±0.5%	I	中小参考
除氧器头部	压力	保证冷却效果	±2%			○	压力变送器	±0.5%	I	中小参考
除氧器软水	压力	保证冷却效果	±2.5%		○		(1) 压力变送器 (2) 弹簧式压力表	±1.0% ±2.5%	I I	
除氧器软水	温度	保证冷却效果	±1%		○		热电阻,温度变送器	±0.5%	I	
除氧器软水水位	物位	保证供水	±50 mm		○		(1) 水位计 (2) 差压式液位变送器	±5 mm	I	
除氧器水箱	流量	监视	±2.5%		○		(1) 差压式流量变送器 (2) 远传转子流量计 (3) 电磁流量计	±2% ±2.5% ±2%	I	中小参考
除氧器水箱	压力	监视	±2.5%			○	(1) 压力变送器 (2) 远传式压力表 (3) 弹簧式压力表	±0.5% ±2.5% ±2.5%	I	中小参考
除氧器水箱	温度	监视	±1℃		○		电阻式温度计	±0.5%	I	中小参考
除氧器气管	流量	保证除氧效果	±2.5%			○	差压式流量变送器	±2%	IR	中小参考
供汽包用软水进去	压力	保证汽包供水	±2%		○		压力变送器	±0.5%	I	
汽包蒸汽	压力	监视安全	±2%	○			压力变送器	±0.5%	IR	
汽包蒸汽	流量	三冲量调节	±2%	○			差压式流量变送器	±0.5%	IR	
汽包水位	物位	三冲量水位调节	±50 mm	○			(1) 差压式液位变送器 (2) 浮筒式液位测量装置 (3) 板式水位计	±2%	IRAC	
汽包供水阀前	压力	监视	±2.5%		○		(1) 压力变送器 (2) 弹簧式压力表	±1.0% ±1.5%	I I	
汽包供水阀后	压力	监视	±2.5%		○		(1) 压力变送器 (2) 弹簧式压力表	±1.0% ±1.5%	I I	
汽包供水	流量	三冲量调节	±2.5%		○		差压式流量变送器	±2.0%	IR	
蓄热器蒸汽	压力	决定供汽安全	±2%	○			(1) 压力变送器 (2) 弹簧式压力表	±1.0% ±1.5%	I I	
蓄热器供水水位	物位	监控	±20 mm		○		差压液位变送器	±2.0%	IR	
外送蒸汽	温度	流量补正	±2℃		○		热电阻,温度变送器	±0.5%	I	
外送蒸汽	压力	流量补正,控制	±2.5%		○		压力变送器	±0.5%	I	
外送蒸汽	流量	核算	±2.5%		○		差压式流量变送器	±2%	IR 或 IQ	

工 艺 要 求				重要度			计 量 器 具 配 备			
测量部位及对象	参数名称	测量目的	允许误差	关键	重要	一般	计量器具名称	准确度	功能	备注
转炉炉气一、二次助燃风	压力	保证锅炉充分燃烧	±2.5%			○	压力变送器	±1%	I	
转炉炉气一、二次助燃风	流量	保证锅炉充分燃烧	±2.5%			○	差压式流量变送器	±2%	I	

表 2-11　烟气净化及煤气回收系统检验计量器具配备规范明细表

工 艺 要 求				重要度			计 量 器 具 配 备			
测量部位及对象	参数名称	测量目的	允许误差	关键	重要	一般	计量器具名称	准确度	功能	备注
烟罩出口烟气	温度	监控	±1.5%		○		热电偶,温度变送器	±1%	I	中小参考
炉口微差压	压力	保证煤气回收质量	±10Pa	○			微差压变送器	±1%	IRC	中小参考
溢流器供水	流量	监视,保证除尘效果	±2.5%			○	(1) 差压式流量变送器 (2) 电磁流量计	±2% ±1%	I I	中小参考
微差压取压口吹扫氮	压力	防止堵塞	±2.5%		○		(1) 压力变送器 (2) 远传压力计	±2% ±2.5%	I I	中小参考
溜槽氮封	压力	防止空气吸入和 CO 外溢,安全	±2.5%		○		(1) 压力变送器 (2) 远传压力计	±1% ±2.5%	IA IA	
热端烟气中氧气含量	成分	确定回收或放散及煤气质量	±2.5%	○			(1) 磁压式氧气分析仪 (2) 磁氧分析仪 (3) 浓差式氧气分析仪	±2%	IRA	
一文浊环水	流量	监视,保证除尘效果	±2.5%			○	电磁流量计	±1%	IRA	中小参考
一文前烟气	温度	监视冷却效果	±2%	○			热电阻,温度变送器	±0.5%	I	中小参考
一文后烟气	温度	监视冷却效果	±2%	○			热电阻,温度变送器	±0.5%	I	中小参考
一文前后烟气压差	压力	保证除尘效果	±2%		○		差压变送器	±1%	I	
烟气文丘里吹扫氮	压力	安全	±2.5%		○		(1) 压力变送器 (2) 远传压力计	±2% ±2.5%	I I	中小参考
一弯脱水器	温度	监视	±2%			○	热电阻,温度变送器	±2%	I	
一弯脱水器压差	压力	监视堵塞	±2%		○		差压变送器	±1%	I	中小参考
二文前后烟气压差	压力	监视除尘效果	±2%		○		差压变送器	±1%	I	
二文浊环水	流量	监视除尘效果	±2.5%		○		(1) 差压式流量变送器 (2) 电磁流量计	±1% ±1%	IA IA	中小参考
二文喉口开度	位置	微差压调节	±2.5%		○		(1) 自整角机测量装置 (2) 位移式开度仪 (3) 光电编码器	±2.5% ±1%	I	
二弯脱水器压差	压力	监视堵塞	±2%			○	差压式变送器	±1%	I	
丝网脱水器压差	压力	监视堵塞	±2%			○	差压式变送器	±1%	I	
风机烟气	温度	监视	±1%		○		热电阻,温度变送器	±0.5%	IA	

测量部位及对象	参数名称	测量目的	允许误差	重要度 关键	重要度 重要	重要度 一般	计量器具名称	准确度	功能	备注
风机进口烟气	压力	监视	±2%		○		压力变送器	±1%	I	
风机出口烟气	压力	监视	±2%		○		压力变送器	±1%	I	
转炉煤气	流量	计量回收及放散量	±2.5%		○		(1) 差压式流量变送器 (2) 文丘里管	±2%	IR	
风机转速	速度	监视,节能	±2.5%		○		(1) 测速电机 (2) 光电测速机 (3) 磁电测速机	±2% ±1% ±2%	IAC	
风机轴位移	距离	监视	±0.7mm		○		电感式测量仪	±0.5mm	IA	中小参考
风机振动幅度	尺度	监视	±1mm		○		(1) 电感式测振仪 (2) 涡流式测振仪	±5%	IAC	中小参考
风机机后充氮	压力	稀释 CO 保证安全	±2.3%		○		(1) 压力变送器 (2) 远传压力计	±2% ±2.5%	IA IA	中小参考
风机机后充氮	流量	监视	±2.5%			○	(1) 差压式流量变送器 (2) 远传流量计	±2% ±1%	I I	中小参考
风机轴密封水箱水位	物位	安全	±5%	○			差压式液位变送器	±2%	IA	中小参考
风机阻力平衡调节	压力	保证回收放散正常运转	±2%	○			压力变送器	±1%	IC	中小参考
电机,风机耦合器轴承	温度	监视	±2.5%		○		(1) 热电阻,温度变送器 (2) 压力式温度计	±1% ±2.5%	IA IA	
冷却器进口油	温度	监视	±2.5%	○			(1) 热电阻,温度变送器 (2) 压力式温度计	±1% ±2.5%	IA IA	
冷却器出口油	温度	监视	±2.5%	○			(1) 热电阻,温度变送器 (2) 压力式温度计	±1% ±2.5%	IA IA	
耦合器油箱	压力	保证稳定供油	±2.5%	○			(1) 弹簧管压力表 (2) 远传压力表	±1.5% ±2.5%	IA IA	
热或冷端烟气中 CO_2 含量	成分	确定回收或放散及煤气质量	±2.5%			○	CO_2 红外分析仪	±1.5%	IR	
热或冷端烟气中 CO 含量	成分	确定回收或放散及煤气质量	±2.5%	○			CO 红外分析仪	±1.5%	IRC	
风机后管道烟气中氧含量	成分	确定是否入罐回收	±2.5%	○			(1) 磁压式氧气分析仪 (2) 磁氧分析仪 (3) 浓差式氧气分析仪	±2%	IA	
水封止逆阀水位	物位	安全	±10mm		○		差压式液位变送器	±2%	IA	
煤气管	压力	保证正常点火	±2%		○		压力变送器	±1%	I	
氮气管道	压力	监视	±2.5%			○	(1) 压力变送器 (2) 远传压力计	±1% ±2.5%	I I	
氮气管道	流量	监视	±2.5%			○	(1) 差压式流量变送器 (2) 远传转子流量计	±2% ±2.5%	IR 或 IQ	
分析仪反吹氮	压力	监视	±2.5%			○	(1) 压力变送器 (2) 远传压力计	±1% ±2.5%	I I	

工 艺 要 求						计 量 器 具 配 备			
测量部位及对象	参数名称	测量目的	允许误差	重要度		计量器具名称	准确度	功能	备注
				关键	重要	一般			
除尘器入口	温度	保证除尘安全	±1.5%	○			热电阻,温度变送器	±1%	IRAC	中小参考
除尘器出口	温度	监视	±1.5%		○		热电阻,温度变送器	±1%	I	中小参考
除尘器进出口压差	压力	保证除尘正常工作	±1.5%	○			差压变送器	±1%	IC	中小参考
引风机进口	温度	监视	±2.5%			○	热电阻,温度变送器	±1%	I	中小参考
引风机进口	压力	监视	±2.5%			○	压力变送器	±1%	I	中小参考

表 2-12　产品质量检验计量器具配备明细表

工 艺 要 求				重要度			计 量 器 具 配 备			
测量部位及对象	参数名称	测量目的	允许误差	关键	重要	一般	计量器具名称	准确度	功能	备注
终点钢水常规元素含量	成分	监控,出钢考核	化学允差	○			(1) 直读光谱分析仪 (2) 红外碳硫分析仪 (3) 化学分析装置	化学标准	IR	
炉后精炼钢水常规元素含量	成分	考核	化学允差	○			(1) 直读光谱分析仪 (2) 红外碳硫分析仪 (3) 化学分析装置	化学标准	IR	
成品钢样成分	成分	考核	化学允差	○			(1) 直读光谱分析仪 (2) 红外碳硫分析仪 (3) 化学分析装置	化学标准	IR	
成品钢气体含量	成分	考核	化学允差		○		(1) 氧氮分析仪 (2) 定氢仪 (3) 化学分析装置	化学标准	IR	
成品钢夹杂含量	成分	考核	化学允差		○		(1) X 荧光光谱分析仪 (2) 化学分析装置	化学标准	I	
钢坯(铸锭)结构组织	成分	考核	物理质量标准			○	物理检验装置	按物理控标图谱	I	

表 2-13　原料、燃料、材料进厂及产品出厂系统计量器具配备明细表

工 艺 要 求				重要度			计 量 器 具 配 备			
测量部位及对象	参数名称	测量目的	允许误差	关键	重要	一般	计量器具名称	准确度	功能	备注
进厂铁水	重量	核算	±0.8%	○			(1) 机械秤 (2) 机电秤 (3) 电子秤 (4) 多功能数字电子秤	±0.2%	I IR IR IR	
进厂合金	重量	核算	±0.5%	○			(1) 机械秤 (2) 机电秤 (3) 电子秤 (4) 多功能数字电子秤	±0.2%	I IR IR IR	

工艺要求							计量器具配备			
测量部位及对象	参数名称	测量目的	允许误差	重要度			计量器具名称	准确度	功能	备注
				关键	重要	一般				
进厂废钢	重量	核算	±0.5%	○			(1) 机械秤 (2) 机电秤 (3) 电子秤 (4)多功能数字电子秤	±0.2%	I IR IR IR	
进厂散装料	重量	核算	±0.5%		○		(1) 机械秤 (2) 机电秤 (3) 电子秤 (4)多功能数字电子秤	±0.2%	I IR IR IR	
进厂动力煤	重量	核算	±0.5%	○			(1) 机械秤 (2) 机电秤 (3) 电子秤 (4)多功能数字电子秤	±0.2%	I IR IR IR	
进厂焦炭	重量	核算	±0.5%	○			(1) 机械秤 (2) 机电秤 (3) 电子秤 (4)多功能数字电子秤	±0.2%	I IR IR IR	
进厂耐火材料	重量	核算	±0.5%	○			(1) 机械秤 (2) 机电秤 (3) 电子秤 (4)多功能数字电子秤	±0.2%	I IR IR IR	
钢锭,钢坯热送或入库	重量	核算	±0.5%	○			(1) 机械秤 (2) 机电秤 (3) 电子秤 (4)多功能数字电子秤	±0.2%	I IR IR IR	
进厂合金	重量	核算	化学允差		○		化学分析装置	化学标准	IR	
进厂原材料	重量	核算	化学允差		○		化学分析装置	化学标准	IR	

表 2-14　能源管理(水、电、气、汽及油类系统)计量器具配备规范明细表

工艺要求							计量器具配备			
测量部位及对象	参数名称	测量目的	允许误差	重要度			计量器具名称	准确度	功能	备注
				关键	重要	一般				
进厂总管氧气	流量	核算	±2.5%		○		差压式流量变送器	±1.5%	IRQ或IQ	
进厂总管氧气	压力	补正	±2.5%		○		压力变送器	±0.5%	IR	
进厂总管氧气	温度	补正	±5℃		○		热电阻,温度变送器	±0.5%	IR	
进厂总管氮气	流量	核算	±2.5%		○		差压式流量变送器	±1.5%	IRQ或IQ	
进厂总管氮气	压力	补正	±2.5%		○		压力变送器	±0.5%	IR	
进厂总管氮气	温度	补正	±5℃		○		热电阻,温度变送器	±0.5%	IR	

工 艺 要 求						计 量 器 具 配 备			
测量部位及对象	参数名称	测量目的	允许误差	重要度		计量器具名称	准确度	功能	备 注
				关键 | 重要 | 一般					
进厂总管氩气	流量	核算	±2.5%	○	差压式流量变送器	±1.5%	IRQ 或 IQ	
进厂总管氩气	压力	补正	±2.5%	○	压力变送器	±0.5%	IR	
进厂总管氩气	温度	补正	±5℃	○	热电阻,温度变送器	±0.5%	IR	
进厂总管二氧化碳	流量	核算	±2.5%	○	差压式流量变送器	±1.5%	IRQ 或 IQ	
进厂总管二氧化碳	压力	补正	±2.5%	○	压力变送器	±0.5%	IR	
进厂总管二氧化碳	温度	补正	±5℃	○	热电阻,温度变送器	±0.5%	IR	
进厂总管蒸汽	流量	核算	±2.5%	○	差压式流量变送器	±1.5%	IRQ 或 IQ	
进厂总管蒸汽	压力	补正	±2.5%	○	压力变送器	±0.5%	IR	
进厂总管蒸汽	温度	补正	±5℃	○	热电阻,温度变送器	±0.5%	IR	
出厂总管蒸汽	流量	核算	±2.5%	○	差压式流量变送器	±1.5%	IRQ 或 IQ	
出厂总管蒸汽	压力	补正	±2.5%	○	压力变送器	±0.5%	IR	
出厂总管蒸汽	温度	补正	±5℃	○	热电阻,温度变送器	±0.5%	IR	
进厂新水	流量	核算	±2.5%	○	(1) 差压式流量变送器 (2) 电磁流量计	±2% ±2%	IRQ 或 IQ	
进厂软水	流量	核算	±2.5%	○	(1) 差压式流量变送器 (2) 电磁流量计	±2% ±2%	IRQ 或 IQ	
进厂净环水	流量	核算	±2.5%	○	(1) 差压式流量变送器 (2) 电磁流量计	±2% ±2%	IRQ 或 IQ	
进厂压缩空气	流量	核算	±2.5%	○	差压式流量变送器	±1.5%	IRQ 或 IQ	
进厂压缩空气	压力	补正	±2.5%	○	压力变送器	±0.5%	IR	
进厂压缩空气	温度	补正	±5℃	○	热电阻,温度变送器	±0.5%	IR	
进厂煤气	流量	核算	±2.5%	○	差压式流量变送器	±1.5%	IRQ 或 IQ	
进厂煤气	压力	补正	±2.5%	○	压力变送器	±0.5%	IR	
进厂煤气	温度	补正	±5℃	○	热电阻,温度变送器	±0.5%	IR	
进厂转炉煤气	流量	核算	±2.5%	○	差压式流量变送器	±1.5%	IRQ 或 IQ	
进厂转炉煤气	压力	补正	±2.5%	○	压力变送器	±0.5%	IR	
进厂转炉煤气	温度	补正	±5℃	○	热电阻,温度变送器	±0.5%	IR	
进厂电能	电量	核算	±2.5%	○	电能表	±1%	Q	

表 2-15 安全防护、环境监测计量器具配备明细表

测量部位及对象	参数名称	测量目的	允许误差	关键	重要	一般	计量器具名称	准确度	功能	备注
放散烟囱烟尘含尘量	重量	保护环境	±2%		○		采样装置及天平	±1%	I	
风机房噪声	强度	保护环境	±5%		○		噪声检测装置	±4%	I 或 R	
其他噪声源	强度	保护环境	±5%			○	噪声检测装置	±4%	I 或 R	
全厂各粉尘点含尘量	重量	保护环境	±2%		○		粉尘采样器及天平	±1%	I	
排放污水	pH	保护环境	±1.5%		○		pH 检测装置	±1%	R	
全厂各排放点悬浮物	浓度	保护环境	±2%		○		浓度检测装置	±1%	R	
全厂各排放点沉淀物	浓度	保护环境	±2%		○		理化检测装置	±1%	R	
各煤气区环境一氧化碳	浓度	安全防护	±2.5%	○			一氧化碳检测报警仪	±2.5%	IA	
各压力容器	压力	安全防护	±2.5%	○			弹簧管压力表	±1.5%	IA	
电石粉剂中乙炔	浓度	安全防护	±2%	○			乙炔分析仪	±1%	IA	

第3章　转炉电气传动系统

3.1　概述

转炉传动控制系统,分为转炉倾动传动系统,转炉氧枪传动系统,转炉副枪传动系统,钢包车、渣车、下料振动器、风机水泵等传动系统。其中按工艺对控制系统的要求,用于转炉倾动、氧枪升降、副枪升降的传动系统,要求调速范围宽,起、制动特性好,停车准确。随着电力器件及计算机技术的发展,用于上述设备的控制系统经历了几个发展阶段。从最初的机组,水银整流器,可控硅模拟系统,到目前的全数字直流调速系统和全数字交流变频调速系统。目前150 t以下的转炉使用交流变频调速系统的比较多,150 t以上的转炉多采用直流调速系统。就全数字调速装置而言,交流变频调速系统的起、制动及调速性能完全可与直流调速系统相媲美,而且用于辅助控制的线路简单,尤其是交流电动机与直流电动机相比,具有结构简单、制造方便、运行可靠、价格低廉、几乎免维护等一系列优点。预计在未来的发展中,交流调速装置可完全取代直流调速装置在转炉传动控制领域的应用,而不分转炉容量的大小。

3.2　直流调速系统

3.2.1　转炉倾动的全数字直流调速系统

3.2.1.1　一拖四控制方式

A　工作原理

所谓一拖四控制方式,就是用于转炉倾动四台直流电动机,电枢并联或串联,或两并两串,统一由一台直流驱动装置供电的控制方式。目前现场运行的多为这种方式。其优点是节省控制装置,一次投资少。但考虑到转炉炼钢的重要性,为避免故障处理时间过长,必须增加备用装置。根据工厂的实际情况,可以考虑几座转炉公共使用一个备用套的方案。

一拖四的系统框图如图3-1所示。

一拖四控制系统中,由于电机电枢并联供电,四台电机机械同轴,能否正常运行的关键是四台电机转速的平衡及电枢电流(转矩)的平衡。问题的实质是每台电机机械特性的一致性。以两台电机为例,给出不同软化电阻时的机械特性,如图3-2及图3-3所示。

由上面两图可看出,软化电阻大时,对于相同负荷,两电机输出转矩 M_1, M_2 相差较小(图3-3)。软化电阻小时,两电机输出转矩 M_1, M_2 相差较大(图3-2)。

取电枢回路总电阻 $R_a = R_1 + R_2 = \gamma \times U_e / I_e$

式中　R_1——软化电阻;

R_2——电机电枢及线路电阻；

U_e——电机额定电压；

I_e——电机额定电流；

γ——比例系数。

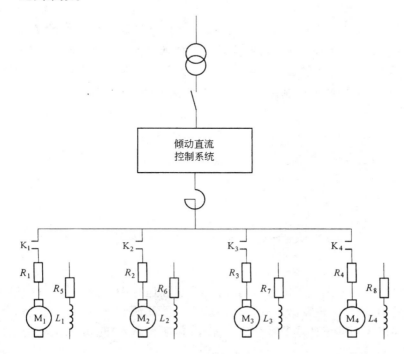

图 3-1　一拖四控制系统

M_1, M_2, M_3, M_4—直流电机；L_1, L_2, L_3, L_4—电机励磁；

R_1, R_2, R_3, R_4—电机电枢中串联的软化电阻；R_5, R_6, R_7, R_8—电机励磁电阻

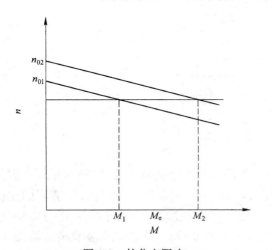

图 3-2　软化电阻小

n_{01}—1 号电机空载转速；n_{02}—2 号电机空载转速；

M_1—1 号电机输出转矩；M_2—2 号电机输出转矩

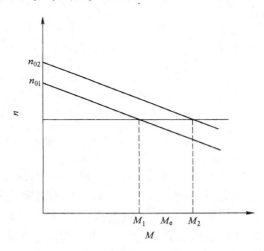

图 3-3　软化电阻大

n_{01}—1 号电机空载转速；n_{02}—2 号电机空载转速；

M_1—1 号电机输出转矩；M_2—2 号电机输出转矩

如果取 $\gamma \geqslant 10\%$，则可保证在两电机空载转速差 $\Delta N = n_{01} - n_{02} < 1\% N_e$ 的条件下，两电机输出转矩差 $\Delta M = M_1 - M_2 < M_e \times 10\%$，即转矩平衡度大于 90%。

影响 ΔN 的因素：主要是电机励磁参数的变化。实践证明 $\Delta N = (1\% \sim 0.5\%)$，$N_e$ 是可以保证的，故取 $R_a = (5 \sim 10)\% U_e / I_e$ 是可行的。

B　抱闸控制回路

无论是转炉倾动传动控制系统，还是氧枪升降传动控制在负力矩的情况。因此当系统起动时不能马上开闸，而必须建立力矩后再打开抱闸，以防止负载下滑。停车时为了避免机械冲击，必须在速度降至设定值后再关闭抱闸。为了抱闸系统的可靠控制，增加了系统保护关抱闸及停车延时关抱闸的控制命令。其控制线路如图 3-4 所示。

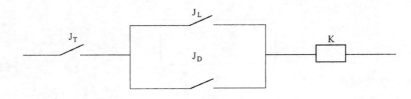

图 3-4　抱闸控制回路

J_T—系统保护及延时命令；J_L—力矩开闸；J_D—低速抱闸；K—抱闸接触器

C　调节系统

虽然一般转炉炉体工艺上按正力矩设计，但实际运行中，有时因炉口粘钢渣较多，或由于液体钢水涌动，经常出现零力矩及负力矩情况。因此调节系统往往设计成带有电流斜率环的电流环和速度环的三环调节系统。电流环（包括斜率环）的动态结构图如图 3-5 所示。

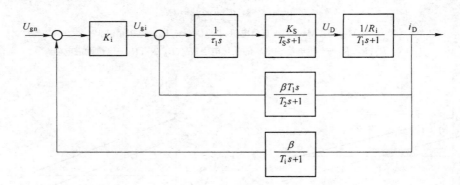

图 3-5　电流环动态结构图

从电流环动态结构图可以分析出，由于电流内环带有电流微分负反馈（即斜率环），因此在动态过程中，电流 I_D 是以一定电流变化率 $dI_D/dt =$ 常数变动达到限幅值，电流环的比例环退出饱和，I_D 维持限幅值，获得最佳的动态品质。在调节过程中，由于斜率环的存在，改善了电流调节对象，近似为积分环节。因此，适应了电流断续区（转炉倾动零负荷区域）的特殊性，改善调节性能。其良好的操作特性，表现在转炉炉体倾动时，无喘动现象发生。

速度环动态结构图如图 3-6 所示。

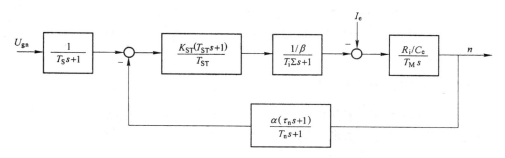

图 3-6 速度环动态结构图

从速度环动态结构图可以分析出,由于速度调节器采用比例积分调节器(即串联校正)和在反馈通道上采用速度微分负反馈(并联校正),提高了系统的快速响应,减少了超调量,因此获得了较好的动态品质和静态品质,保证了系统的正常运行。

3.2.1.2 四拖四控制方式

所谓四拖四控制方式,就是用于转炉倾动的四台电机,分别由四台全数字控制器供电的控制方式。这种控制系统避免了传统的一拖四方式的各电机输出转矩不平衡的问题,四套数控装置通过 PLC 或通信装置,做成主-从驱动系统。主控整流器的速度调节器的输出作为从动整流器的电流调节器的设定值,保证了四台电机输出转矩的一致性。

控制框图如图 3-7 所示。

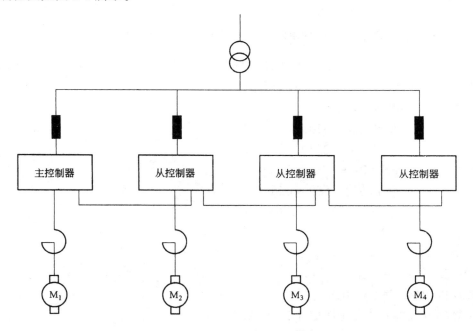

图 3-7 四拖四主-从控制方式框图

主-从控制方式可很好地解决四台同轴电机输出转矩的平衡问题,但是,当一套装置(如主控装置)故障时,便不能维持继续生产的要求。为此可考虑通过 PLC 与装置之间的通信,将四台数控装置做成各自独立的电流环与速度环,动态参数调整的合适,可保证四台电机转矩的一致性,及时地将主控装置的功能切换到另一台从动装置上,保证当一台(或两台)控制装置故障时继续维持生产。

3.2.2　直流传动系统中的氧枪控制

氧枪直流电气控制系统是有准备逻辑无环流可逆的三环位置控制系统。电流环和速度环由数控系统完成,位置环由电机轴头码盘与 PLC 组成。控制系统构成框图如图 3-8所示。

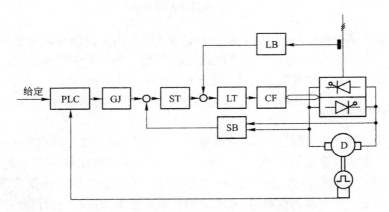

图 3-8　氧枪三环可逆位置系统框图

3.2.2.1　带有配重的氧枪负载特性及直流电动机运行状态分析

氧枪属典型位能性恒转矩负载,要求频繁起停,准确停车。随着氧枪的提、降枪变换,电动机在四象限内运行。现以 100 t 转炉为例说明。

电机参数：　型号　　ZZJ2-62

　　　　　　　额定电压　220 V

　　　　　　　额定电流　233A

　　　　　　　$FS = 21\%$

　　　　　　　额定转速　580 r/min

总传动比：$j = j_{齿} \cdot j_{卷} = 2.2 \times 12.64 = 28.3$

枪总重(有水)：1720 kg

平衡砣重：6354 kg

卷筒直径：$d = 0.8$ m

传动机构总效率：$\eta = 0.8$

折算到电机轴上的飞轮惯量：$GD^2 = 196$ N·m^2

转矩常数 ：$C_m \Phi_N = 3.4412$

M_f 为工作机构的实际负载转矩。

负载转矩折算到电动机轴上的折算值：$\dfrac{M_f}{j}$

$$\frac{M_f}{j} = \frac{F \times d/2}{j} = \frac{(6354-1720) \times 0.8/2}{28.3} \times 9.8 = 642 \text{ N·m}$$

$$\frac{M_f}{j\eta} = \frac{642}{0.8} = 802 \text{ N·m}$$

传动机构的转矩损耗 ΔM

$$\Delta M = \frac{M_f}{j\eta} - \frac{M_f}{j} = 802 - 642 = 160 \text{ N·m}$$

A 降枪

（1）降枪起动转矩 M_{jq}，如图 3-9 所示。

$$M_{jq} - \frac{M_f}{j} - \Delta M_Z = \frac{GD^2}{375} \frac{dn}{dt}$$

$$M_{jq} = \frac{GD^2}{375} \frac{dn}{dt} + \frac{M_f}{j} + \Delta M_Z$$

$$= \frac{GD^2}{375} \frac{60a}{\pi d} + \frac{M_f}{j} + \Delta M_Z$$

式中　a——加速度；

　　　ΔM_Z——抱闸摩擦和损耗转矩。

电机刚起动时，电流不到力矩电流，电机抱闸不开。此时，电机 $v=0$，$a=0$。

电机起动电流：$I_{jq} = (1.0 \sim 2) I_e$。$I_{jq}$ 由数控设定，I_e 为电机额定电流。

当电机力矩电流 $I_L = (30\% \sim 60\%) I_e$ 时，电机抱闸才打开。

（2）降枪稳态运行转矩 M_{jw}，如图 3-10 所示。

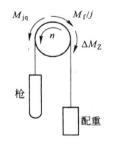

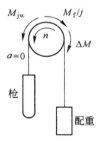

图 3-9　降枪起动转矩简图　　　　　　图 3-10　降枪稳定运行转矩简图

$$M_{jw} - \frac{M_f}{j} - \Delta M = 0$$

$$M_{jw} = \frac{M_f}{j} + \Delta M = 642 + 160 = 802 \text{ N·m}$$

式中　ΔM——降枪时传动机构的转矩损耗。

（3）降枪稳态电流 I_j。

$$I_j = \frac{M_{jw}}{C_m \Phi_N} = \frac{802}{3.4412} = 233 \text{A}$$

（4）降枪时晶闸管系统工作状态。氧枪起动和稳定下降时，电动机的电磁转矩要克服负载转矩和摩擦转矩。电磁转矩 M_{jw} 与电机旋转的方向相同。晶闸管系统正组桥工作在整流状态，电机工作在第一象限，为电动运行状态。

　　当氧枪由下降到停止时,反组桥逆变,电机工作在第二象限,是再生制动状态。晶闸管回路及工作象限如图 3-11 所示。氧枪下降电机负载机械特性如图 3-12 所示。

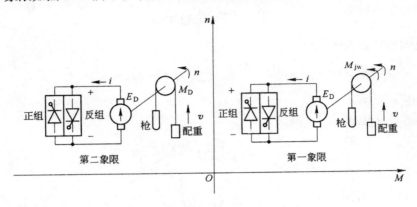

图 3-11　氧枪下降时晶闸管回路及工作象限示意图

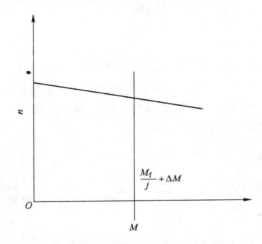

图 3-12　有配重氧枪下降电机负载机械特性

B　提枪

(1) 提枪起动转矩 M_{TQ},如图 3-13 所示。

$$M_{TQ} - \left(-\frac{M_f}{j} + \Delta M_Z \right) = \frac{GD^2}{375}\frac{dn}{dt}$$

$$M_{TQ} = \frac{GD^2}{375}\frac{dn}{dt} - \frac{M_f}{j} + \Delta M_Z$$

$$= \frac{GD^2}{375}\frac{60a}{\pi d} - \frac{M_f}{j} + \Delta M_Z$$

式中　a——加速度;

　　ΔM_Z——抱闸摩擦和损耗转矩。

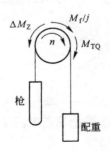

图 3-13　提枪起动转矩简图

　　电机起动时,电流不到力矩电流,电机抱闸不开。此时电机 $v = 0, a = 0$。

　　电机起动电流:　　　　　　　　　　　$I_{TQ} = (1.0 \sim 2)I_e$

式中 I_{TQ}——由数控设定；I_e——电机额定电流。

当电机力矩电流 $I_L = (30\% \sim 60\%)I_e$ 时电机抱闸才打开。

（2）提枪稳态转矩 M_{TW}，如图 3-14 所示。

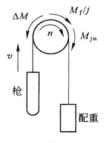

$$-M_{tw} - \left(-\frac{M_f}{j} + \Delta M\right) = 0$$

$$M_{tw} = \frac{M_f}{j} - \Delta M = 642 - 160$$

$$= 482 \text{ N·m}$$

（3）提枪稳态电流 I_j。

$$I_j = \frac{M_{jw}}{C_m \Phi_N} = \frac{482}{3.4412} = 140\text{A}$$

（4）提枪时晶闸管系统工作状态。

图 3-14　提枪稳定运行转矩简图

电机开始起动瞬间，电机工作在第三象限，晶闸管系统在反组桥工作是整流状态。当电机的抱闸打开，在电磁力矩和配重的共同作用下电动机加速起动，随着电机速度的增加超过给定速度，电动机的反电势 ED 大于晶闸管反组桥的电压 U_D，电磁转矩 M_{TW} 方向与电机 n 旋转方向相同。此时电动机处于正组桥回馈制动状态，工作于第四象限。

晶闸管回路及工作象限如图 3-15 所示。氧枪上升的电机负载机械特性如图 3-16 所示。

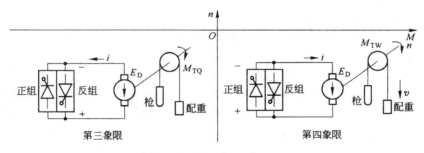

图 3-15　氧枪上升时晶闸管回路及工作象限示意图

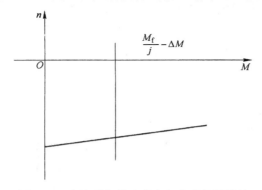

图 3-16　有配重氧枪上升电机负载机械特性

3.2.2.2　不带配重氧枪负载特性及直流电动机运行状态分析

不带配重氧枪是近代通用的机械设备。它的负载和机械特性如图 3-17 所示。由图可见,它同带配重负载机械特性相反,当提枪速度稳定时,晶闸管正组桥工作,电机工作在第二象限是电动运行状态。当电机稳定下降时,晶闸管正组桥工作,电动机工作在第四象限,是再生制动状态。

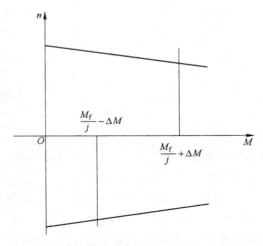

图 3-17 无配重氧枪电机负载机械特性

因无配重,它对系统安全性要求更加严格。为了避免因直流设备故障和停电产生的停机,一般系统都配有外电源紧急事故提枪系统。

3.2.2.3 氧枪主回路及其控制回路的切换

A 一备二工作方式的切换

一备二工作方式的切换,如图 3-18 所示。以两座 180 t 转炉氧枪为例,每座转炉有氧枪两根,设为 A 枪和 C 枪。每根枪各有一套独立的 A 套和 C 套电控系统。为了避免独立设备出问题,影响生产。两根氧枪共用一个 B 套电控系统作为备用。而基础自动化的 A 枪和 C 枪 PLC 可控制 A,B,C 套电控系统。主回路切换到哪套电控设备,PLC 就自动切到与其相对应的控制系统。作为共用的 B 套电控设备,如果切换操作错了就会造成重大事故。为了避免事故,在程序中采用合闸优先控制方法。当 A 枪、C 枪主回路的切换开关 1HK 和 2HK 都合 B 套电控设备时,谁先合 B 套谁优先工作,而后合在 B 套的设备不可能工作,并且发出报警信号。采用如图 3-19 和图 3-20 所示的电路来实现这个过程。

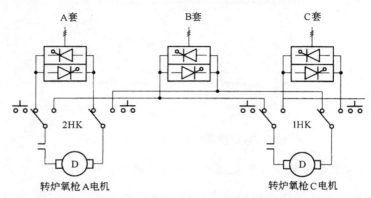

图 3-18 A 枪、C 枪主回路切换系统框图

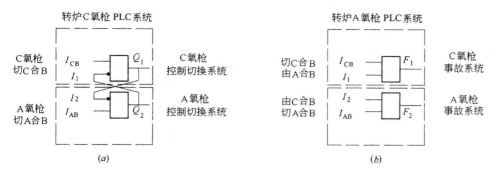

图 3-19 A、C 氧枪切换逻辑图

（a）—A、C 氧枪切换逻辑图；（b）—A、C 氧枪切换事故逻辑图

在图 3-19 中的 $Q_2 = I_1$，$Q_1 = I_2$ 是逻辑状态上相通，它们之间没有电的联系，实际电路如图 3-20 所示。这是为了联络两个 PLC 的信息而采用的隔离措施。

上述电路由计算可得出逻辑表达式为

(1) $\begin{cases} Q^{n+1} = I_{CB}\overline{Q}_2^n + I_{CB}\overline{I}_{AB} \\ \overline{Q}_1^n\overline{Q}_2^n I_{CB} I_{AB} = 0 \qquad \text{约束条件} \end{cases}$

(2) $\begin{cases} Q_2^{n+1} = I_{AB}\overline{Q}_1^n + I_{AB}\overline{I}_{CB} \\ \overline{Q}_1^n\overline{Q}_2^n I_{CB} I_{AB} = 0 \qquad \text{约束条件} \end{cases}$

(3) $F_1 = I_{CB} I_1 = I_{CB} Q_2 = I_{CB} I_{AB} \overline{Q}_1$

(4) $F_2 = I_{AB} I_2 = I_{AB} Q_1 = I_{AB} I_{CB} \overline{Q}_2$

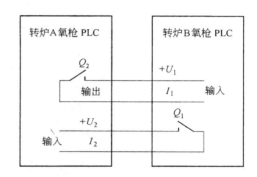

图 3-20 A、C 氧枪 PLC 切换联络图

B 主回路开关一备一的切换方式

一备一切换是现代比较常用的切换方式，一个炉的氧枪有两台直流电动机分别去拖动两个氧枪。其中一台工作，另一台可作为备用。

(1) 一备一手动切换方式 1。一备一手动切换方式 1 如图 3-21 所示。在这种情况下设定两根氧枪分别为 A 枪和 B 枪，其相应的晶闸管装置分别为 A、B 系统。晶闸管装置 A、B 套的切换由切换开关 1HK 完成，A 枪和 B 枪的电机切换由切换开关 2HK 完成，它共有 4 种工作状态：(1) A 套 A 枪；(2) A 套 B 枪；(3) B 套 B 枪；(4) B 套 A 枪。

(2) 一备一手动切换方式 2。一备一手动切换方式 2 如图 3-22 所示。1HK 完成 A 枪电机对晶闸管装置 A 套和 B 套的切换，2HK 完成 B 枪电机对晶闸管装置 A 套和 B 套的切换。它同样有一备一方式 1 的 4 种工作状态。

(3) 一备一自动切换方式。一备一自动切换方式，如图 3-23 所示。

4 个自动开关合闸共有 8 种工作方式：

(1) 合在 1 位置 A 套 A 枪工作方式。

(2) 合在 2 位置 A 套 B 枪工作方式。

(3) 合在 3 位置 B 套 A 枪工作方式。

(4) 合在 4 位置 B 套 B 枪工作方式。

(5) 合在 1 和 4 位置 A 套 A 枪工作方式。

（6）合在 1 和 4 位置 B 套 B 枪工作方式。

（7）合在 2 和 3 位置 A 套 B 枪工作方式。

（8）合在 2 和 3 位置 B 套 A 枪工作方式。

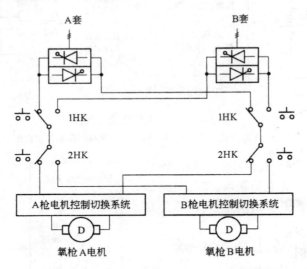

图 3-21　氧枪一备一主回路切换方式 1 系统简图

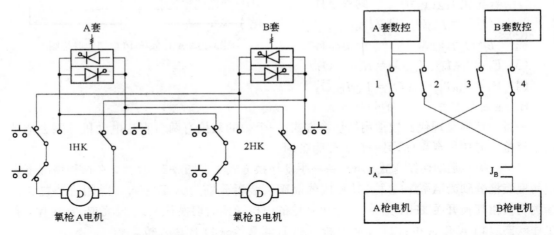

图 3-22　氧枪一备一主回路切换方式 2 系统简图　　　　图 3-23　氧枪一备一主回路自动切换
方式系统简图

前 4 种工作方式在换枪时需人工切换开关。后 4 种工作方式在换枪时不用人工切换开关，只需操作人员在操作台操作。移动 A 枪和 B 枪，哪条枪移到炼钢位置，哪条枪工作。加快了换枪速度，提高了工作效率。

3.2.2.4　氧枪事故提枪控制

所谓事故提枪即指在非正常情况下，如主回路事故断电、控制回路故障，而氧枪又处于吹炼过程中，如不及时将氧枪从高温的炉膛内提出，会造成严重的事故，因而氧枪的事故提枪控制是保证转炉安全生产所必须考虑的。

A 有配重的氧枪事故提枪控制

当氧枪在炉中工作时,一旦控制系统出现故障,可用紧急事故提枪系统,靠配重的重力把氧枪提出。此时电机工作在能耗制动运行状态,运行的速度同主回路所串电阻有关,如图 3-24 所示和图 3-25 所示。

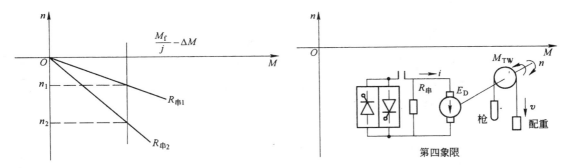

图 3-24 有配重氧枪事故提枪时电机负载机械特性　图 3-25 氧枪事故提枪主回路及工作象限示意图

当 $R_{串2} > R_{串1}$ 时,$n_2 > n_1$。

以 150 t 转炉氧枪为例。事故提枪要求速度 $n = 330$ r/min。

电机同线路电阻:$R_0 = 0.0525$ Ω。

其他数据参见 3.2.2.1 节。

$$C_m C_e \Phi_N^2 = 1.24$$

$$\frac{M_f}{j} - \Delta M = 642 - 160 = 482 \text{ N·m}$$

$$R_{串} = \frac{C_m C_e \Phi_N^2 n}{M_f/j - \Delta M} - R_0 = \frac{1.24 \times 330}{482} - 0.0525 \approx 0.8 \text{ Ω}$$

式中　　C_e——电势常数;

　　　　C_m——转矩常数;

　　　　n——转速。

有配重事故提枪系统必须满足电机控制回路供电,即电机励磁绕组供电,松闸回路有电才能顺利地按一定速度把枪提出。如果系统停电,只能人为的撬开电机抱闸,利用配重的重力把枪提起。

B 无配重的氧枪事故提枪控制

无配重的氧枪事故提枪装置多采用铝酸电池、镍镉电池和胶体电池作为事故提枪的备用电源,也有用外来可靠电源作为事故提枪电源。在无事故时事故提枪电源由外来的交流电源采用一路或两路进线,自动投切,由监控单元根据蓄电池的实际运行状况自动进行恒流—均充与浮充转换。它有蓄电池浮充电的温度补偿功能,设有电池过放电、过压、欠压、接地声光报警等保护。事故提枪电池的放电过程是以 A·h 作为计量单位的,也就是随着电池放电时间加长,电量是逐渐减少的,所以提枪的时间不能无限加长,要根据提枪的电压、电流和时间统一考虑,并留有余地。一旦氧枪电控系统出现故障或停电,操作人员在操作台进行事故提枪的特殊操作,分别切断原电机的数控、励磁、抱闸和能耗制动的供电回路。将事故提枪电源切换到主回路和控制回路中,以进行事故提枪。

在事故提枪时,要进行电机的过电流、力矩电流、欠励磁,提枪系统低电压的继电器检查。也要进行枪位行程检查,即在等候点以下方可提枪。如果不满足上述条件,事故提枪马上终止。此外,操作人员也可通过操作开关随时终止事故提枪。

3.3　交流传动系统

3.3.1　交流变频控制

进入 20 世纪 90 年代以来,随着计算机技术和电子技术的发展,变频器得到了迅猛的发展,由于交流电动机结构简单,坚固耐用,无需换向装置,可适用于各种工作环境,所以以变频器为核心的交流调速系统得到了广泛应用,炼钢交流传动系统也是如此。

变频器分为多个系列,具体如下:

(1) 适于节能应用的风机和泵类负载的变频器。

(2) 适于一般工业应用的无速度传感器矢量控制变频器。

(3) 具有高动态性能的带速度传感器矢量控制变频器。

(4) 具有高品质转矩特性的直接转矩控制变频器。

(5) 适于位能负载,具有四象限运行的变频器。

(6) 适于多台电动机传动的采用公共直流母线方式的变频器。

变频器主要应用于两个方面,一方面是为了满足生产工艺要求而进行调速控制,另一方面是为了节能而进行的变频器应用。炼钢电气控制中,倾动、氧枪、副枪具有高准确性和高动态性能两方面要求,常采用矢量控制方式。

3.3.2　矢量控制的概念

众所周知,变频器控制方式一般可分三类:U/f 控制方式、转差频率控制方式和矢量控制方式。U/f 控制是按照电压、频率关系对变频器的电压和频率进行控制。基频以下可以实现恒转矩调速;基频以上可以实现恒功率调速。转差频率控制根据速度传感器的检测,求出转差频率,实现转差补偿,这种闭环控制与 U/f 控制方式相比,调速精度大为提高。

由于 U/f 控制方式与转差频率控制方式的控制思想都建立在异步电动机的静态数学模型上,动态性能欠佳,采用矢量控制方式的目的,主要为了提高变频调速的动态性能。模仿自然解耦的直流电动机控制方式以获得类似直流调速系统的动态性能。炼钢转炉倾动、氧枪、副枪对系统的动态性能要求较高,故应注重矢量控制方式的应用。

直流电动机所以动态性能好,是由于在采用补偿绕组的条件下,它的电枢反应磁动势对气隙磁通 Φ 没有影响,而电磁转矩 $T = C_T \Phi I_a$,不考虑电磁路饱和,磁通 Φ 正比于励磁电流 I_f。保持恒定时,电磁转矩与电枢电流成正比。影响电磁转矩的控制量 I_f 和 I_a 是互相独立的,也可以说是自然解耦的。I_a 的变化并不影响磁场,因此可以控制电枢电流 I_a 的速度去控制电磁转矩。而 I_a 的变化所遇到的仅是电枢漏电感,所以影响速度很快。可以实现转矩的快速调节,获得理想的动态性能。

直流电动机的磁通 Φ 和电枢电流 I_a 可以独立进行控制,是一种典型的解耦控制。异步电动机的矢量控制就是仿照直流电动机的控制方式,把定子电流的磁场分量和转矩分量解耦开来,分别加以控制。这种解耦,实际是把异步电动机的物理模型设法等效地变换成类似于直流电动机的模式。这种等效变换是借助于坐标变换来完成的。等效的原则是,在不同的坐标系下电动机模型所产生的磁动势相同。

异步电动机的三相静止绕组 U,V,W 通以三相平衡电流 i_U, i_V, i_W,产生合成旋转磁动势 F_1。F_1 以同步角速度 ω_1 按 U－V－W 的相序所决定的方向旋转,如图 3-26 所示。产生同样的旋转磁动势 F_1 不一定非要三相,用图 3-26 所示的两个互相垂直的静止绕组 α 和 β,通入两相对称电流同样可以产生相同的旋转磁动势 F_1。只不过 $I_{\alpha 1}, I_{\beta 1}$ 和 i_U, i_V, i_W 之间存在某种确定的换算关系而已。找到这关系,就完成了三相静止坐标到两相静止坐标系的变换,即 U,V,W 轴系到 α, β 轴系之间的坐标变换。如果选择互相垂直且以同步角频率 ω_1 旋转的 M, T 两相旋转绕组,如图 3-26 所示,只要在其中通以直流电流 i_{m1} 和 i_{t1},也可以产生相同的旋转磁动势 F_1。显然 i_{m1}, i_{t1} 和 $I_{\alpha 1}, I_{\beta 1}$ 之间也存在确定的变换关系。找到这种关系,则可以完成 α, β 两相静止坐标系到 M, T 两相旋转坐标系之间的坐标变换。站到 M, T 坐标系中去观察,M 和 T 绕组是通以直流的静止绕组。如果人为控制全磁链 Ψ_2 的位置使之与 M 轴一致,则 M 轴绕组相当于直流电动机的励磁绕组,T 轴绕组相当于直流电动机的电枢绕组。

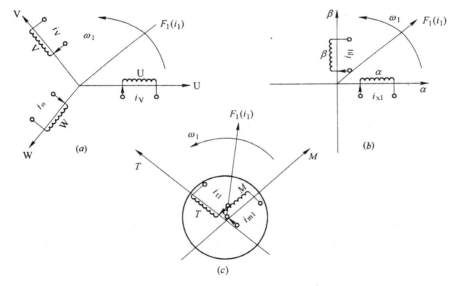

图 3-26　等效的交流电动机物理模型

(a)—三相交流绕组;(b)—等效两相交流绕组;(c)—等效直流旋转绕组

在进行异步电动机的数学模型变换时,定子三相绕组和转子三相绕组都得变换到等效的两相绕组上去。等效的两相模型之所以相对简单,主要是由于两轴互相垂直,他们之间没有互感的耦合关系,不像三相绕组那样任意两相之间都有互感的耦合。等效的两相模型可以建立在静止坐标系(α, β 坐标系)上,也可以建立在同步旋转坐标系(M, T 坐标系)上。建立在同步旋转坐标系上的模型有一个突出的优点,即当三相变量是正弦函数时,等效的两相模型中的变量是直流量。如果再将两相旋转坐标系按转子磁场定向时,即将 M, T 坐标系的 M 轴取在转子全磁链 Ψ_2 的方向上,T 轴取在超前其 90° 的方向上。则在 M, T 坐标系中电动机的转矩方程式可以简化得和直流电动机的转矩方程十分相似。

根据上述坐标变换的设想,三相坐标系下的交流电流 U,V,W 通过三相/两相变换可以等效成两相静止坐标系下的交流电流 $i_{\alpha 1}$,$i_{\beta 1}$;再通过按转子磁场定向的旋转变换,可以变换成同步旋转坐标系下的直流电流 i_{m1},i_{t1}。如果站在 M,T 坐标系上,观察到的便是一台直流电动机。上述变换关系用结构图的形式表示在图 3-27 中右侧的双线框内。从整体看 U,V,W 三相交流输入,得出转速 ω_r 输出,是一台异步电动机。从内部看,经过三相/两相变换和同步旋转变换,则变成一台输入为 i_{m1},i_{t1},输出为 ω_r 的直流电动机。

既然异步电动机可以等效成直流电动机,那么就可以模仿直流电动机的控制方法,求得等效直流电动机的控制量。再经过相应的反变换,就可以按控制直流电动机的方式控制异步电动机了。如图 3-27 所示,点划线框内所示的两相/三相变换和三相/两相变换、VR^{-1} 和 VR 变换实际上互相抵消了。如果再忽略变频器本身可能产生的滞后,那么点划线框以内完全可以删去。点划线框外则成了一个直流调速系统。

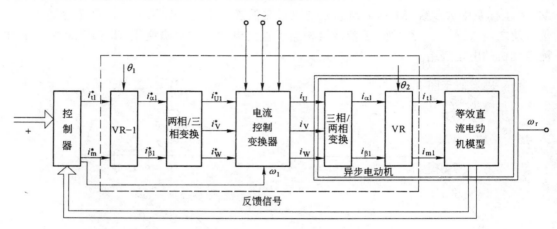

图 3-27　矢量变换控制的构想

图 3-27 所示的控制器类似于直流调速系统中所用的控制器,它综合给定信号和反馈信号,产生励磁电流给定值 i_{m1}^* 和电枢电流给定值 i_{t1}^*,经过反旋转变换 VR^{-1}(见图)得到 $i_{\alpha 1}^*$ 和 $i_{\beta 1}^*$,再经过两相/三相变换得到 i_U^*,i_V^* 和 i_W^*。带电流控制的变频器根据 i_U^*,i_V^*,i_W^* 和 ω_1 信号,可以输出异步电动机所需的三相变频电流。

目前最常用的矢量控制方案,是按转子磁场定向的矢量控制。如图 3-28 所示,取 α 轴与 U 轴相重合,M 轴与转子全磁链 Ψ_2 相重合。M 轴与 U 轴(α 轴)之间的相角 θ_1 表示,则 $\theta_1 = \int \omega_1 dt$。$\omega_1 = 2f_1$ 是定子电流的角频率。代表定子磁动势的空间矢量电流为 i_1,被分解为 M 轴方向上的励磁分量 i_{m1} 和 T 轴方向上的 i_{t1}。可以证明异步电动机电磁转矩为

$$T = n_p(L_m/L_r) \times \Psi_2 i_{t1} \tag{3-1}$$

而转子磁链为

$$\Psi_2 = [L_m/(1 + T_2 s)] X i_{m1} \tag{3-2}$$

式中　L_m——定子之间的互感;

　　　L_r——转子电感,$L_r = L_m + l_2$(l_2 为转子漏电感);

　　　T_2——转子时间常数,$T_2 = L_r/r_2$。

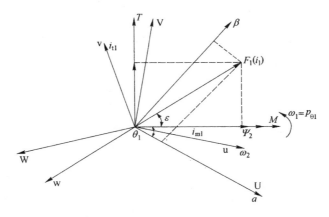

图 3-28 U, V, W, α, β 和 M, T 坐标系与磁动势空间矢量

在转子磁场定向中,如能保持式 3-2 中的 $i_{\mathrm{m}1}$ 恒定,即保持 $\varPsi_2$ 恒定,则电磁转矩与定子电流的有功分量 $i_{\mathrm{t}1}$ 成正比。在旋转坐标系中,对电磁转矩的控制与对直流电动机的控制完全相类似。要知道,对于异步电动机,可检测、可控制的量是定子三相电流 $i_{\mathrm{U}}, i_{\mathrm{V}}$ 和 i_{W}。所以必须经过类似于图 3-28 所示的坐标变换,才能在控制电路中按控制支流量 $i_{\mathrm{m}1}, i_{\mathrm{t}1}$ 的方式进行调节控制,而在电动机端则再回到对交流量的控制。

3.3.3 采用 PWM 变频器的矢量控制

图 3-29 为采用电压型 PWM(Pulse Width Modulation)变频器所构成的转子磁场定向的矢量控制系统。

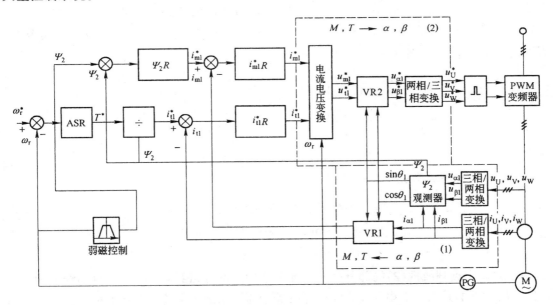

图 3-29 矢量控制系统原理框图

下面给出图中点划线框(1)、(2)中的矢量变换部分的各个运算单元的运算公式,只给出

结论不作推导和证明。

点划线框(1)中,相当于图 3-27 中的直流电动机模型的部分。其中三相/两相变换器实现 i_U, i_V, i_W 到 $i_{\alpha 1}, i_{\beta 1}$ 之间的变换

$$\begin{bmatrix} i_{\alpha 1} \\ i_{\beta 1} \end{bmatrix} = \sqrt{\frac{2}{3}} \begin{bmatrix} 1 & -\dfrac{1}{2} & -\dfrac{1}{2} \\ 0 & \dfrac{\sqrt{3}}{2} & -\dfrac{\sqrt{3}}{2} \end{bmatrix} \begin{bmatrix} i_U \\ i_V \\ i_W \end{bmatrix} \tag{3-3}$$

类似地

$$\begin{bmatrix} u_{\alpha 1} \\ u_{\beta 1} \end{bmatrix} = \sqrt{\frac{2}{3}} \begin{bmatrix} 1 & -\dfrac{1}{2} & -\dfrac{1}{2} \\ 0 & \dfrac{\sqrt{3}}{2} & -\dfrac{\sqrt{3}}{2} \end{bmatrix} \begin{bmatrix} u_U \\ u_V \\ u_W \end{bmatrix} \tag{3-4}$$

系数 $\sqrt{\dfrac{2}{3}}$ 是基于功率不变约束而引入的系数。

矢量回转器 VR1,实现 $i_{\alpha 1}, i_{\beta 1}$ 到 i_{m1}, i_{t1} 之间的变换

$$\begin{bmatrix} i_{m1} \\ i_{t1} \end{bmatrix} = \begin{bmatrix} \cos\theta_1 & \sin\theta_1 \\ -\sin\theta_1 & \cos\theta_1 \end{bmatrix} \begin{bmatrix} i_{\alpha 1} \\ i_{\beta 1} \end{bmatrix} \tag{3-5}$$

式中　θ_1——Ψ_2(即 M 轴)与 U 轴(α 轴)的夹角,是转子磁链的空间相位角,为时间变量。

$$\theta_1 = \int \omega_1 \mathrm{d}t$$

为了进行转子磁链定向的矢量控制,关键是需要知道 Ψ_2 的瞬时空间位置 θ_1 及其幅值 $|\Psi_2|$。直接检测 Ψ_2 在技术上是比较困难的,所以往往要通过特定的数学模型(称为观测模型)经过运算而间接地求得。Ψ_2 观测模型有多种,图 3-29 中的 Ψ_2 观测所用数学模型是所谓 Ψ_2 观测的电压模型法,运算关系为

$$\Psi_{\alpha 2} = \frac{L_r}{L_m}\left[\int (u_{\alpha 1} - r_1 i_{\alpha 1})\mathrm{d}t - L_s \sigma i_{\alpha 1} \right] \tag{3-6}$$

$$\Psi_{\beta 2} = \frac{L_r}{L_m}\left[\int (u_{\beta 1} - r_1 i_{\beta 1})\mathrm{d}t - L_s \sigma i_{\beta 1} \right] \tag{3-7}$$

式中　L_s——定子电感,$L_s = L_m + l_1$(l_1 为定子漏感);

σ——漏感系数,$\sigma = 1 - L_m^2/L_s L_r$。

$$|\Psi_2| = \sqrt{\Psi_{\alpha 2}^2 + \Psi_{\beta 2}^2} \tag{3-8}$$

$$\sin\theta_1 = \Psi_{\beta 2}/|\Psi_2| \tag{3-9}$$

$$\cos\theta_1 = \Psi_{\alpha 2}/|\Psi_2| \tag{3-10}$$

图 3-29 中点划线框(2)的部分是给定参考值构成部分,相当于图 3-27 点划线框内的左半部。所不同的是为适应电压型 PWM 逆变器的需要增加了电流-电压变换器。如果运行中 $i_{m1} = \text{const}$, $|\Psi_2| = \text{const}$,则

$$\omega_1 = \omega_r + \omega_2 = \omega_r + (1/T_2)(i_{t1}/i_{m1}) \tag{3-11}$$

u_{m1}^* 和 u_{t1}^* 可由下两式求出。

$$u_{m1}^* = r_1 i_{m1}^* - \sigma L_s i_{t1}^* [\omega_r + (1/T_2)(i_{t1}^*/i_{m1}^*)] \qquad (3\text{-}12)$$

$$u_{t1}^* = [r_1(1+2\sigma T_{1p}) + (L_s/T_2)]i_{t1}^* + L_s i_{m1}^* \omega_r \qquad (3\text{-}13)$$

式中　T_1——定子时间常数，$T_1 = L_s/r_1 = (L_m + l_1)/r_1$；

　　　ω_r——转子旋转角频率。

矢量变换器 VR2，实现由 u_{m1}^*, u_{t1}^* 到 $u_{\alpha1}^*, u_{\beta1}^*$ 的变换，即

$$\begin{bmatrix} U_{\alpha1}^* \\ U_{\beta1}^* \end{bmatrix} = \begin{bmatrix} \cos\theta_1 & -\sin\theta_1 \\ \sin\theta_1 & \cos\theta_1 \end{bmatrix} \begin{bmatrix} u_{m1}^* \\ u_{t1}^* \end{bmatrix} \qquad (3\text{-}14)$$

两相/三相变换器，实现由 $u_{\alpha1}^*, u_{\beta1}^*$ 到 u_U^*, u_V^*, u_W^* 之间的变换，即

$$\begin{bmatrix} U_U^* \\ U_V^* \\ U_W^* \end{bmatrix} = \sqrt{\frac{2}{3}} \begin{bmatrix} 1 & 0 \\ -\dfrac{1}{2} & \dfrac{\sqrt{3}}{2} \\ -\dfrac{1}{2} & -\dfrac{\sqrt{3}}{2} \end{bmatrix} \begin{bmatrix} u_{\alpha1}^* \\ u_{\beta1}^* \end{bmatrix} \qquad (3\text{-}15)$$

为在动态过程中瞬时调节 Ψ_2，设置了 Ψ_2 调节器 $\Psi_2 R$，它的输出作为定子电流励磁分量的给定值 i_{m1}^*。速度调节器 ASR 的输出是电磁转矩的给定值 T^*，T^*/Ψ_2 则是定子电流转矩分量的给定值 i_{t1}^*。经过 $i_{m1}R$ 和 $i_{t1}R$ 调节器以后的输出（仍用 i_{m1}^* 和 i_{t1}^* 表示）送给电流电压变换器，以控制 PWM 变频器的电压与频率，实现转子磁场定向的矢量控制。

图 3-29 中点划线框以外，可以看成带有磁通闭环和弱磁控制的直流双环（外环为速度环，内环为电流环）调速系统。

3.3.4　矢量控制变频器实际装置

以西门子公司产品 SIMOVERT–P 6SE35/36(BJT)、6SC36/37(GTO)、6SE70、6SE71 (IGBT)的控制思想为例。

（1）U/f 频率开环控制、无速度传感器矢量控制和有速度传感器矢量控制的硬件电路实现了归一化。采用哪种控制方式，由可选的软件功能确定。

（2）用于单电动机或多电动机调速的频率开环控制，有四种 U/f 曲线可由软件选择。用于单电动机传动，且要求高动态性能时，实现矢量控制即磁场定向控制。矢量控制可以无速度传感器，也可以有速度传感器。

（3）通过自动参数设定可实现优化的起动，起动中闭环控制参数和 U/f 特性均根据负载电动机的额定值来计算。

（4）闭环控制的自优化。它是通过一种自动检测和自动实验程序，实现对所有闭环控制器参数的自动设定。实现了变结构和自适应控制，充分体现了全数字控制的优势。

3.3.4.1　开环和闭环控制的概念

开环和闭环控制的四种不同的形式已经编入最基本的单元软件中。这些软件可以由操作面板或者串行接口对其进行选择和起动。表 3-1 列出了各种运行方式的典型应用。

表 3-1　控制方式及应用

控 制 方 式	应　　　用
有电流限制调节器的,由 U/f 特性提高供参考电压的频率开环控制	用于对同步电动机及异步电动机的单电动机和多电动机传动系统的控制
具有电流和转矩限制的无速度传感器的速度闭环矢量控制	异步电动机的单电动机传动的标准形式。在 1:10 的速度范围内,速度精度小于 0.5%
有电流和转矩限制并配有速度传感器的速度闭环矢量控制	高动态响应的异步电动机的单电动机传动,即使在低速下也具有高精度
有速度传感器的转矩闭环矢量控制	用于异步电动机的单电动机传动,从零速度开始具有高动态响应。如果需要,转矩闭环可以实现工艺程序控制

3.3.4.2　频率开环控制

这种情况下的结构图如图 3-30 所示。频率由串联在系统中的斜坡发生器给定,电压则由 U/f 特性函数发生器给定。U/f 特性由 4 种电压 – 频率函数关系的组合来决定。这可以看作有 4 个电压 – 频率特性组件和 4 个斜坡函数发生器组件(可由软件功能来选择)。

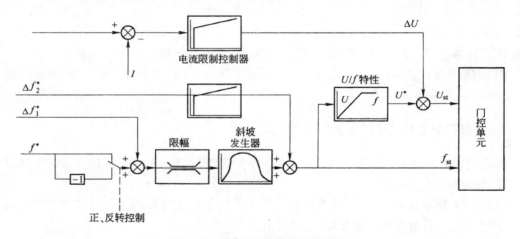

图 3-30　频率开环控制的原理框图

3.3.4.3　矢量控制

矢量控制可以采用有速度传感器方式,也可以采用无速度传感器方式。速度传感器可以采用脉冲式速度传感器。

由于变频器软件功能的灵活性,可以实现变结构控制。有速度传感器和无速度传感器两种控制方式的变换,不必改变硬件电路。

这种矢量控制调速装置,可以精确地设定和调节电动机的转矩,亦可实现对转矩的限幅控制,因而性能较高,受电动机参数变化的影响较小。当速度范围不大,在 1:10 的速度范围内,常采用无速度传感器方式;当调速范围较大,即在极低的转速下也要求具有高动态性能和高转速精度时,才需要有速度传感器方式,如转炉的副枪升降传动系统。

3.3.4.4 无速度传感器的矢量控制的速度调节

这种控制方式下的原理性框图(由软件功能选定)如图 3-31 所示。这是对异步电动机进行单电动机传动的典型模式。主要性能如下:

(1) 在 1:10 的速度范围内,速度精度小于 0.5%。

(2) 在 1:10 的速度范围内,转速上升时间不大于 100 ms。

(3) 在额定频率的 10% 的范围内,采用带电流闭环的转速开环控制。

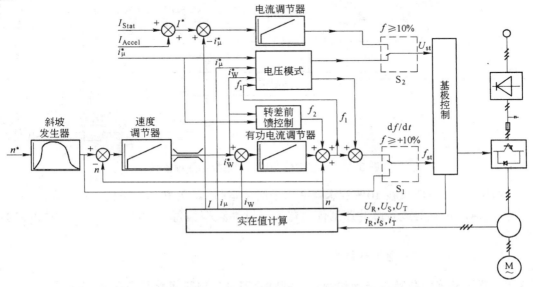

图 3-31　无速度传感器的矢量控制原理框图

工作模式可以用软件功能选择。

如图 3-31 所示,当工作频率高于 10% 额定频率时,软件开关 S_1,S_2 置于图中所示的位置。进入矢量控制状态。转速的实在值可以利用由微型计算机支持的对异步电动机进行模拟的仿真模型来计算。

对于低速范围,频率在 0~10% 额定频率的范围内,开关 S_1,S_2 切换到与图示相反的位置。这种情况下,斜坡发生器被切换到直接控制频率的通道。电流的闭环控制或者说电流的施加将同时完成。

两种电流设定值可根据需要设定:(1)稳态值必须设定得适合于有效负载转矩;(2)附加设定值只在加、减速过程中有效,可以设定得与加速或制动转矩相适应。

3.3.4.5 有速度传感器的转速或转矩环矢量控制

这种控制方式的主要特性是:

(1) 在速度设定值的全范围内,转矩上升时间大约为 15 ms。

(2) 速度设定范围大于 1:100。

(3) 对闭环控制而言,转速上升时间不大于 60 ms。

这种控制的框图如图 3-32 所示。

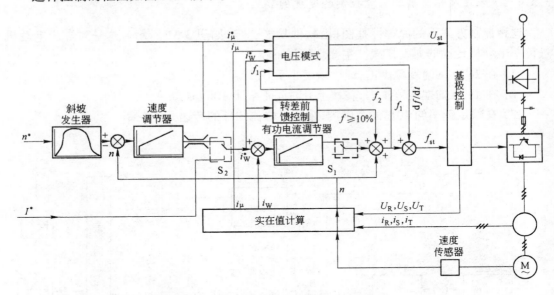

图 3-32　有速度传感器的矢量控制原理框图

有功电流调节器仅在 10% 额定频率以上时才运行,而在 10% 以下则不起作用。

直流速度传感器或者脉冲速度传感器 PG(脉冲频率为每转 500~2500 个脉冲的)均可以采用。

这种控制方式亦可通过软件来选定。

3.3.5　氧枪升降负载特性与转炉倾动负载特性及交流电机运转状态分析

3.3.5.1　氧枪负载特性及电动机运转状态分析

(1)氧枪负载是典型的位能负载。以某一钢厂转炉为例,氧枪工艺要求如下:

高速为 40 m/min,低速为 3.5 m/min,行程为 10.9 m,氧枪静载为 6.8 t,氧枪静力矩为 6 kN·m。

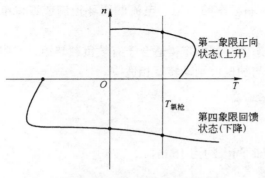

图 3-33　氧枪电机机械特性和负载特性

(2)氧枪电动机运转状态分析。氧枪电动机机械特性和负载特性如图 3-33 所示。氧枪提升时,电动机的电磁转矩要克服负载转矩,即电动机的电磁转矩 T 的方向与旋转的方向相同,故电动机处于电动运行状态,工作于第一象限。氧枪下降时氧枪属重载,在该重载的作用下,电动机转速要高于电动机的同步转速。即重物的力矩拉着电动机转,而电动机的电磁转矩方向与旋转方向相反,因此电动机处于回馈制动状态,工作于第四象限。

3.3.5.2 转炉倾动负载特性及电动机运转状态分析

转炉倾动方式为全悬挂四点啮合柔性传动,原设计最大倾动力矩为 850 kN·m,倾动速度为 0.1~1 r/min,倾动角度为正反 360°,减速比为 1:802.3。

根据工艺要求,转炉的倾动角度为正反 360°。转炉炉口和炉底方向轴线与地平面垂直时为零位状态,故炉子倾动负载力矩为角度的函数,即 $T_{fz} = f(\theta)$,属于反阻性的位能负载。

另外,典型设计中,转炉按正力矩设计,即炉子耳轴下部比上部高,下部比上部重,从而确保转炉电控系统失灵或制动力不够时,能靠炉体自身的正力矩来确保炉口向上,这样不至于发生倒钢等事故。但当为修炉拆除炉底后以及炉口粘钢渣太多(达到或超过 8 t)时,炉体可能出现上部较下部重,由于液体钢水重心随转炉的变化而变化,这样在修炉和出渣或出钢时,可能出现负力矩。当炉体处于正力矩状态时,电动机处于电动运行状态,炉体处于负力矩状态时,电动机处于回馈制动状态,电动机的机械特性和负载特性如图 3-34 所示。

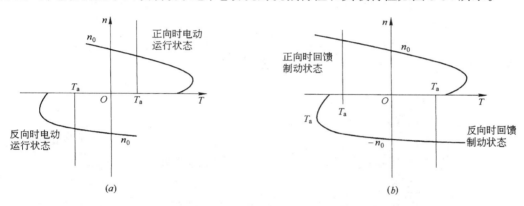

图 3-34 电动机的机械特性和负载特性

3.3.6 变频调速用于转炉倾动和氧枪升降负载的可行性分析

3.3.6.1 变频调速的原理及机械特性

由于异步电动机的同步转速 n_1 与电源频率成正比,所以改变电源频率就能改变同步转速 n_1,从而实现调速,这就是变频调速 $\Phi_m E$ 在电动机调速时,一个重要的因素是希望保持每极磁通量 Φ_m 为不变的额定值。磁通太弱没有充分利用电动机的铁芯,是一种浪费;磁通太强,又会使铁芯饱和,从而导致过大的励磁电流,严重时会因绕组过热而损坏电动机。对于直流电动机,励磁系统是独立的,只要对电枢反应的补偿合适,保持 Φ_m 不变是容易做到的。在交流异步电机中,磁通是由定子和转子磁动势合成产生的,怎样才能保持磁通恒定呢?

我们知道,异步电动机电动势方程为

$$E_1 = 4.44 f_1 N_1 K_{W1} \Phi_m$$

因为电压 $\dot{U}_1 = \dot{E}_1 + \dot{I} Z_1$ 如果忽略定子压降,则上式可近似表示为

$$E_1 = 4.44 f_1 N_1 K_{W1} \Phi_m \approx U_1$$

所以 $$\Phi_m = C_1 U_1 / f_1$$

式中　E_1——定子每相感应电动势的有效值；

　　f_1——定子频率；

　　N_1——定子每相绕组串联匝数；

　　K_{W1}——基波绕组系数；

　　Φ_m——每极气隙磁通量；

　　C_1——常数，$C_1 = 1/(4.44 K_{W1} N_1)$。

由 Φ_m 的表达式可见，要保持电动机磁通恒定，必须使定子电压随定子频率成正比变化。即 $U_1/f_1 = U_{1'}/f_{1'}$，这种 U_1 与 f_1 的配合变化称为恒磁通变频调速中的协调控制。根据 U_1/f_1 协调控制的方式不同，可以得到不同的调速特性。

3.3.6.2　基频以下调速

A　恒电压频率比调速

由电动机的电磁转矩公式 $T = C_m \Phi_m I'_2 \cos\Phi_2$ 可知，T 与 Φ_m，I'_2 成正比，要保持 T 不变，则必须使 Φ_m 不变，即要 U_1 与 f_1 成正比变化。

$$\frac{U_1}{f_1} = \frac{U_{1N}}{f_{1N}} = 常数$$

带下标 N 的表示额定频率时的相应数值。

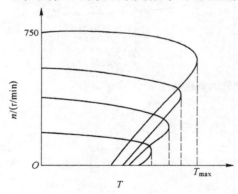

图 3-35　$U_1/f_1 =$ 常数时的变频调速机械特性

这是恒电压频率比的协调控制方式（简称恒压频比），其机械特性曲线簇（以某一台 8 极电动机为例）如图 3-35 所示。由图可见，从同步转速（$T = 0$）到最大转矩（T_{max}）的特性可近似看作是线性关系，且线性段基本平行，类似于直流电动机的调压特性。但最大转矩 T_{max} 却随 f_1 下降而减少，这是因为 f_1 高时，U_1 和 E_1 数值都较大，定子阻抗压降的比例很小，所以 $U_1 \approx E_1$；而 f_1 低时，U_1 和 E_1 数值都较小，定子阻抗压降所占的份量就比较显著，不能再忽略了。E_1 与 U_1 相差较大，E_1 小于 U_1 很多，所以 Φ_m 小很多，T_{max} 就很小。这对于满载或过载起动是很不利的，而对于风机、水泵类机械负载还是合适的。

B　恒最大转矩调速

用 $U_1/f_1 =$ 常数协调控制，在低速时最大转矩 T_{max} 减小，降低了起动与过载能力。低速时，为了保持 T_m 不变、提高起动能力，就必须采用

定子电动势/定子频率 = 常数

的协调控制。如前所述，因为低频时，U_1 和 E_1 都较小，定子阻抗压降的分量就比较显著，不能忽略。这时随转速的降低，定子电压应适当提高，以近似补偿定子阻抗引起的压降，从而保证电动机具有恒最大转矩 T_{max}。这时电动机的机械特性如图 3-36 所示。恒压频比控

制特性和恒电动势频率比控制特性如图 3-37 所示。

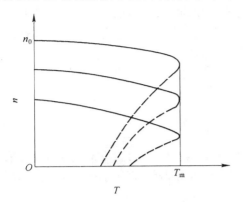

图 3-36 恒最大转矩调速电动机机械特性

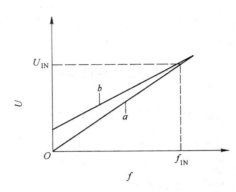

图 3-37 恒压频比控制特性和恒电动势
频率比电动机机械特性

3.3.6.3 基频以上调速(恒功率调速)

有时为了扩大调速范围,可以使 $f_1 > f_{1N}$,从而得到 $n > n_N$ 的调速。但是定子电压 U_1 却不能增加得比额定电压 U_{1N} 还要大,最多只能保持 $U_1 = U_{1N}$。由式 $\Phi_m = C_1(U_{1N}/f_{1N})$ 可知,这将迫使磁通与频率成反比地降低,相当于直流电动机弱磁升速的情况。弱磁后额定电流时的转矩减小,特性也变软,则可得到近似恒功率的调速特性,如图 3-38 中 $f_N = 50\,\text{Hz}$ 以上的特性。

把基频以下调速和基频以上调速两种情况结合起来,可得调速的机械特性图 3-39 所示的异步电动机变频调速控制特性和图 3-38 所示的异步电动机变频调速的机械特性。如果电动机在不同转速下都不超过额定电流,则电动机都能在温升允许条件下长期运行,这时转矩基本上随磁通变化。按照电气传动原理,在基频以下属于"恒转矩调速",而在基频以上,基本上属于"恒功率调速"。

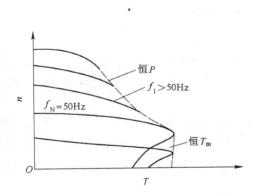

图 3-38 异步电动机变频调速的机械特性

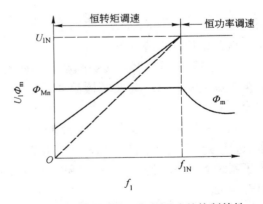

图 3-39 异步电动机变频调速的控制特性

由于转炉倾动和氧枪属重载起动或满载起动负载,故要求电动机在起动时要有足够大的起动转矩和足够大的过载能力。通过以上分析可知,采用恒磁通变频调速,在低频时(低速时)可通过人为地提高电压来保证电动机具有最大恒转矩调速特性,因而可以满足重载起动负载要求。另外,由于氧枪和转炉倾动均属于位能负载,故有发电制动工作状态。而变频器可通过另加一反向逆变桥或加一"过压保护放电电阻"提供这种"回馈"通路。

从上述分析还可看出,变频调速可得到几乎与直流电动机调压调速相同"硬度"的机械特性。这种变频调速传动系统具备用于转炉倾动和氧枪升降这种位能负载上的可能性。但目前国内大型转炉的倾动传动仍采用直流电动机调速系统。

3.3.7 交流传动系统转炉倾动控制

3.3.7.1 倾动系统四拖四控制方式

以马鞍山设计研究院设计的典型 120 t 转炉为例,倾动为四台 132 kW 交流电机,采用交流矢量变频器,总线通信。为实现控制要求,采用四台变频器传动四台电机方案。其与氧枪的电控系统如图 3-40 所示。

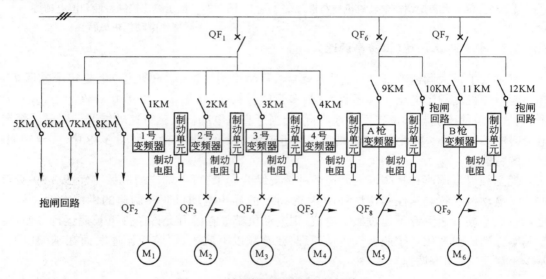

图 3-40　转炉倾动四拖四电控系统图

该系统传动系统的特点:

(1) 完全矢量控制。转炉倾动采用四台变频驱动 4 台电机方案,主从协调,同步出力,完全矢量控制。当一套变频器故障,可正常工作,两套变频器故障可将炉倾至 0 位,保证安全。

(2) 变频器过载能力大。4 台 132 kW 电机额定电流约 1040 A,按照 2 倍过载 60 s 要求,选用 4 台额定电流 510A,60 s 过载能力 1.36 倍的变频器,694A×4 可以满足工艺要求。为了系统有足够的制动力,制动单元和制动电阻也选择了本级别最大规格,短时功率 170 kW×4(20 s)。

(3) 模拟给定综合输出。根据变频器没有专用主从驱动网络的实际情况,选择利用模拟量输入、输出口作为连接纽带,这种方案是变频器间的直接连接。其实时性要好于 PLC 控制网的分别连接。通过变频器软件的设置,可以简单方便地完成多电机同步驱动,如图 3-41 所示。

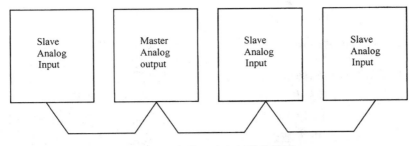

图 3-41 主从驱动变频器连接图

（4）直流母线方式。交-交变频中,亦可使用直流母线,整流部分采用整流器统一供电,逆变部分采用一对一的方式,四台逆变器甚至更多逆变器均挂在直流母线上。

3.3.7.2 倾动系统一拖四控制方式

以河北冶金设计研究院设计的典型 40 t 转炉为例,转炉倾动为四台 37 kW 交流电机,采用交流矢量变频器一拖四控制方式。其与氧枪的电控系统如图 3-42 所示。

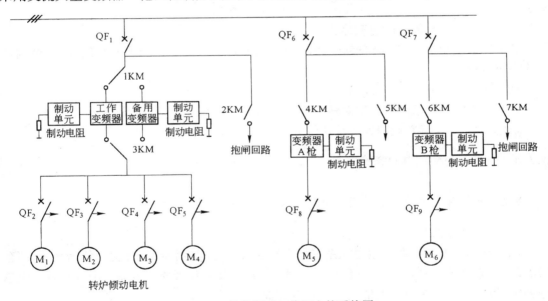

图 3-42 转炉倾动一拖四电控系统图

该传动系统的特点如下:

（1）备用系统完全独立。转炉倾动按照要求采用一台变频驱动 4 台电机方案,同时用相同的变频器再配置一套完全独立的系统,可以使用任意一套变频器完成转炉倾动。一套变频器故障,可以快速切换到另一套变频器系统。

（2）变频器过载能力大。4 台 37 kW 电机额定电流约 300 A,按照 2 倍过载 60 s 要求,例如选用额定电流 510 A,60 s 过载能力 1.36 倍的西门子变频器,6E7035-1EK60 60 s 过载电流为 693A 可以满足工艺要求。为了系统有足够的制动力,制动单元和制动电阻也选择了本级别最大规格,短时功率 170 kW（20 s）超过了电机的额定功率。

（3）维护应用简单。此方案适用于中小型转炉,大型转炉因为倾动电机功率过大,传输电缆及变频器的选择都成问题。

3.3.7.3　倾动系统的联锁控制

一般,转炉倾动要求在两地或三地操作,并要求无极调速,如果采用 PLC 控制,则将多地的操作指令和速度指令都先传到 PLC 由 PLC 作综合处理,将正确的操作指令和速度指令到变频器,变频器将按照 PLC 发出的操作指令和速度指令工作,倾动系统供电操作及显示由工作站完成,使该系统更为准确可靠。如果采用常规电气控制,也要保证其基本联锁。

(1) 多地操作时,如在炉前、炉后及中控室分别分设转炉倾动操作台时,首先考虑优先级问题,一般为中控室优先,由其选择哪处操作。

(2) 转炉倾动角度为 360°,尤其是配有底吹系统,为确保转炉生产安全,倾动电机的操作制度为:转炉正常冶炼时,驱动减速机倾动转炉最快以 0.8 r/min 的速度做 ±360°旋转。

(3) 活动烟罩不在上限位转炉不可倾动。

(4) 氧枪处于待吹点以下转炉不可倾动。

(5) 倾动润滑系统不正常运转时转炉不可倾动,润滑系统故障时可由人工确认后解除联锁。

(6) 转炉倾动至零位时自动停止。

(7) 转炉倾动至 ±120°时自动停止。因为此位是钢水由炉口到出的角度,故应经确认后方可继续倾炉。

(8) 转炉供电系统不正常时转炉不可倾动。

(9) 转炉冷却水系统不正常时转炉不可倾动。

(10) 炉下加料旋转流槽处于等待位方可倾动。

3.3.8　交流传动系统中的氧枪控制

3.3.8.1　不带配重氧枪系统传动系统控制

A　氧枪系统控制设备

以 120 t 转炉为例,其氧枪电控系统如图 3-40 及图 3-42 所示,两套独立传动系统,两台 110 kW 交流电机,一用一备。其优点是:两枪独立,传动系统及电机互备,一旦故障,可以迅速换枪,但此方案须考虑停电情况下的故障提枪。

设备配置如下:每枪 1 台 110 kW 电机额定电流约 210 A,能耗制动,按照 1.8 倍过载要求,选用额定电流 370 A,60 s 过载能力 1.36 倍的、60 s 过载电流为 503A 矢量变频器可以满足工艺要求。为了系统有足够的制动力,制动单元和制动电阻也选择本级最大规格。

B　位置控制

(1) 氧枪的位置极限开关。氧枪电机轴头设位置极限开关,对上极限、下极限、等候点作硬件保护,光电码盘信号作辅助保护。其他位置,由光电码盘信号完成。当事故提枪时,以等候点信号停枪。

(2) 氧枪动枪位置的控制。氧枪电控系统在氧枪电机卷筒设光电码盘做位置反馈信号。如采用 PLC 控制,则由 PLC 中的氧枪动枪曲线计算控制变频调速,位置闭环可以直接在 PLC 中完成,控制变频动枪,也可由变频器自身完成。为进一步安全起见,同时设计脱离

PLC,安全保护下的手动控制。

C 事故提枪

为保证无配重氧枪在事故状态下的设备及人身安全,一般设置三种事故提枪方式。

(1)自动事故提枪。在发生冷却水和氧气的流量压力等条件,不能满足要求时,由氧枪传动系统供电,PLC控制自动提枪到等候点。

(2)手动事故提枪。在发生意外事故时,由操作人员通过操作事故开关提枪,手动提枪控制不经 PLC 及通讯网,直接操作变频设备,将枪提到安全点位置。

(3)停电事故提枪。无配重氧枪必须动力方可动枪,故氧枪系统须引一路备用电源作保安电源。如交流控制电源突然停电,为避免烧毁氧枪,可立即用旁路保安电源将它们提出炉外。保安电源一般采用大型 UPS 及 EPS 电源,并按变频器供电上限考虑。

3.3.8.2 带配重氧枪系统传动系统控制

氧枪系统控制设备特点

以某一钢厂转炉为例,两套氧枪,供氧供水系统独立,一用一备,传动系统为一套,因为有配重,一台 15 kW 交流电机即可拖动。其优点是:电气设备容量较小,投资减小,一旦停电故障,可以迅速打开抱闸,将它们提出炉外,不用另加电源。但此方案传动系统及电机无备用,一旦电气设备故障,处理时间较长。

3.4 变频器在泵类负载与风机中的应用

转炉中水处理泵类负载和风机是目前转炉电气传动中最常用的设备,虽然泵类和风机的特性多种多样,但是主要以离心泵和离心机应用为主,这两种设备的工作特性基本相同。所以下面的特性分析主要以泵特性为主,利用通用变频器对泵进行控制,主要通过对其流量的控制而有效地节能,这是通用变频器在冶金工业中最广泛的一种应用。

3.4.1 泵的特性分析与节能原理

泵是一种平方转矩负载,其转速 n 与流量 Q,扬程 H 及泵的轴功率 N 的关系如下式所示

$$Q_1 = Q_2(n_1/n_2) \quad H_1 = H_2(n_1/n_2)^2 \quad N_1 = N_2(n_1/n_2)^3 \tag{3-16}$$

上式表明,泵的流量与其转速成正比,泵的扬程与其转速的平方成正比,泵的轴功率与其转速的立方成正比。当电动机驱动泵时,电动机的轴功率 $P(kW)$ 可按下式计算

$$P = (\rho Q H / \eta_c \eta_F) \times 10^{-2} \tag{3-17}$$

式中　H——全扬程,m;

ρ——液体的密度,kg/m³;

η_c——传动装置效率;

η_F——泵的效率。

图 3-43 是泵的流量 Q 与扬程 H 的关系曲线。图中,曲线(1)为泵在转速 n_1 下扬程-流量(H-Q)的特性;曲线(5)为泵在转速 n_2 下扬程-流量(H-Q)的特性;曲线(2)为泵在转速 n_1 下功率-流量(P-Q)的特性;曲线(3)、(4)为管阻特性。

假设泵在标准工作点 A 点效率最高,输出流量 Q 为 100%,此时轴功率 P_1 与 Q_1,H_1 的乘积面积 AH_1OQ_1 成正比。根据生产工艺要求,当流量需从 Q_1 减小到 Q_2 时,如果采用调节阀门方法(相当于增加管网阻力),使管阻特性从曲线(3)变到曲线(4),系统由原来的标准工作点 A 变到新的工作点 B 运行。此时,泵扬程增加,轴功率 P_2 与面积 BH_2OQ_2 成正比。如果采用变频器控制方式,泵转速由 n_1 降到 n_2,在满足同样流量 Q_2 的情况下,泵扬程 H_3 大幅降低,轴功率 P_3 与面积 CH_3OQ_2 成正比。轴功率 P_3 和 P_1,P_2 相比较,将显著减少,节省的功率损耗 ΔP 与面积 BH_2H_3C 成正比,节省的效果是十分明显的。

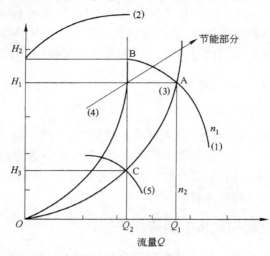

图 3-43　泵的扬程-流量曲线

3.4.2　变频器恒压供水系统

恒压供水是指用户端不管用水量大小,总保持管网中水压基本恒定,这样,即可满足各部位的用户对水的需求,又不使电动机空转,造成电能的浪费。为实现上述目标,需要变频器根据给定压力信号和反馈压力信号,调节水泵转速,从而达到控制管网中水压恒定的目的。变频器恒压供水系统如图 3-44 所示。下面以一用一备变频器恒压供水系统为例,说明变频器在泵类的应用。

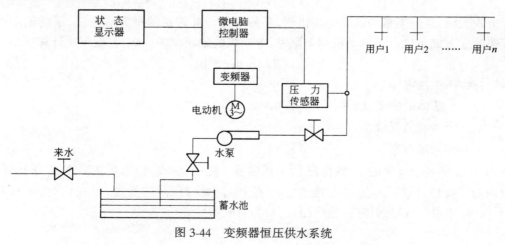

图 3-44　变频器恒压供水系统

3.4.2.1 系统主电路

一用一备变频器恒压供水系统就是一台水泵供水、另一台水泵备用,当供水泵出现故障或需要定期检修时,备用泵马上投入,不使供水中断。两台水泵均为变频器驱动,并且当变频器出现故障时,可自动实现变频/工频切换。主电路图如图 3-45 所示。图中,M_1 为主泵电动机;M_2 为备用泵电动机;QF 为低压断路器;KM_0,KM_1,KM_2,KM_3,KM_4 为接触器;FR_1,FR_2 为热继电器。

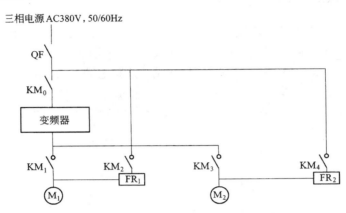

图 3-45 一用一备变频器恒压供水系统主电路图

3.4.2.2 控制系统结构

该系统主要由变频器和可编程序控制器(PLC)组成。该系统可实现的功能如下:

(1) 该系统为一用一备、变频/工频自动转换的恒压供水系统,通过拨码开关设定开关量输出 RL_1 和 RL_2 控制主泵电动机和备用泵电动机,实现自动切换;

(2) 压力给定和压力反馈补偿通过电位器 R_1 和 R_2 实现;

(3) 可编程序控制器根据给定压力和反馈压力的大小,输出相应的 $0\sim5V$ 电压信号给变频器,变频器依据输入电压信号的大小,控制水泵进行调速运行;

(4) PLC 给变频器起动信号和接收变频器故障报警信号;

(5) 控制系统的给定压力、实际压力和系统的工作状态通过显示面板进行显示;

(6) 可编程序控制器自动检测水池中的水位,使变频器控制水泵电动机在无水后自动停机,有水后自动起动;

(7) 具有电动机过电流、过电压、过载、欠电压等故障保护功能。

3.4.2.3 变频器功能设定

变频器通电后,根据系统的工艺情况,即可进行变频器的功能设定:

(1) 最大频率:50 Hz;

(2) 最小频率:0 Hz;

(3) 基本频率:50 Hz;

(4) 额定电压:380 V;

（5）加速时间：15 s；

（6）减速时间：15 s；

（7）电子热保护：105%；

（8）转矩限制：150%；

（9）转矩矢量控制：不动作。

其他功能按照不同变频器厂家要求设定。

3.4.3　中压变频器在转炉一次除尘风机中的应用

转炉一次除尘风机是转炉炼钢设备的核心设备，不同吨位的炉子因除尘量的不同，其电机的选择功率的大小不同，因其功率超大，一般转炉所采用的一次除尘风机均采用中压，为1000 V 至 6000 V 不等。以 150 t 转炉为例，其风机所配电机为 2500 kW/6000 V。260 t 转炉风机所配电机一般为 3600 kW/6000 V。转炉一次风机的工作特性为间断式工作制，即在吹炼期间风机采用高速运行，其他时间为低速运行。其运行曲线如图 3-46 所示。

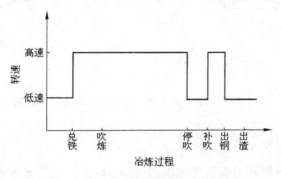

图 3-46　转炉一次除尘风机工作时序图

为了节约电能，必须进行风机的调速控制，传统的做法是采用液力耦合的方式克服风机强大的惯性，将如此重载的风机在一定时间内（一般为 20 s）调低或调高。此种调速方法的优点是一次投入较低。缺点是不能迅速调速，故在一般情况下一炉钢冶炼周期炉只调速一次，风机无效运行时间较多，节电效果不佳。

3.4.3.1　中压变频器调速原理及与使用液力耦合调速系统的比较

A　中压变频器的调速原理

中压变频器的原理与低压变频器的原理是相同的，即通过改变其定子磁场的频率实现对速度的控制。异步电动机的同步转速，即旋转磁场的速度为

$$n_1 = 60 f_1 / N\rho$$

式中　　n_1——同步转速，r/min；

　　　　f_1——定子频率，Hz；

　　　　$N\rho$——磁极对数。

而异步电动机的轴转速为

$$n = n_1(1-s) = 60 f_1 (1-s) / n$$

式中　　s——异步电动机的转差率，$s = (n_1 - n)/n_1$。

改变异步电机的供电频率,可以改变其同步转速,实现调速运行。对异步电机调速控制时,希望电动机的主磁通保持额定值不变。因而与低压电机的调速相同,实现异步电动机的调速方式有以下两种:一种是基频以下的恒磁通变频调速,属于恒转矩调速方式。另一种是基频以上的弱磁变频调速,属于近似的恒功率调速。

中压变频器(与电网电压比较为中压)根据高压组成方式,可分为直接高压型和高-低-高型;根据有无中间直流环节,可分为交-交变频器和交-直-交变频器。在交-直-交变频器中,按中间直流滤波环节的不同,可以分为电压源型(也称电压型)和电流原型(也称电流型)。高-低-高型变频器采用变压器实行输入降压,输出升压的方式,其实质仍是低压变频器,只是从电网和电动机两端来看是高压的,是受到功率器件电压等级技术条件的限制而采取的变通办法,需配输入、输出变压器,存在中间低压环节电流大,效率低,可靠性下降,占地面积大等缺点。直接电压交-直-交变频器直接输出高压,无需输出变压器,效率高,输出频率范围宽,应用较为广泛。

一般除尘风机采用直接高压交-直-交电流源型中压变频器,采用大电感作为中间直流滤波环节,整流电路采用 SCR 晶闸管作为功率器件,逆变部分采用 SGCT 功率器件,由于存在大的平波电抗器和快速电流调节器,过流保护比较容易,当逆变侧出现短路故障时,由于电抗器存在,电流不会突变,而电流调节器则会迅速响应,使整流电路晶闸管的触发延迟迅速后移,电流能控制在安全范围内。电流源变频器的一大优点是能量可以回馈电网,系统可以四象限运行,虽然直流环节电流的方向不能改变,但整流电压可以反向(当整流电路工作在有源逆变状态时),能量可以回馈电网。

B 中压变频调速系统与液力耦合调速系统的比较

液力耦合器调速系统的工作原理 液力耦合器以液体为介质传递功率,液力耦合器相当于离心泵和涡轮机的组合,当动力机通过输入轴带动泵轮转动时,充注在工作腔中的工作液体在离心力作用下,沿泵轮叶片流道向外缘流动,使液体的动量矩增大。当工作液体由泵轮冲向对面的涡轮时,工作液体便沿涡轮叶片流道做向心流动,同时释放能量并将其转化为机械能,驱动涡轮旋转并带动工作机做功,靠着液体的传动使动力机和工作机柔性地联接在一起。改变液力耦合器工作腔的充满度,便可以调节输出力矩和输出转速,充满度升高则输出转速升高,反之则降低,实现调速功能。风机的风量与转速成正比,轴功率与转速立方成正比。当系统所需用量减少时,可通过降低液力耦合器工作腔的充满度来降低风机转速。图 3-47 为调速型液力耦合器图。

液力耦合器调速系统的工作特点及缺点 液力耦合器调速系统的工作特点及缺点为:

(1) 在液力耦合器输入转速不变的情况下,可以输出无级连续变化的,且变化范围很宽的转速,但其调速不明显。

(2) 必须空载起动,电机起动时对电网的冲击较大。

(3) 由于液力耦合器是柔性传动,因而起动时间长,在用于一次风机调速时,不能根据补吹的情况多次调速,节能效果较差。

中压变频调速系统的优点 中压变频调速系统,尤其是电流型变频器,比较液力耦合器调速系统具有相当大的优势。

(1) 输入、输出波形好,逆变时无 dv/dt 及 di/dt 的产生,对电网的冲击及破坏影响极小。

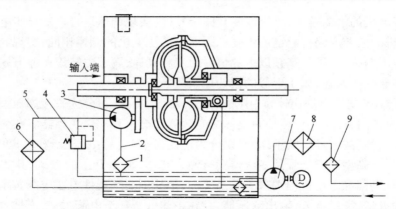

图 3-47　调速型液力耦合器图解

1—粗滤器；2—吸油管；3—供油泵；4—安全阀；5—出油管；6—冷却器；7—辅助油泵；8—冷却器；9—精滤器

（2）其固有的能量回馈能力，可以利用再生制动快速降低电机转速，可频繁快速调速，用于转炉一次风机可以适应冶炼工艺要求频繁调速。

（3）使用简单变频器的状态，输入输出变量，自诊断及其他功能均可方便根据供电部门情况方便修改。

（4）由其工作原理可知，其节能效果好。

3.4.3.2　转炉一次风机中压变频调速系统的配置

该系统一般由三大部分组成：中压变频器、隔离变压器、隔离开关柜。图 3-48 是其结构的单线图。

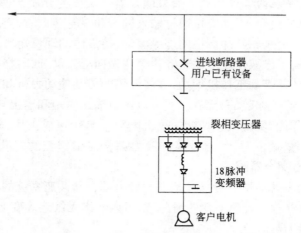

图 3-48　转炉一次风机中压变频系统单线图

A　中压变频器

一般配置为：10 kV 高压电源，通过 18 脉冲裂相变压器，送入变频器，经由 18 个晶闸管（SCK）组成的整流回路，将进线三相 10 kV 交流变换为直流，再经直流电抗器到达逆变回路。逆变回路由 6 组对称门极转换晶闸管（SGCT）大功率元件组成，以脉宽调试方式，将几乎完美的正弦电流电压波形送给电机，根据负荷，速度给定的大小，来调整电压及频率，实现节能的目的。图 3-49 为 18 脉冲交流变频器原理图。

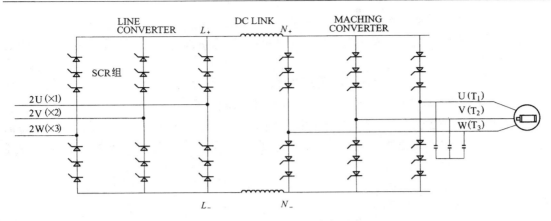

图 3-49　18 脉冲交流变频器

B　隔离变压器

隔离变压器为 10 kV 输入,6 kV 输出,18 脉裂相,可以选择室内干式变压器,也可以配置室外油浸式变压器。

C　系统的备用

由于变频器是通过直轴传动,故也存在着一定风险,如果一台风机中压变频出现大的故障,在没有备用的情况下,就可能延误生产。一般的解决方式为两种:一种是备用一套风机并携有中压变频器,另一种则是增加一台中压变频器,使变频部分备用。以某厂有两台风机为例,如图 3-50 所示,图中 1 号、2 号电机,分别对应 1 号、2 号变频器,一旦有变频器发生故障,则备用的 3 号变频器可以方便地切换到 1 号、2 号电机的任意一台。

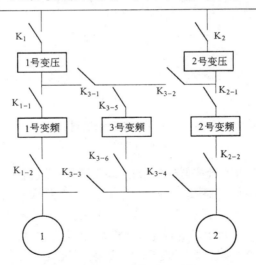

图 3-50　转炉一次除尘风机备用系统图

3.4.3.3　转炉一次风机中压变频调速系统的应用实例

A　应用分析

2005 年 4 月,鞍钢二炼钢厂风机变频器全部采用美国 AB 公司生产的中压变频器调速,

实现了节能降耗的目标,产生了很大的经济效益。其节能的原理根据风机的特性分析如下:

风机是一种平方转矩负载,其转速 n 与风量 Q、压力 p、转矩 T 及风机的轴功率 P 的关系如下式所示

$$Q \propto n \quad p \propto T \propto n^2 \quad P \propto Tn \propto n^3$$

式中,n 为转速;Q 为风量;p 为压力;T 为转矩;P 为轴功率。

上式表明,风机的风量与其转速成正比,风机的压力与其转速的平方成正比,风机的轴功率与其转速的立方成正比。当电动机驱动风机时,电动机的轴功率 $P(\mathrm{kW})$ 可按下式计算

$$P = 10Qp - \frac{3}{\eta_c \eta_b}$$

式中　Q——风量,$\mathrm{m^3/s}$;

$\quad\ p$——压力,Pa;

$\quad \eta_b$——风机的效率;

$\quad \eta_c$——传动装置效率,直接传动时为 1。

由上式我们可以做出变频调速控制时的特性曲线图如图 3-51 所示。

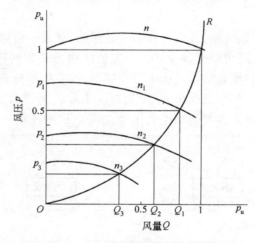

图 3-51　变频调速控制的特性曲线

p_u—标幺值

由此特性曲线可以看出风机在低速时节电非常显著。风机变频器的投运,克服了风机在运行中存在的性能调节差,能耗高,效益较低,维护工作量大等难题。由于转炉一次风机的工作特性为间断式工作制,风机有几乎一半的时间处于低速等待状态,因原液力耦合器调速系统调速慢,3 台机组经常处于高速状态,电机恒速转动,大量能量白白消耗,同时,因科技含量低、设备运行可靠性不高,日常维护量大,影响了机组的安全稳定运行。

经过变频改造,通过变频器调节电机速度来控制风机的吸风量,通过改变风机的转速直接调节吸风机的风量,节流损耗可以降到零,变频调速作为一种先进的节能技术,实施后降耗 40% 以上。

例如 1 号炉风机参数如下:

电机:$P = 2500\ \mathrm{kW}$,$U_e = 6000\ \mathrm{V}$

定子电流:93.4A 以上,额定转速 1400 r/min

变频器采用 AB–ROCKWELL POWER FLEX 7000

装置输入频率:50 Hz

输入电压:6000 V

输出频率:0~75 Hz

输出电流:130 A

输出电压:6000 V

输出功率:2600 kW

输出谐波分量:小于1%,效率大于98%(满负荷,满速度)

B 变频器投运后对机组运行的影响

(1)因投入变频器后原风道取消挡板,所以风道挡板压流损失减少到零。

(2)由于变频器非常平滑稳定的调整风量,通过自动或手动方式调整高频器的运行频率,运行人员可以更为自如的调控风机转速,使自动化程度大大提高。

(3)投入变频器后,大大改善了风机自动控制系统的工作状况,使自动装置的可靠性大大提高。

(4)电机的容量为2500 kW,比风机额定出力要大,这部分多出的容量不能有效利用,投入变频器后利用变频器可以超速的能力和功能,在不超出电动机额定出力的情况下,使风速超速2.5%,因而在机组满负荷时使风机风压显著提高,状况明显得以改善。

(5)减少了电动机起动时的起动电流,因此减轻了起动机械转矩对电动机机械损伤,有效地延长了电动机的使用寿命。

C 根据实测数据估算节能状况

一般情况下机组年运行时间7000 h,按节电率10%估算,则年节电

$$2 \times 2500 \times 10\% \times 7000 = 350 \text{ 万 kW·h}$$

第4章 转炉炼钢控制的基础自动化

4.1 基础自动化的控制范围

转炉炼钢是一种不需外加热源、主要以液态生铁为原料的炼钢方法。其主要特点是靠转炉内液态生铁的物理热和生铁内各组成成分,如碳、锰、硅、磷等与送入炉内的氧气进行化学反应所产生的热量作冶炼热源来炼钢。

转炉炼钢原料除铁水外,还有造渣料(石灰、石英、萤石等);为了调整温度,还可加入废钢以及少量的冷生铁和矿石等。转炉按炉衬耐火材料性质分为碱性(用镁砂或白云为内衬)和酸性(用硅质材料为内衬);按气体吹入炉内的方式分为底吹和顶吹;酸性转炉不能去除生铁中的硫和磷,须用优质生铁,因而应用范围受到限制。碱性转炉适于用高磷生铁炼钢,曾在西欧获得较大发展。空气吹炼的转炉钢,因其含氮量高,且所用的原料有局限性,又不能多配废钢,未在世界范围内得到推广。

1952年氧气顶吹转炉问世,现在已经成为世界上的主要炼钢方法。在氧气顶吹转炉炼钢法的基础上,为吹炼高磷生铁,又出现了喷吹石灰粉的氧气顶吹转炉炼钢法。随氧气底吹的风嘴技术的发展成功,1967年德国和法国分别建成氧气底吹转炉。

1971年美国引进此项技术后又发展了底吹氧气喷石灰粉转炉,用于吹炼含磷生铁。

1975年法国和卢森堡又开发成功顶底复合吹炼的转炉炼钢法。转炉基础自动化控制范围的工艺流程图如图4-1所示,是从转炉原材料供应,散装料上料及添加直到出钢完成为

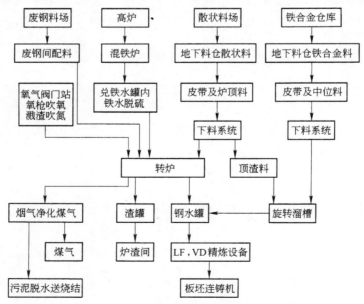

图4-1 转炉基础自动化控制范围工艺流程图

止炼钢生产全过程的自动化控制。主要包括对氧枪、副枪、副原料、高位料仓皮带上料、顶吹、底吹、煤气回收、余热锅炉等子系统进行检测和控制,并可以集中监视和操作。完成的功能是,在各操作室对工艺过程进行顺序控制、连续控制、批量控制、监测及过程控制、数据采集和处理、与调度室监控站通讯、故障报警及打印记录。

基础自动化级,是转炉炼钢三级自动化控制设备的基础,通过完善的控制软件,应用计算机通讯、优化的静态模型和动态模型、顶底复吹、快速副枪测试和溅渣补炉等技术,实现转炉炼钢从吹炼条件、吹炼过程控制,直至终点前动态预测和调整,吹制设定的终点目标自动提枪的全程计算机控制,实现转炉炼钢终点成分和温度达到双命中,做到快速出钢,提高钢水质量,提高劳动生产率,降低成本。

4.2 转炉氧枪系统

转炉氧枪系统包括:氧枪的供氧系统、氧枪冷却水系统、氧枪氮封阀、氧枪升降位置控制和主备枪换枪的横移控制。

4.2.1 转炉氧枪供水系统

转炉吹炼过程中,氧枪要下降到环境恶劣的转炉内,它不仅要受到钢水、炉气和炉渣的高温辐射作用,还要经受钢液和炉渣对氧枪的冲刷和粘结,所以氧枪枪体必须通过高压循环冷却水进行冷却。

由于氧枪长时间工作,枪头部位会受到不同程度的浸蚀,时常发生冷却水泄漏到炉内的现象。小流量的渗漏,瞬间就能汽化掉,对安全生产构不成威胁。但大流量泄漏时,大量冷却水遇到高温,变成过热蒸汽,受炉内空间限制,高温蒸汽产生巨大的冲击力,会对炉衬、炉体造成不同程度的损坏。这就需要控制系统具有有效的漏水检测和安全连锁控制。因此,氧枪水系统监控程序具有如下功能:

(1)氧枪漏水自动监测,轻度漏水预警提示。

(2)结合转炉炼钢生产工艺,氧枪漏水重度报警时将氧枪提到氮封口以上,同时关闭工作氧枪进水阀门,延时 3 s 再关出水阀门;为杜绝因氧枪漏水、摇炉发生转炉爆炸事故,在重度漏水提枪的瞬间切断转炉倾动控制回路;当漏水事故处理完毕,待水分全部汽化蒸发后,生产主管调度下达恢复生产命令时,方可清报警、接通零位控制器回路,对转炉进行操作。氧枪供水系统程序,对氧枪冷却水进水压力,流量检测、显示报警;氧枪冷却水出水压力,流量的检测、显示、报警;氧枪冷却水进水温度的检测,显示、报警;氧枪冷却水进出水流量差的检测,显示、报警。

(3)氧枪冷却水进、回水压力检测,低于报警设定值时,报警显示、氧枪自动提到等候点。

(4)氧枪冷却水进水流量检测,低于报警设定值时,报警显示、氧枪自动提到等候点。

(5)氧枪出水温度检测,高于报警设定值时,报警显示、氧枪自动提到等候点。

(6)氧枪冷却水进出水流量差(进水流量－出水流量)检测,高于报警设定值时,报警显示、氧枪自动提到等候点。

4.2.2　转炉氧枪供氧系统

氧气压力和供氧流量是直接影响转炉炼钢产量、质量、炉龄和能耗的主要参数,必须同时稳定地控制氧气压力和流量,才能满足转炉冶炼工艺的要求。氧气顶吹转炉供氧用的水冷喷枪。其主要构件包括枪尾、枪身和枪头。枪尾有适当接头与氧气管道和进出冷却水管道相连,有分隔开的氧气和水的内通道,三个固定同心管。允许内管做一些垂直伸缩。外管固定于枪尾和枪头上。

供氧系统自动控制,一般采用两级减压控制方式,第一级减压由压力调节阀完成,第二级减压是通过流量调节阀实现的。因此,供氧系统的基础级控制共有总管一次压力调节和氧气流量调节两个控制回路。

由于每座转炉的冶炼周期和生产时间不同,必然使总管氧气压力波动。为保证在吹炼过程中保持稳定的氧压和氧量,就应该调节总管压力并保持总管压力恒定。氧压一次调节,是将阀后氧压力信号经压力变送器送至 PLC,通过程序 PI 模拟调节器来调节阀的开度,使阀后压力稳定在工艺要求的范围内,为减少因开吹时阀门开度突然开大造成大的扰动,程序中采用了无扰动切换控制,即在开吹后先将调节阀设定在规定的开度,开阀稳定后再投入压力自动调节。计算的规定开度根据吹氧量设定值和氧气罐压力等参数来计算的。

氧气流量控制就是对流量调节阀的开度实施 PID 调节。氧流量检测通常采用孔板和差压变送器。为了提高流量检测精度,必须进行温压补正。孔板的差压信号、由铂电阻测量的温度信号和来自压力变送器的压力信号输入到 PLC,按补正计算公式算出流量的实际值,对此流量进行累计就得出氧耗量。补正后的氧气流量、氧气累计值均在 HMI 画面上实时显示。

氧气切断阀门分三层,总管两个 O 形切断阀、支管两个 O 形切断阀。这两层切断阀设在氧气管路的源头,除检修停炉外很少关闭。O 形阀门是双电控电磁阀,动作较慢但运行稳定可靠,断电后仍保持断电前开关状态。双电控阀的控制程序框图如图 4-2 所示。接近氧枪喷头的两个支管切断阀是单电控阀,这种阀的特点是动作灵活迅速,俗称为快切阀。快切阀是一种气动阀,在断电后立即恢复到关(或开)的原始状态。单电控阀的程序框图如图 4-3 所示。在程序中可设定氧枪到达一定位置时自动开关氧气快切阀,当氧枪提到一定高度后因快切阀故障不能正常关闭时,自动关闭氧枪支管 O 形阀并发出报警信息。

在 HMI 画面上还可以通过模拟 PID 调节器写入氧流量设定值、选择操作方式、开/闭环控制,并根据工作方式不同可由过程计算机向 PLC 发出设定值,完成自动炼钢的过程控制。和压力调节一样,为得到较好的调节品质,氧流量调节在开吹时也要先使流量调节阀固定在某一开度上,经过一段时间后再投入自动调节。

在转炉吹炼过程中,由 PLC 控制接近氧枪喷头的氧气支管快切阀与氧枪位置联锁。氧枪到达开氧点并下降时,自动开启氧气支管快切阀。为保证安全,开阀命令发出后延时 20 ms 快切阀不能正常打开或出现故障,氧枪自动提升到安全位置(氧枪等待点),在下一次吹炼命令发出前封锁开阀命令输出。同理,氧枪到达关氧点并上升时,自动关闭氧气支管快切阀。快切阀故障或延时 20 ms 不能正常关闭时,自动关闭氧枪支管 O 形切断阀并向 HMI 发出报警信息。

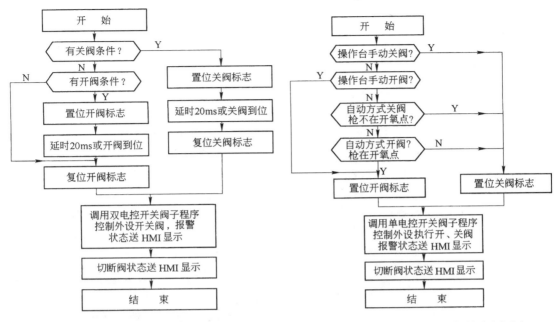

图 4-2 总管氧气切断阀控制程序框图   图 4-3 氧枪氧气切断阀控制程序框图

氧枪的开氧点和关氧点由 PLC 判断氧枪码盘和氧枪卧式极限位置正确后给出。氧枪到达开/关氧气位置时,码盘与极限位置一致则正常输出开/关阀命令。若码盘枪位与极限位置有较大差别,则关闭氧阀,氧枪自动提升到安全位置,封锁再次动枪程序,并在 HMI 发出"码盘、极限报警"信息。待人工确认并清除报警后,方能升降氧枪和开阀。

4.2.3 转炉氧枪供氮系统

氧枪氮系统包括溅渣氮气的状态监控和氮封阀的控制。

溅渣氮气阀含前氮气支管球阀、氮气支管快切阀(后氮气阀)和氮气放散阀。图 4-4 是氮气支管球阀、氮气支管快切阀和氮气放散阀的结合图。系统要对溅渣阀前、阀后支管压力进行检测,对总支管流量进行 PID 调节。转炉出钢后,需要溅渣护炉。在工作站上选择吹 N_2 方式时,N_2 放散阀自动关闭氧枪后 N_2 球阀自动开启,氧枪下降,当氧枪下降到开 N_2 位置时,氧枪前 N_2 快切阀自动打开,开始溅渣,并打开对应的料仓。溅渣结束时间到,氧枪自动提升,当氧枪升到关闭 N_2 位置,氧枪前 N_2 快切阀自动关闭,选定吹 O_2 方式,后 N_2 球阀自动关闭,N_2 放散阀自动开启。

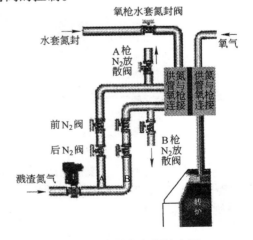

图 4-4 氧枪氮气阀结合图

氧枪水套氮封所用的氮气不通过调节阀,它与溅渣氮气来自不同管路。氧枪水套氮封阀的控制也与氧枪位置联锁,无论选择吹 O_2 还是吹 N_2 方式,当氧枪下降到转炉炉口位置时 N₂ 封阀都自动开启。为防止停止吹炼瞬间火焰上窜损坏设备，氧枪离开转炉炉口位置后 N₂ 封阀延时 20 ms 方可自动关闭。

4.2.4　转炉主、备枪换枪横移系统

转炉吹炼设两支氧枪，一支在工作位，一支在备用位。换枪时，先由氧枪横移小车将工作氧枪横移到备用位；再将备用氧枪换到工作位，并用定位销锁定。

PLC 控制主氧枪与备用氧枪自动更换的过程为：将主氧枪及备用氧枪均提至换枪点以上，转动操作台上主、备两枪选择开关（或在 HMI 进行氧枪横移操作）。

控制程序自动拔起定枪销，将在枪位移出炉口至备用位，并将不在位枪移到炉口位。氧枪横移到位后，将定枪销插入，完成换枪功能。

也可以在机旁操作箱和中央操作室维修画面上手动操作，氧枪横移操作画面如图 4-5 所示。

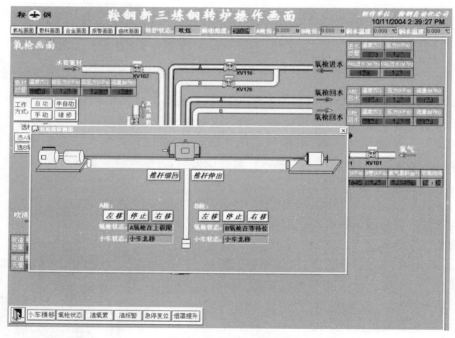

图 4-5　氧枪横移操作画面

选择"机旁"操作时，可在机旁氧枪横移操作箱上手动操作。当氧枪在工作位，且在主、备枪均处于上极限换枪位，按"操作箱"上"电液推杆缩回"按钮，当电液推杆缩回后，方可按动氧枪横移按钮，氧枪会自动横移到目的地。当氧枪自动横移过程中，操作人员按动停止按钮，氧枪可在移动过程中的任意位置停止。当氧枪移动到"工作位"停止后，按"操作箱"上"电液推杆伸出"按钮，电液推杆自动推出至限位处，将备用氧枪固定并对中。

若氧枪不在工作位，按"电液推杆伸出"开锁按钮无效。选择"中控室"操作时，只有在选择"维修方式"后，方可在 HMI 上手动操作。操作过程与"机旁"操作相同。

4.2.5 氧枪位置控制系统

氧枪升降装置,是使氧枪升降的动力装置。它由氧枪升降小车、导轨、卷扬机、横移装置、钢丝绳滑轮及氧枪高度指示标尺等组成。氧枪固定在升降小车上,升降小车沿导轨上下移动。钢丝绳卷筒与氧枪升降电机同轴,由 PLC 控制的变频器或直流数控装置驱动氧枪电机可以控制氧枪的上升和下降。

转炉控制系统的关键是氧枪定位,因为一旦定位不准就会影响炼钢的质量,甚至引发喷溅或爆炸。在氧枪电机轴头设位置极限开关,对上极限、下极限、等候点等关键位置作硬保护。另加一套码盘检测,采用绝对位置编码器,安装到氧枪卷筒轴上,检测结果分别在工作站和操作台上数码显示并参与枪位控制。如图 4-6 氧枪系统 HMI 操作画面所示,氧枪位置控制的软件设计是根据"计算机、自动、手动、机旁"四种控制方式对 HMI 操作站、PLC 及变频器(或数控器)进行编程和参数设置。采码程序是根据实际机械数据设定采码、格雷码转换等。图 4-7 给出了氧枪相对位置示意图,这里所标位置是指氧枪喷头位置。

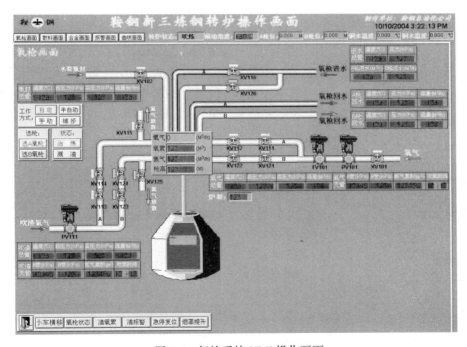

图 4-6 氧枪系统 HMI 操作画面

氧枪上升、下降时 PLC 接收 HMI 操作站的枪位设定值,控制枪位准停;接收来自现场特殊点位信号,并处理参考点信号,控制氧阀的联锁和开关;给变频器(或数控器)发送上升、下降、停止及开启氧枪抱闸的命令。在动枪程序运行时屏蔽其他用户程序中断,以保证氧枪安全升降。枪位自动控制程序的功能主要是接收枪位设定值,按 BCD 码形式存于特定单元,根据操作方式,即手动或自动将位置设定值与其相应的抱闸动作结合起来,并采用位置控制曲线以达到准确停枪的目的。在 PLC 与给变频器(或数控器)以点对点形式控制时的曲线如图 4-8 所示,其减速控制距离为 1.5 m,在减速控制距离以外时氧枪速度控制给出全速,这时 PLC 给变频器的最大输出电压为 ±10 V。

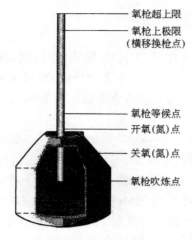

图 4-7　氧枪位置示意图

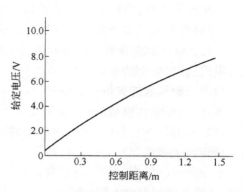

图 4-8　氧枪位置控制曲线

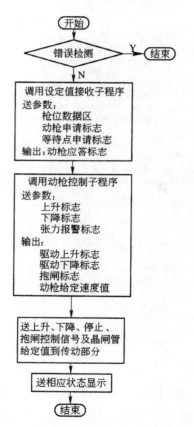

图 4-9　氧枪位置控制程序框图

该系统可将速度控制电压分成 200 单位控制增量,对应相应的输出电压,200 对应最大输出电压 ±10 V,理想情况下,增量为 0 控制输出为 0 V,整个控制曲线为 11 级,其数据分组存于特定的数据区内。在控制距离 1.5 m 之外(不小于 1.5 m),给定最大速度,进入控制距离(不大于 1.5 m)则按曲线减速停车。当手动慢速操作时,则按全速的 1/6 控制。PLC 与给变频器(或数控器)以网络通讯方式控制时,其原理同上,不同的是把控制给定电压改为对应的给定数字,以网络通讯形式下达到变频器(或数控器)的特定控制字通讯区域。

氧枪位置控制的程序流程如图 4-9 所示,由操作台自动"到吹炼点"或"到等候点"按钮起动氧枪枪位控制程序。枪位控制程序运行时,先进行错误检测,发现系统错误(如氧枪安全连锁条件不满足或横移定位销未锁紧等)则终止程序,发出相应的故障报警信息显示在操作站上。在判断氧枪系统运行正常后,即可调用氧枪设定值接收子程序,将操作站设定的位置参数、动枪申请标志和等候点申请标志,送到相应的数据缓存,并输出动枪应答信息。在接收到传动机构的应答后,继续调用动枪控制子程序,根据氧枪实际位置与设定位置比较和张力传感器状态做出判断并送出上升标志、下降标志和张力报警标志。根据氧枪系统实际要求,向传动机构发出驱动上升、驱动下降或停止动枪抱闸等标志。同时也可以按照氧枪实际位置与设定位置比较向传动机构发送动枪给定速度值。动枪控制程序运行过程中,实时向操作站发送相应的系统状态显示。

4.2.6　氧枪安全系统

为使氧枪安全运行,氧枪的动枪安全联锁是十分重要的。根据冶炼工艺要求控制程序中,应设置如下几项安全联锁:

(1) 氧枪自动提升到等候点联锁,当降枪条件不具备,或在吹炼过程中,安全联锁条件不满足时,出于安全的考虑,将氧枪提升并停在一个固定的高度以上,一般是等候点。等候点的位置设定要保证氧枪枪头提到烟罩内,以防止转炉倾动误操作而损坏氧枪。(以鞍钢新建250 t 转炉安全联锁参数为例)下列几项有一个超限,则氧枪自动提升到等候点,或停在等候点以上不动:

1) 氧气支管压力　　　　　不大于 0.6 MPa;
2) 氧枪冷却水进水压力　　不大于 1.0 MPa;
3) 氧枪冷却水回水压力　　不大于 0.6 MPa;
4) 氧枪冷却水进水流量　　不大于 290 t/h;
5) 氧枪出水温度　　　　　不小于 50 ℃。

(2) 下列情况有一个出现,则氧枪停止升降:

1) 变频(晶闸管)系统故障;
2) 氧枪钢绳张力报警,氧枪不动,人为确认张力报警解除后方可动枪;
3) 转炉不在"0"位;
4) 氧枪电机联锁错误;
5) 氧枪超上限报警,不能提枪;
6) 氧枪超下限报警,不能降枪

(3) 防止氧枪回火安全联锁。氧枪在吹炼过程中因故停氧,或因手动转入维修方式后停氧时,如果氧枪在等候点以下,则不允许再次开氧以防造成氧枪回火,必须抬枪至等候点。再行下枪,方可开氧。

(4) 氧枪事故提枪。氧枪事故提枪应该从两个方面考虑,即一方面要考虑保证无配重枪,在不停电的系统事故状态下要保证设备及人身安全所设置的手动提枪。在发生意外事故时,由操作人员通过操作事故开关提枪,这种手动提枪控制不经过 PLC 及通讯网络,直接控制事故提枪线路接通备用电源,将氧枪提到等候点位置;另一方面,考虑的是停电事故状态下要保证设备及人身安全所设置的手动提枪。氧枪系统应引一路旁路电源(或设一台60 kVA 以上的 UPS 电源)作为保安电源。在交流控制电源突然停电时,为避免烧毁氧枪,可立即用旁路保安电源将氧枪提出炉外。

4.2.7　转炉氧枪系统的控制方式

转炉氧枪系统的控制方式有四种:自动方式、半自动方式、手动方式和维修方式。控制方式的选择采自 HMI 上的选择开关,其选择顺序为:维修→手动→半自动→自动。其中,自动方式要求条件最高,在检测过程计算机通讯正常且所有联锁条件满足后,方能成功切换。其次为半自动方式,在所有联锁条件满足时,才能切换。当某一方式选择失败或在开始吹炼后,方式选择只能向逆方向转换,而不能由低级向高级控制操作方式转换。

4.2.7.1 自动方式

接收二级计算机计算静态模型所得的枪位、氧气流量、氧气流量累计的氧步设定值,结合吹炼方案,将其以表格形式存于特定的存储区中,且可随时调看,并根据此表所形成的曲线进行各参数的设定执行。如果在冶炼过程中枪位需临时微调,可按动操作台上升、下降按钮进行调整,然后程序按氧步继续执行。计算机方案下载后,经冶炼操作人员确认后方可执行;在自动方式下,介入全部动枪联锁,动枪联锁包含提枪至等候点联锁和不动枪联锁,并提示报警;根据操作台按钮(开始吹炼按钮)及上位机枪位设定值,通过枪位差与速度曲线的运算,给出动枪控制输出值,驱动变频(或直流晶闸管)传动系统动枪;根据模型计算或人工测量的数据,修改氧枪喷头到钢水液面的相对值;按氧枪位置传感器数码自动开启氧枪孔氮封、开启氧气阀门;根据上位机的吹炼终点氧累积设定值自动提枪,也可人工将其转到手动方式下提枪;副枪下降测试或测温取样后,根据副枪测试或化验结果,启动补吹模型或直接出钢;总、支管氧气流量的温压补正及 PID 调节自动投入,实时检测总支管及在位枪的氧气压力和压力超限报警。

4.2.7.2 半自动方式

半自动方式是脱离过程二级计算机的自动控制方式,此时氧枪系统按照基础级计算机内存的冶炼方案,由 HMI 监控,对氧枪枪位,氧气流量,按氧步控制自动执行。其间枪位可使用操作台按钮微调,冶炼方案应由操作人员按工艺要求提出,并根据实际冶炼需要由操作人员修改(方案修改界面设置操作口令);根据方案表中的最后氧步的氧累积量自动提枪,也可根据冶炼具体情况手动干预提枪;半自动方式下,介入全部动枪联锁及安全保护联锁;根据绝对位置传感器的数码进行开氧枪水套口的氮封,开关氧气的自动控制;根据开始吹炼按钮,通过枪位差与速度曲线驱动变频器(或直流晶闸管)传动系统动枪;总支管氧气流量的温压补正及流量的 PID 调节自动投入;实时检测总支管及在位枪氧气的压力及压力超限报警;根据副枪或人工测试的结果,在键盘上修改氧枪喷头至钢水面的相对值。

4.2.7.3 手动方式

在 HMI 上随机设定氧枪喷头到钢水液面的相对值,氧气流量按最后设定值执行。由副枪或人工测得实际熔池液面,在非吹炼情况下通过工作站输入实测液面值,操作人员根据经验设定氧枪喷头到液面的相对高度;设定时,有安全限定锁保护。程序判断所输入的熔池液面值或氧枪喷头到液面的相对高度不合理时,设定无效,并发出"输入数值超限"提示信息。数值初步设定完成后,按动"到吹炼点"按钮,氧枪自动下降到设定位置停止,吹炼过程中介入全部动枪联锁及安全保护联锁;根据传感器数码自动开、关氮封和自动开氧阀;吹炼结束时,操作工根据具体情况,按动操作台上的"到等候点"按钮氧枪自动提至等候点;投入总支管氧气流量的温度和压力补正及流量的 PID 调节;用氧枪枪位高度位置连锁开关氧气阀门;无论在何种情况下,都必须撤除下极限到达后的动枪继续向下给定和上极限到达后的动枪继续向上给定。

4.2.7.4 维修方式

维修方式含有脱机控制的机旁箱操作和 HMI 的单体调试,用鼠标单体开关每一个切断阀;操作台开关氧按钮,可以开关在位枪的切断阀,且显示切断阀的开、关及报警状态。维修方式下解除全部动枪连锁,只保留至超上极限不能提枪,至下极限不能降枪报警,由于溅渣补炉要求低枪位,故也可在维修方式下操作。

4.3　转炉副原料系统

转炉副原料系统包括副原料上料控制和副原料下料控制两部分。如图 4-10 所示,副原料的来料分别卸放在不同的低位料仓内,由皮带运输机运送到对应的副原料高位料仓,再根据炼钢生产的实际需要,通过下料振动给料器经称量斗称重并分批经过汇总斗、下料溜槽将副原料加入转炉中。

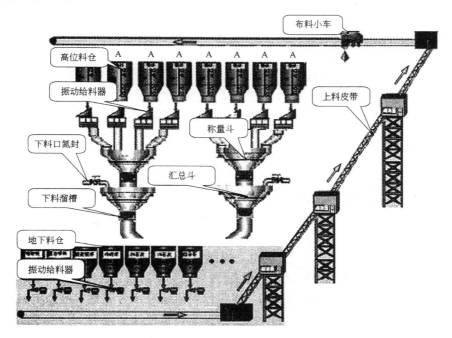

图 4-10　炼钢副原料系统工艺流程示意图

4.3.1　副原料上料系统的控制

副原料上料系统的控制是通过皮带运输机控制、转炉高位料仓的"在库量"控制和转运站皮带的逻辑控制等,实现对转炉高位料仓用料的分配。副原料上料系统包括高位料仓、皮带上料、低位料仓及相应的除尘系统的电气设备的控制。

高位部分包括高位料仓的超声波料位计显示、报警和相关控制,卸料车的走行控制及根据卸料车行程开关进行卸料车定位控制。

皮带运输部分包括从低位料仓运送至高位料仓的带式输送机的顺起,逆停控制,电动翻板及振动筛的控制。

副原料上料系统是根据高位料仓的超声波料位计发出的低料位报警信号,控制卸料车起动并根据卸料车行程开关停在指定位置,当卸料车定位后,起动皮带系统和对应料的电振给料器进行上料,上料量由皮带秤给出。

　　PLC 的控制程序设计是根据料位预报,起动对应副原料的低位料仓振动给料器进行振料(根据所需料量,经皮带秤称量),按顺序起停皮带运输机,并对卸料小车所应停的高位料仓位置进行判断和选择。

　　卸料点的选择分为定时主动选择与料位异常被动选择两种。定时主动选择是人为定时地给某个高位料仓补料,料位异常被动上料是根据高位料仓出现空料位报警,并且工作方式为自动的时候,PLC 自动向上料管理系统发出请求,上料管理系统会根据设备的具体情况,顺序起动设备,将相应的副原料从地下料仓送到皮带机上。进行定位上料。在上料结束以后,上料管理程序发出上料结束信号,系统接受到以后,依次停止所有的设备。

　　卸料车允许在仓上输送机不运行或空运行情况下走行就位,不允许在卸料状态下走行。卸料车的走行方向(前进、后退)有信号显示,到达设定料仓位置时有显示并输出相应的信号,卸料车若走行至两端极限开关(动作)立即事故停车,报警,并显示故障停机位置,输出相应信号。

　　卸料小车位置控制对工艺设备的要求是,首先,必须要有可靠的位置检测元件。卸料小车的位置检测依靠限位开关来实现,对高温、高粉尘的炼钢现场,要选用高防护等级的电气元件,较理想的元件是防护等级为 IP65(防尘、防水)的电感式晶体管接近开关。其次,是卸料小车本身要有可靠的制动或调速装置。

　　上料手动操作和自动过程一样,只不过操作方式应该选择手动,每一个动作全部要操作人员在画面上进行操作。现场手动操作在机旁操作箱上选择机旁后,可进行现场手动操作。主要用于设备的安装,调试和维修。

4.3.2　副原料除尘系统

　　上料除尘包括位于高位料仓上方的电动蝶阀,与低位电振给料机相对应的电动蝶阀,转运站的电动蝶阀,除尘风机和反吹风机等设备。

　　(1)除尘蝶阀的控制、低位除尘蝶阀与电振给料机运行信号联锁。电振给料机运行 5 s 后,低位除尘蝶阀自动开启。为了排除余尘,电振给料机停止后延时 50 ms,低位除尘蝶阀自动关闭。

　　(2)皮带上方的除尘蝶阀与每条皮带运输机的启动信号联锁。皮带运行并且皮带秤有料值(皮带有料流运行)时,皮带上方的除尘蝶阀自动开启,否则皮带上方的除尘蝶阀自动关闭。

　　(3)振动筛处的两个除尘蝶阀与振动筛联锁。当振动筛运行时,其中一台除尘阀工作。振动筛停止时,另一台工作。

　　(4)除尘风机的控制,两台除尘风机与皮带联锁,当皮带运输机正常运行时,两台除尘风机顺次起动。

　　(5)反吹风机的控制,两台反吹风机采用时间控制。在 1~4 h 范围内反吹一次,反吹时间为 5~30 min。

4.3.3　副原料振动给料的变频控制

　　变频调速的原理及机械特性是由于异(同)步电动机的同频转速 N_1 与电源频率成正比,所以改变电源频率就能改变同步转速 N_1,并实现调速。

副原料上料控制系统操作画面如图 4-11 所示。在这个操作画面上所表示的是图 4-10 中的下半部分工艺流程,副原料的来料分别卸放在不同的低位地下料仓内,针对每个高位料仓发出的上料申请,起动不同的振动给料器,并由皮带运输机运送到对应的副原料高位料仓的控制过程。

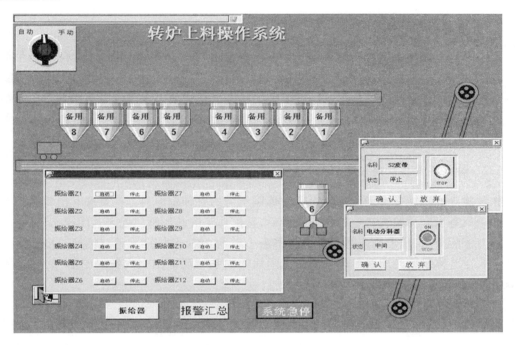

图 4-11　副原料上料控制系统操作画面

高位料仓下振动给料机的功能是高位料仓中的原料给至称量斗中,每台振动给料机的给料能力有两挡:额定给料能力和接近设定给料量时的给料能力。自动接通条件是称量斗下部扇形阀处于关闭状态且称量漏斗未满。当振动给料机开启一段时间后称量设备无料值变化,应有无料流报警。

(1) 料仓的电振变频器控制为开始快速振动。

(2) 当称量值达到设定值的 80% 左右,K_1 时(HMI 上可修改 K_1 值),变频控制的电振转为慢速振动。

(3) 当称量值等于预设定值的 90% 左右,K_2 时(HMI 上可修改 K_2 值),振给器停止振动。

(4) 振给器停止振动延时 Ts(HMI 上可修改的 Ts)后(称量值稳定后),其称量值作为该种副原料的实际称量值,同时检查实际称量值与预设定称量值是否在允许偏差值 K_3 内,若超出则在 HMI 上进行报警。

4.3.4　副原料称量系统

副原料的上料称量由皮带秤给出,下料量是由称量斗下安装的称重传感器通过转换仪表送入 PLC 系统的。所有称量斗称量完毕后,在 HMI 上有"副原料称量完毕"指示。K_1,

K_2, K_3, T 及电振高低速值等参数均可在 HMI 上人工修改。各种副原料通过汇总斗加入转炉以后,有副原料的累计计算,在 HMI 上设有每种副原料加料量的累计值显示。

4.3.5　转炉副原料加料的联锁控制

4.3.5.1　高位料仓下振动给料机的联锁控制

高位料仓下振动给料机功能是将每个高位料仓中的副原料,经过称量斗称量,送至汇总斗中。每台振动给料机的给料能力有两挡;额定给料能力和接近设定给料量时的给料能力。接通条件是下部称量漏斗的扇形闸门处于关闭状态且称量漏斗未满。只有当某台振动给料机对应的称量漏斗扇形阀关闭时,方可振料。当振动给料机开启一段时间后称量设备无料值变化,有无料流报警。

4.3.5.2　称量漏斗出口闸门的联锁控制

称量漏斗的功能是准确地称量出转炉炼钢所需的各种副原料。称量漏斗出口闸门打开的条件是只有当振动给料机给料作业完成后,且汇总斗的扇形闸门处于关闭状态、称量漏斗出口闸门才能开启,扇形闸门开启后散料重量小于 K_0 值(无料)Ts 后,扇形阀自动关闭,称量漏斗放空所称量的副原料且扇形闸门关闭后应向系统反馈出完成备料的信号。K_0 和 T 参数可在 HMI 上人工修改。

4.3.5.3　汇总斗扇形阀的联锁控制

汇总斗的功能是存放称量漏斗称出的副原料,起中间缓存作用。由于下料工艺不同汇总斗下方的阀门有设一层的也有设置两层的。设置两层阀门时,下层阀是翻板阀,上层阀就是汇总斗扇形阀,它是汇总斗控制投料的主要阀门。根据系统的投料指令开启汇总斗扇形阀(上层汇总斗阀)的联锁条件是:称量漏斗下部扇形阀关闭、转炉在垂直位且汇总斗下翻板阀打开,还要判断所有该汇总对应的称量斗料值小于 K_0 值(无料)时,再延时 Ts,才能打开汇总斗扇形阀(汇总上阀)。汇总扇形阀打开后,散料通过溜槽卸入炉内,延时 T_1s,即可关闭该汇总斗扇形阀。K_0, T, T_1 参数可根据实际,在 HMI 上人工修改。

4.3.5.4　汇总斗下翻板阀的联锁控制

汇总斗下翻板阀是副原料卸入炉内的最后一道阀门,一般中、小型转炉不设此阀。根据系统的投料指令开启汇总下翻板阀的联锁条件是,只有在称量漏斗下部闸门关闭且转炉在垂直位时,当所有称量斗值小于 K_0 值,延时 Ts 后,此阀才能打开。当汇总斗扇形阀打开散料便不受汇总下翻板阀的阻碍直卸入炉内,在汇总扇形阀关闭延时 T_1s 后,关闭汇总下翻板阀。这样控制每一步都能把转炉煤气隔绝,是为防止转炉煤气直入料斗平台造成人员中毒,另外为防止转炉火焰通过下料溜槽上窜烧损下料平台设备,在汇总斗下料口还设置了下料氮封阀。汇总斗下翻板阀开启的同时开启下料氮封。K_0, T, T_1 参数也可根据实际工艺要求,在 HMI 上人工修改。下料系统 HMI 如图 4-12 所示。

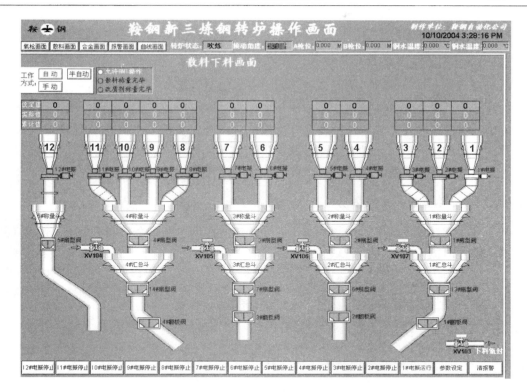

图 4-12　副原料下料系统操作画面

4.3.6　副原料加料系统的控制方式

4.3.6.1　自动方式

如图 4-16 所示,操作工根据钢种及加入量所确定的副原料下料方案,在一炉内实现全自动分批加料。每批料进入称量斗后,开启汇总上扇形阀及称量斗下扇形阀,将其卸入汇总斗,然后关闭上述两阀,以备下批料。

4.3.6.2　手动方式

由操作工根据冶炼要求通过 HMI 键盘或鼠标对下料量和时间对上述投料过程进行随机操作。转炉不在零位时,以上两种方式均不能实现自动投料。

4.3.7　合金上料皮带及合金系统的控制

合金上料皮带及合金系统的工艺设备包括保证铁合金配料的料仓及其下的振动给料机、称量斗、皮带机和汇总斗,设备功能保证转炉炼钢所需铁合金原料和改质剂经上述设备自旋转溜槽、投料口投入钢水罐。

转炉铁合金原料物料流向为:铁合金原料从料仓经过其下部的振动给料机分别进入每个对应的称量漏斗,当称量值达到设定值时打开称量漏斗下部的电振,经过皮带运输机进入汇总斗,打开汇总斗电振,铁合金原料经投料口进入钢水罐。

合金下料系统的联锁：

4.3.7.1　合金料仓下振动给料机的联锁控制

合金料仓下振动给料机功能是将每个合金料仓中的合金料，经过称量斗称量，送至汇总斗或回收斗中。每台振动给料机的给料能力有两挡，额定给料能力和接近设定给料量时的给料能力。接通条件是下部合金称量漏斗的扇形闸门处于关闭状态且合金称量漏斗未满。只有当某台振动给料机对应的合金称量漏斗扇形阀关闭时，方可振料。当振动给料机开启一段时间后称量设备无料值变化，向 HMI 发出无料流报警。

4.3.7.2　合金称量漏斗出口振动给料机的联锁控制

合金称量漏斗的功能是准确地称量出转炉炼钢所需的各种合金料和改质剂。称量漏斗出口振动给料机的起动条件是，只有当合金下料的振动给料机作业完成，且合金投料汇总斗的出口振动给料机处于停止状态、合金运送皮带运行，称量漏斗出口振动给料机才能开启。合金出口振动给料机开启后合金重量小于 K_0 值（无料）T s 后，出口合金振动给料机自动停止，称量漏斗放空所称量的合金料，出口振动给料机停止后应向系统反馈出完成合金备料的信号。K_0 和 T 参数可在 HMI 上人工修改。

4.3.7.3　合金汇总斗的联锁振动给料机控制

合金汇总斗的功能是存放称量漏斗称出的合金料或改质剂的中间缓存料斗。炼钢所用合金都是贵重原料，由于合金下料有时改料或因故障多振料，在合金汇总斗的另一侧设有回收斗，起动合金回收，皮带反转可以把这部分合金料传到回收斗。根据系统的合金投料指令开启汇总斗振动给料机。合金汇总振动给料机起动后，皮带正转合金料通过溜槽卸入炉内，延时 T_1 s，即可关闭该汇总斗扇形阀。K_0，T，T_1 参数可根据实际，在 HMI 上人工修改。铁合金加料控制程序流程图如图 4-13 所示，铁合金投入或回收的控制程序框图如图 4-14 所示。

如图 4-15 铁合金操作画面所示，选择"主控室"操作时，可在主控室 HMI 上手动、半自动、自动操作。

铁合金下料系统，在中控室操作时，整个备料及投料过程都由 HMI 操作站完成。铁合金下料系统，一般在中控室操作和机旁两地操作。

选择"机旁"操作时，可在机旁操作箱上手动操作，"快振—慢振—停止"。手动方式用于检修或调试。

（1）自动方式。操作在主控室完成，设备之间满足上述合金下料系统联锁，操作由计算机按从二级计算机计算后传输下来的数据自动完成，下位机将各批料的实际加入值反馈至上位计算机。

（2）半自动方式。操作在主控室完成，设备之间满足上述合金下料系统联锁，由人工在 HMI 上对每种合金称量值进行设定（其初始值为二级计算机的设定值），然后按照铁合金自动下料程序自动运转。

（3）手动方式。操作在主控室完成，设备之间满足下述安全联锁关系，操作主要由操作人员手动完成，可在 HMI 上手动操作"快振—慢振—停止"，扇形阀与汇总斗的操作由操作人员手动开启。手动操作时，每种合金的称量实际值自动累计。

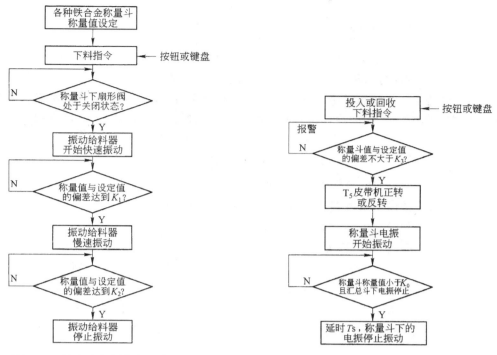

图 4-13 铁合金加料控制程序流程图

图 4-14 铁合金自动投入或回收程序框图

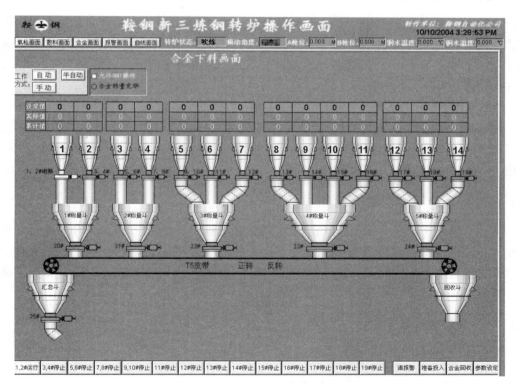

图 4-15 铁合金加料操作画面

4.3.8　铁合金振动给料机的控制

铁合金料仓下的振动给料机的功能是将铁合金料仓中的原料给至称量斗中,每台振动给料机的给料能力有两挡;额定给料能力和接近设定给料量时的给料能力。接通条件是称量斗下部电振处于关闭状态且称量漏斗未满。只有当某台振动给料机对应的称量振动给料机关闭时,方可振料。当振动给料机开起一段时间后称量设备无料值变化,应有报警。

4.3.8.1　自动称量程序

(1) 第一种合金料仓的电振开始快速振动。

(2) 当称量值预设定值偏差达到 K_1 时,电振转为慢速振动。

(3) 当称量值预设定值偏差达到 K_2 时,电振转为停止振动。

(4) 电振停止振动延时 Ts 后(称量值稳定后),其称量值作为该种合金的实际称量值,同时检查实际称量值与预设定称量值是否在偏差值 K_3 值内,超出则在 HMI 上进行报警。

(5) 按上面步骤依次进行第二种、第三种……合金料的称量。所有称量斗称量完毕后,在 HMI 上有"合金称量完毕"指示。电振的工作状态在操作内的 HMI 上画面显示。

K_1, K_2, K_3, T 电振高低速值(变频器频率)等参数均可在 HMI 上人工修改。

4.3.8.2　称量斗下电振给料器的控制

称量漏斗的功能是准确地称量出转炉炼钢所需的各种合金原料。称量漏斗出口电振给料器打开条件是只有当合金料仓振动给料机给料作业完成后,合金称量完毕,皮带机选择"主控室"操作,皮带机运行。当振动给料器开启后称量斗称量值小于 K_0 值 Ts 后,电振给料机自动停止。K_0, T 参数可在 HMI 上人工修改。

4.3.8.3　皮带机的控制

皮带的功能是将合金原料送入汇总斗或回收斗,机旁和主控室两地控制其正转—反转—停止。

4.3.8.4　汇总斗下的电振给料器的控制

在转炉炉后操作箱上手动控制,当机旁操作箱上指示灯显示"操作允许"时,手动操作合金投入"开始—停止",若电振给料机运行 3 min 未按"停止"按钮,则自动停止。因为合金料很珍贵并且加入合金料的多少直接影响整炉钢水的钢种,所以合金最终下料需要人工确认后才能加入,一旦有误可以送入回收斗补救。

4.3.8.5　旋转溜槽的控制

在转炉炉后操作箱上手动控制"左旋—右旋—停止"。

4.3.7.6　自动准备投入及回收合金程序

自动准备投入及回收合金控制,当"合金称量完毕"后,可在 HMI 上启动"合金准备投人"或"合金回收",则按以下顺序自动准备投入或回收。

合金皮带正转或反转起动;合金皮带正转或反转后,对应的称量斗电振开始运行,当该称量斗合金种量小于 K_0 值 Ts 后,电振自动停止;依次开始其他称量斗回收;回收过程中若某称量斗中无合金(其初始值小于 K_0),则该称量都不运行,自动转入下一称量斗进行回收。

准备投入或回收完毕后,"合金称量完毕"指示灯灭。

4.3.8.7 转炉铁合金系统画面

在操作时,与转炉散料下料系统共用一个操作站。操作画面包括合金料仓及其下的振动给料器及称量斗、加料称、合金皮带机、汇总斗和回收斗的状态显示画面,其主要功能是:

（1）完成操作方式的选择——手动方式、半自动方式和自动方式。

（2）监视各设备的运行情况。

（3）在半自动方式下振给器起停控制操作。

（4）手动方式下完成对设备单体的操作。

（5）半自动、自动方式下监视投料过程(含振动给料机和合金皮带)。

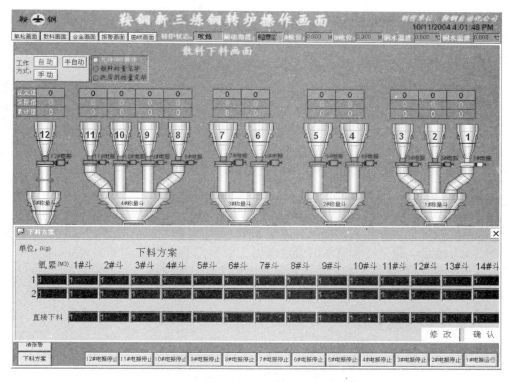

图 4-16　副原料下料方案选择操作画面

方案选择画面的主要功能是:其完成下料方式表的选择,并监控整个下料过程,含各阀及振动给料机工作状态、下料值。在自动方式下完成对自动下料方案的选择与确认。

4.3.8.8 计算机监控画面完成

（1）显示振动给料机、扇形阀及下料氮封阀工作状态及报警。

（2）显示称量斗实际值和下料累计值。对下料重量的设定。

4.4 转炉底吹系统控制

复合吹炼转炉炼钢是在顶吹和底吹氧气转炉炼钢法的基础上，综合两者的优点并克服两者的缺点而发展起来的新炼钢方法，即在原有顶吹转炉底部吹入不同气体，以改善熔池搅拌。氧气转炉顶底复合吹炼能降低氧气和钢铁料消耗，具有比单独顶吹和底吹更好的技术经济指标。

4.4.1 底吹控制的分类

目前，世界上大多数国家用顶底复吹炼钢法，并发展了多种类型的复吹转炉炼钢技术，常见的如英国钢公司开发的以空气 + CO_2、N_2 或 Ar 作底吹气体、以 N_2 作冷却气体的熔池搅拌复吹转炉炼钢法—BSC-BAP 法。德国克勒克纳-马克斯冶金厂开发的用天然气保护底枪、从底部向熔池分别喷入煤和氧的 KMS 法、日本川崎钢铁公司开发的将占总氧量 30 % 的氧气混合石灰粉一道从炉底吹入熔池的 K-BOP 法以及新日本钢铁公司开发的将占总氧量 10 %～20 % 的氧气从底部吹入，并用丙烷或天然气冷却炉底喷嘴的 LD-OB 法等。我国转炉炼钢常用的是 N_2/Ar 切换控制的底吹气体。

4.4.2 底吹气体的压力控制

压力调节回路：底吹系统压力调节包括三个调节阀，即 CO_2 总管压力调节阀、N_2 总管压力调节阀和 Ar 总管压力调节阀。压力调节可以分为开环和闭环两种方式，在闭环方式下，压力调节的设定值由上位机给定的底吹方案中得来或由操作人员手动输入，计算机按照设定值进行调节；在开环方式下，操作人员可以直接更改操作器的输出（0～100 %），在切换到开环方式时，控制器用切换之前的最后的设定值进行调节。

4.4.3 气体流量中总管与支管的设定平衡

底吹系统的每个总管和支管都设有流量调节阀，用来调节底吹气体的总流量和每个底吹元件的支管流量。每个支管流量的设定值由支管和总管上流量调节器设定，当有一个供气元件发生堵塞时，总流量调节器将增加每个正常工作的支管调节器的设定值，增加支管流量，保持总流量不变。

4.4.4 底吹气体的切换控制

转炉底吹气体流向是 CO_2、N_2 分别经由各自的流量调节阀及切断阀进入总管道，再经过压力调节阀分别进入透气元件经中心，支管气体流量调节阀进入转炉。为了降低成本，又不影响钢种质量，底吹系统还要有气体切换控制过程。在转炉吹炼前期采用 N_2 搅拌，吹炼后期底吹管通入 Ar 以驱除钢水中的 N_2。

在如图 4-17 所示底吹气体切换控制过程中，底吹氮气、氩气根据冶炼工艺需要，能自动切换，也可手动切换，但这两种气体的快速切断阀不能同时关闭。当进行切换时，应先开将要使用的惰性气体，然后再关闭正在使用的气体，进行无扰动切换。

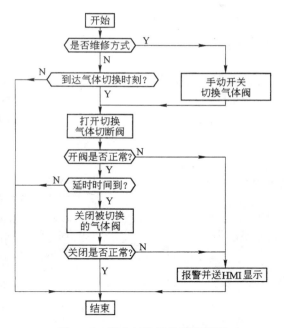

图 4-17　底吹气体切换程序框图

4.4.5　底吹气体的阶段控制

根据工艺要求,除全自动炼钢由上位机选择外,人工可以通过图 4-20 底吹方案选择画面来选择底吹控制方案。底吹方案确定后,转炉吹炼周期内底吹系统会按照固定的自动步骤执行,图 4-18 给出了底吹方案自动步骤程序框图。底吹方案分为如下几个循环阶段:

(1) 空炉待料阶段;

(2) 兑铁水(加废钢);

(3) 开始吹炼;

(4) 中后期强吹阶段;

(5) N_2 / Ar 切换阶段;

(6) 终点倒炉测温阶段(含多次倒炉测量);

(7) 出钢阶段。

然后回到空炉待料阶段。出钢后,空炉待料阶段,由 N_2 旁路管吹入小流量 N_2。

4.4.6　底吹系统防止漏钢的安全性

当氮气或氩气总管压力小于 1.3 MPa 或氮气、氩气支管流量小于 3 m^3/h 时,就说明因底吹元件堵塞造成炉侧压力高,应在主控室内发出灯光和音响报警。经确认底吹元件确实堵塞,应在出钢、出渣后,打开氧气管道阀门在底吹

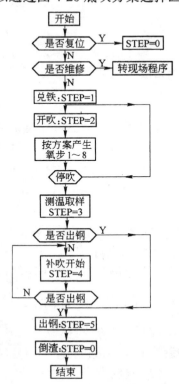

图 4-18　底吹自动步程序框图

惰性气体内充入一定比例的氧气烧熔堵塞,以使底吹元件供气恢复正常。

在底吹元件堵塞且阀门站和底吹元件之间管道损坏或供气系统故障时,在主控室内发出灯光和音响报警,如果底吹元件需要供氧,则氮气、氧气快速切断阀可以同时开启。为确保系统安全运行,底吹系统设有下列特殊按钮。

(1)兑铁按钮。兑铁开始时按此按钮(画面模拟按钮),底吹操作画面如图 4-19 所示。

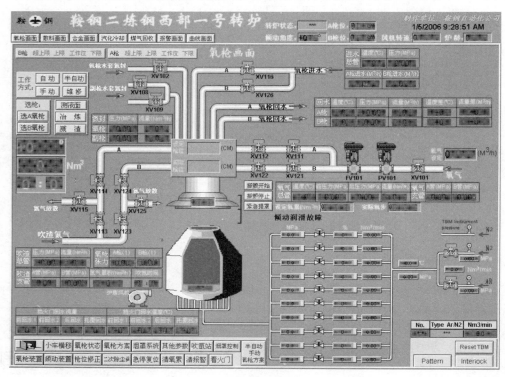

图 4-19　底吹系统 HMI 操作画面

底吹系统便进入一个冶炼周期的开始阶段。

(2)复位按钮。按下复位按钮时(画面模拟按钮),底吹系统便进入复位即空炉待料状态。在自动方式下按复位按钮,各调节回路的设定值设为空炉待料状态;在手动方式下按复位按钮,各调节回路的设定值设保持不变。

(3)急停按钮:(在操作台上)为了防止漏钢意外发生,在主控室操作台上设有急停按钮,一旦系统发生重度报警,通过急停按钮可以使 N_2,Ar 气体管路上的阀全部打开,并且按照固定流量进行调节。

(4)急停复位。用于操作台急停按钮的复位。

4.4.7　底吹系统的控制方式

(1)手动方式:在该方式下,设备由主控室控制。操作人员可以对底吹过程中所需的各种调节的设定值进行手动设定,设备之间有必要的安全联锁。

(2)自动方式:根据氧枪吹炼的各个时期及欲冶炼的钢种不同,对各种底气的压力和流量进行控制。在该方式下,吹炼设备由主控室控制。在计算机中保存有几种供气方案,每种方案包括总供氧量、每一步所对应的氧累百分比、供气种类以及每步气体的设定值等项目。操作人员可以在 HMI 上根据冶炼钢种不同选择一套底吹方案。在操作人员确认数据后,计算机自动按照底吹方案对设备进行控制,完成对气体流量及压力的调节。

（3）计算机方式:在该方式下,设备由主控室控制。除底吹方案由过程机计算得出外,其他控制过程与自动方式相同。

底吹方案选择画面如图 4-20 所示。

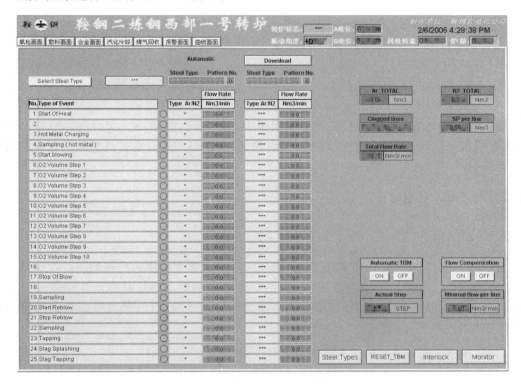

图 4-20 底吹方案选择画面

4.5 余热锅炉控制系统

余热锅炉控制的关键点是锅炉水位的自动调节,转炉炼钢过程中有很多控制对象,诸如氧气流量、氧气压力、氧枪冷却水流量等都需要稳定的值。在 PLC 控制下,在 HMI 上设定参数,能完成智能 PID 调节和锅炉水位的三冲量调节。

4.5.1 余热锅炉的结构

大型转炉余热锅炉主要由余热锅炉本体和高位大小汽包等构成,余热锅炉采用自然循环汽化冷却。如图 4-21 所示,总管的软水通过除氧器分别进入大小汽包器,经过水位调节使大小汽包水位值总是一定的,大汽包的冷却水进入固定烟罩及汽化冷却烟道内的冷却水管,变为水蒸气,起到冷却降温作用,经过热交换的水汽混合体再回到大汽包,蒸汽进入蓄热器,水则继续循环冷却。

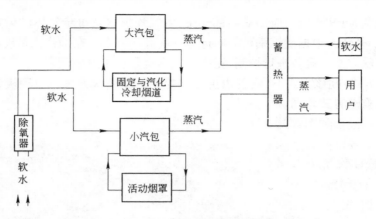

图 4-21　余热锅炉工艺流程图

小汽包是活动烟罩的冷却设备循环原理和大汽包相同,每循环一次蒸汽部分送入蓄热器,水继续参与循环。蓄热器能起到一个缓冲作用,在蒸汽回收时有蓄热器的存在就能向用户网连续供汽。

4.5.2　汽化冷却段的划分

4.5.2.1　活动烟罩

为了收集烟气,在转炉上面装有烟罩,烟气经活动烟罩之后进入冷却烟道。吹炼结束出钢、出渣、加废钢、兑铁水时,烟罩需提升,以不妨碍转炉倾动。热量是靠水在烟罩壁内蒸发成蒸汽而从系统中除去的。活动烟罩须按与锅炉相同的原理设计,蒸汽可回收到工厂的蒸汽系统中使用。

4.5.2.2　烟气冷却烟道

汽化冷却是冷却水吸收的热能消耗在自身的蒸发上,在转炉烟道上的应用外形结构见图 4-22。利用水汽化时带走被冷却物上的热量,用达到沸点的水代替温水。转炉是周期性间歇吹炼生产,产生的蒸汽处于波动状态,要充分利用蒸汽,必须采取一些相应的措施。

采用开放式水冷系统的闭路循环。循环泵将冷却水送入裙罩、烟道,与流经的高温烟气换热,水温升高,排水先进入冷却塔,经冷却塔冷却后再进入贮水池自然降温沉淀,再循环使用。

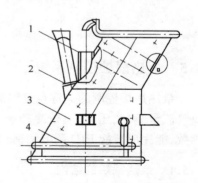

图 4-22　汽化冷却烟道外形结构
1—氧枪口;2—加料口;3—裙罩;4—循环水管

4.5.2.3　一级文氏管

一级溢流文氏管主要起降温和粗除尘作用。经冷却烟道的烟气冷却到 800~1000℃,通过溢流文氏管时能迅速冷却,并使烟尘凝聚,通过扩张段和脱水器将烟气中粗粒烟尘除去,除尘效率为 90%～95%。

4.5.2.4　二文喉口

转炉二文喉口的外形结构如图 4-23 所示,在喉口部位装有调节机构的二级文氏管,称为调径文氏管,主要用于精除尘。当喷水量在一定的条件下,文氏管除尘器内水的雾化和烟尘的凝聚,主要取决于烟气在喉口处的速度。烟气进入脱水器后流速下降,流向改变,靠含尘水滴自身重力实现汽水分离,适用于粗脱水。用于二文二脱后的一级粗脱水及旋风脱水器通过旋转叶片能使汽水分离。

4.5.3　余热锅炉供水泵的控制

100 t 以上的转炉都设有两套汽化冷却烟道,每套汽化冷却烟道配有两台低压强制循环泵(一台运行,一台备用);两台高压强制循环泵(一台运行,一台备用);两台给水泵(一台运行,一台备用);根据工艺要求汽包实行自动给水,一台水泵发生故障时,另一台自动投入,一台水泵出口压力小于一定值时,另一台水泵自动投入。水位超限、压力超限时,报警及相关工艺参数在 HMI 画面上显示。

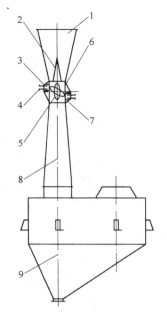

图 4-23　二文喉口外形结构图
1—收缩段;2—分流板;3—上供水箱;4—氮气捅针;
5—椭圆形可调阀芯;6—喉口段;7—下供水箱;
8—扩张段;9—脱水器

4.5.4　余热锅炉供水水位的三冲量调节

汽包的液位调节在 PID 调节中难度很大,因为汽包的容积越大,它的容水量就越小。当液位过低时由于缺水就会造成爆炸事故,当液位过高时由于水多就会造成满水事故。

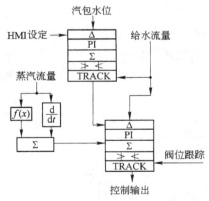

图 4-24　三冲量调节控制原理

由于汽包进口给水量和汽包出口蒸汽量的突然变化都会导致虚假液位,因此必须根据汽包液位、给水流量和蒸汽流量对汽包进行三冲量调节。具体的方法是先对汽包液位的变化进行 PID 调节运算,然后再加上给水流量的变化,最后再减去蒸汽流量的变化,把最后的计算结果送给最终的液位调节阀输出;给水流量和蒸汽流量则采用单独的 PID 调节,以保持给水流量和蒸汽流量的稳定。

图 4-24 采用三冲量控制方式,自动控制系统监测液位、蒸汽流量和给水流量的变化,控制改变给水流量,达到稳定汽包水位的目的。其中引入蒸汽流量的前馈校正,用于抵消或减少由于假水位而引起的给水调节器误动作,例如:蒸汽流量加大,则控制给水流量增加,克服了假水位而引起的反向动作,稳定了汽包水位。而给水位流量是给水调节器动作后的反馈信号,使给水调节器早知道调节效果,较好地控制水位的变化。

对于水位调节,由于生产的间断性,使汽包中产生的蒸汽量间断,造成很大波动。与常规锅炉相比,操作时间相当短暂。为了达到汽包自动补水,稳定回收蒸汽的目的,汽包水位调节依据下列三个阶段进行。

(1) 吹炼开始。热负荷增加,出现虚假水位,吹炼期间应是汽包水位水平中心线上 250 mm ± 5 mm,当虚假水位达到 +300 mm 时应全闭给水阀以克服虚假水位,一定时间后蒸汽量增大虚假水位下降,则开始补水。

(2) 补水。在该阶段产汽量不大,可以水位为主,给水量为辅,水位设定值提高100 mm。

(3) 停吹阶段。以蒸汽量和水位相加后作为汽包给水调节器的串级设定值,调节给水阀门。水位设定值降低 100 mm,使水位保持在汽包中心线的停吹期正常值。

余热锅炉汽化冷却及煤气回收系统共有三个调节阀是通过 PID 调节器进行调节的。它们分别是:大汽包水位调节、小汽包水位调节、蓄热器蒸汽压力调节。控制汽包水位采用吹炼期提高给水值的方法,以避免虚假水位的扰动。

4.5.5　除氧器及并网蒸汽的压力、流量控制

除氧器控制系统包括除氧器压力和液位两个控制子系统。在计算机控制系统中,除氧器压力控制系统和除氧器液位控制系统都设计为单回路 PID 控制方式。在满足生产的实际要求的前提下,单回路 PID 控制方式具有结构简单、容易整定和易实现等优点。

对于除氧器压力系统而言,当除氧器压力发生变化时,压力控制系统调节除氧器的进汽阀,改变除氧器的进汽量,从而将除氧器的压力控制在目标值上;同样,对于除氧器液位系统,当除氧器液位发生变化时,液位控制系统调节除氧器的进水阀,改变除氧器的进水量,从而将除氧器的液位控制在目标值上。

余热锅炉中的蒸汽进入蓄热器,在蓄热器中起到缓冲作用,以便蒸汽用户网连续供汽。汽化冷却系统能够向蒸汽用户管网提供汽源。

4.5.6　余热锅炉的连续排污控制

余热锅炉的连续排污控制,简称余热锅炉连排控制。余热锅炉的给水源虽然经过钠离子交换处理技术,但在锅炉运行过程中,由于高压蒸汽与炉壁或管道壁的激烈撞击,将有大量金属离子随蒸汽进入给水系统,造成炉水含盐量偏高。为了确保锅炉的安全运行,必须加大排污量,有时排污率达 10 % ~37 % 之多。连排余热回收装置,多是安装一个排污扩容器,连排水经过扩容器扩容后,产生大量蒸汽,通过排空阀排向大气,既污染了环境,又造成了热量流失。与此同时,大量 100℃ 以上的连排水通过排污井排掉,也造成了很大的能源浪费与环境的热污染。美国迈登公司制造的锅炉连排余热回收装置较为有效地解决了这个矛盾。

整套装置由以下几个部分组成(如图 4-25 所示)。

(1) 入口排污控制。从锅炉连续排污阀出来的排污蒸汽通过孔板式流量计进气口,进入流量计的过滤腔。在此,蒸汽中携带的固体悬浮物受到阻挡而沉淀下来,排污蒸汽的流速可通过流量计上的齿轮得以调节。不锈钢过滤腔的下方装有排水冲洗阀,可定期旋开阀门,累积沉淀污物随即从排水口冲下。锅炉连续排水(排污水)流量控制,使锅炉合理的排污,提高节能效果。

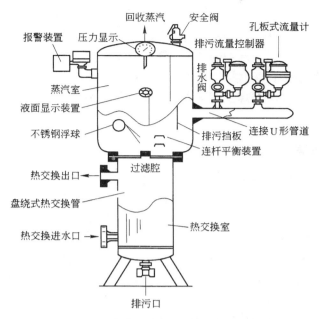

图 4-25 锅炉连续排污余热回收装置模拟图

（2）热回收核心部位。应用连续气流平衡压力原理自动控制闪蒸罐内的液位高度，有效地实现"汽-水"分离，前方装有玻璃连通管，可随时监视罐内液位的高度。罐的上方装有闪蒸输出法兰，可将闪蒸蒸汽源源不断地送至锅炉系统除氧器，进入除氧器加热装置，以便继续利用回收蒸汽的余热。

（3）余热再次利用。经"汽-水"分离后的罐内热水，在液位浮力驱动下，浮球带动连杆装置开启活塞阀，由罐底的出水孔进入下方的热交换装置。热交换装置排出的热水可回收再利用。

（4）辅助装置。为了从安全与节能考虑，设备上方安装了安全阀与报警装置，一旦蒸汽压力超载，便能自动打开安全阀并报警。图 4-25 中列出上述各部分的工作原理与结构特点。锅炉补给水系统的管道连接如图 4-26 所示。

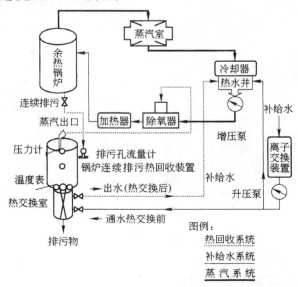

图 4-26 锅炉连续排污热回收系统工艺流程图

为了避免余热锅炉积垢并确保锅炉有较高的热效率,并保持锅炉连续运行时有较高的给水质量,仅仅用化学处理方法是不能做到这一点的。只有通过连续排污,依靠设备顶部连续闪蒸过程,才能延缓及溶解锅炉给水中的微粒悬浮矿物质(离子态),并以闪蒸后纯净的冷凝水不断替换锅炉中含污物的循环水,这样就可以大大提高水的质量,提高锅炉热效率和汽水品质。反之,过量的集中排污和化学处理反而导致排污效果降低,这就是需要连续排污的道理。其连续排污的全过程由 PLC 系统集中控制。

4.5.7　余热锅炉的控制方式

转炉汽化冷却控制系统,要求能在中控室操作;操作方式分为:手动和自动两种方式。其中,自动方式是在满足工艺和设备联锁要求条件下,由基础级计算机连续自动地完成转炉汽化冷却系统模拟量的调节和监控,在操作过程中,加入了安全联锁程序和自动监控报警显示程序。手动方式是在满足工艺和设备联锁要求条件下,通过工作站 HMI 键盘操作,完成汽化冷却系统每台设备的单体操作及监控,该操作方式主要用于自动方式失败时也能维持生产。

总之,根据不同的工作方式进行大小汽包水位;蓄热器蒸汽压力;除氧水箱给水流量自动调节对所有模拟量信号的检测并传到 HMI 监视画面进行监控。接收 HMI 操作站的指令,根据不同的工作方式,对汽化冷却系统各阀进行有效的开、关控制及操作,余热锅炉操作画面如图 4-27 所示。

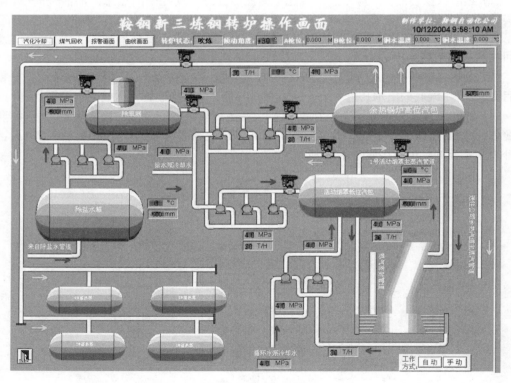

图 4-27　余热锅炉系统操作画面

操作画面显示控制如下内容:

(1) 余热锅炉,除盐、除氧及蒸汽回收工艺流程图。

（2）大小汽包水位，蒸汽压力，蒸汽并网压力的设定及操作。

（3）水位调节阀开闭状态显示。

（4）大小汽包水位调节阀开闭环状态。

（5）给水泵画面PID调节画面按照常规仪表的形式做成调节操作画面，由主画面弹出。

4.6 一次除尘系统的控制

转炉除尘系统也称转炉一次除尘系统，是由一、二级文氏管、洗涤塔、排烟机、三通阀、逆止大水封、烟囱等组成。转炉烟气通过一、二级文氏管和洗涤塔，被除尘水喷淋、除尘、降温后，由抽烟机通过三通阀调节，或由烟囱排出，或通过逆止大水封回收利用。

4.6.1 除尘污水循环系统

如图4-28所示，转炉除尘系统由一、二级文氏管、洗涤塔、排烟机、三通阀、逆止大水封、烟囱等组成。转炉烟气通过一、二级文氏管和洗涤塔，被除尘水喷淋、除尘、降温后，由抽烟机通过三通阀调节，或由烟囱排出，或通过水封逆止阀回收利用。除尘水则经过明渠，先进入水力旋流器和粗颗粒沉淀池分离粗颗粒，再进入立式沉淀池，加药（聚丙烯酰胺）使转炉灰沉淀，立式沉淀池上部清水经喷淋冷却再循环使用。立式沉淀池下部泥浆用砂泵打入浓缩池，浓缩为11.76%的泥浆，进入真空转鼓式过滤机，进行固液分离，产生的污水进入回水池，定时用泵打入立式沉淀池重新沉淀，分离出的泥浆用皮带机送入污泥仓，由专用汽车外运处理。转炉除尘污水闭路循环系统，工业污水不再排入江河而得到循环利用，每年还为企业节约排污费。

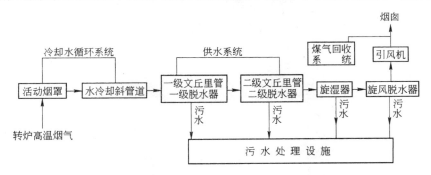

图4-28 转炉除尘循环工艺流程图

但随着炼钢生产节奏的加快，系统立式沉淀池因水位波动大，容易造成污水溢流影响环保达标，甚至还会造成转炉除尘冷却系统断水而严重影响生产。在PLC控制系统中，污水循环系统的水泵、泥浆泵由程序控制实时对液面检测。从而使闭路循环系统水位一目了然，操作简单准确。

4.6.2 一次除尘系统的烟气除尘

转炉吹炼时，产生含有高浓度CO和烟尘的转炉煤气（烟气）。为了回收利用高热值的转炉煤气，须对其进行净化。转炉煤气经过前一节所述的一、二级文氏管和洗涤塔，被除尘水喷淋、除尘、降温后，不符合煤气回收条件时三通打倒放散侧由烟囱排出点火放散，当符合煤气回收条件时，回收侧的三通阀自动开启，通过水封逆止阀，高温净化煤气进入煤气冷却器喷淋降温至约 73℃, 而后进入煤气储柜。经储柜后的煤气加压机将高洁度的转炉煤气(含尘 10 mg/ m³)提供给用户使用。

4.6.3　R-D 阀的控制及捅针

为了保证回收煤气的质量和数量, 炼钢时采用降罩操作和炉口微差压自动调节技术, 利用 PID 调节原理, 随时调节风机抽风量与煤气产生量保持一致, 吹炼过程中烟气量变化很大, 为了保持喉口烟气速度不变, 以稳定除尘效率, 采用调径文氏管, 它能随烟气量变化相应增大或缩小喉口断面积, 保持喉口处烟气速度一定。还可以通过调节风机的抽气量控制炉口微差, 确保回收煤气质量。炉口微差压调节系统是根据炉口烟罩内烟气压力的大小, 通过控制器来控制第二文氏管喉口 R-D 阀的开度, 使炉口微差压保持在一定范围内, 一般控制在 ±2.9 Pa 左右。煤气回收是在烟气中含 CO 达到一定浓度, 并满足回收条件时才开始回收。去掉开吹以后和停吹以前的一段不能回收的时间以外, 只有 8~10 min 回收时间。

常用的 R-D 阀电动执行机构如图 4-29 所示, 这是西博思电动执行机构有限公司生产的电机变频调速电动执行机构。它具有开放的控制接口, 可与各种控制系统兼容。能安装在振动很大和现场环境温度很高场合。

图 4-29　R-D 阀电动执行机构图

其特点是输出力矩不会超过事先设定的上限, 起动电流不会超过电机额定电流, 这样可以采用较细的电缆。可自动校正供电电源相序, 全面的电机保护功能, 电机不会被烧毁。输出轴转速可由用户自行设定。

在吹炼初期将 R-D 阀的开度固定在某一位置上, 待开吹后过一定时间才投入自动控制。由于炉口间隙受转炉喷渣的影响, 调节系统的增益是可变的。为保持系统稳定, 设定值和系统调节参数要根据操作条件变化适当地予以调整。国外有的系统采用预估烟气发生量进行前馈以及按最佳控制策略来计算和整定系统参数。

系统中检测元件采用炉口微差压取压装置和微差压变送器, 变送器的输出信号送 PLC, 在 PLC 内与设定值进行比较, 并按一定控制算法计算得到控制信号送执行机构。

炉口微差压的取压点一般设在烟罩下段上,用四点取压,四根取压管的管径均为 $\phi40\ mm$,取压管引出后再由一根 $\phi50\ mm$ 环形管将四根取压管连通,取其平均压力连接到微差压变送器上。变送器为电容式,其测量范围为 $-300 \sim +300\ Pa$。为减少执行机构的响应时间(R-D 挡板从全开到全关的时间小于 10 s),采用液压驱动机构带动二文喉口的 R-D 阀。

虽然微差压控制系统取压口部位受烟尘及钢渣影响较小,取压口不易被堵塞,但为保证畅通,还在取压口处设置捅针阀,氮气吹扫设施。在转炉停吹时定时自动运行捅针阀进行吹扫。

炉口微差压的自动调节是根据转炉烟气净化及煤气回收的基本原理,在吹炼过程中为防止空气从烟罩与炉口之间的缝隙吸入炉口或烟气逸出,必须保证烟罩与炉口之间的缝隙的内外差压接近于零,烟罩吸入量小于烟气时,烟罩处于正压状态,反之,则处于负压状态,利用这种正负压的关系,自动调节二文喉口 R-D 阀维持转炉产气量与风机抽气量之间的平衡。

通过这种自动调节可以保证烟罩的压差控制在正负规定范围内,但这种调节方法对于克服较大扰动,仍不够理想,在本系统中增加了手动操作,可在大干扰情况下转入手动调节。但是,如果整个冶炼过程操作平稳不产生大的喷溅,就不用参与手动。

4.6.4 一次除尘风机的检测点

转炉一次除尘的主要设备是一次除尘风机,转炉的高压一次除尘风机是保证转炉生产顺利进行的关键。为了保证转炉一次除尘风机的正常运转,要对一次除尘风机及其辅助润滑油泵系统进行监控,图 4-30 所示的就是转炉一次除尘风机监控 HMI 画面。实时监控下列检测点:

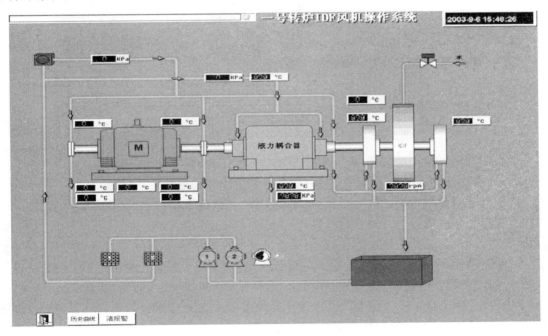

图 4-30 一次除尘风机监控 HMI 画面

（1）炉口微差压的闭环控制。根据回收条件、控制三通阀、水封逆止阀的切换及报警。

（2）活动烟罩的控制。一文、二文、等温度、压力、流量的检测。

（3）采集来自烟气分析仪的分析信号，比较运算后加入回收联锁。

（4）风机的起/停，升速检测；风机液力耦合器控制（在不采用变频，而是采用液力耦合器的情况下）。

（5）旁通阀的过压自动起动；与风机房的通信联系及煤气回收确认。

（6）风机前吸力及后压力监测；烟气流量监测。

（7）风机油泵出口压力检测；风机轴承油温检测；水封液位检测。

（8）完成煤气回收条件的监视与报警及余热锅炉汽化冷却部分的监视与报警。

4.6.5　一次除尘风机的检测与转速控制

风机在钢铁的冶炼过程中占有极重要的位置。大型风机的转速控制，主要分液力耦合器和变频控制两种。

4.6.5.1　液力耦合器控制一次除尘风机转速

液力耦合器的基本原理：液力耦合器是一种应用广泛的液力传动元件。动力机带动耦合器泵轮旋转，泵轮叶片搅动腔内的工作液，在离心作用下，泵轮将机械能转变为液体能传递给涡轮叶片，涡轮再将吸收的液体能传递给工作机。动力机与工作机的传动介质为液体。图 4-31 中所示为几种常用的液力耦合器。

（a）　　　　　　　　　　　　　　　（b）　　　　　　　　　　　　　　　（c）

图 4-31　常用液力耦合器外形图

（a）—YOXR500 限矩形皮带轮式；（b）—YOXE340 限矩形易拆卸式；（c）—YOX340 限矩形液力耦合器

液力耦合器的基本功能是，液力耦合器具有柔性传动、减缓冲击、隔离扭振的功能，可延长起动时间，降低起动电流，使动力机轻载起动，解决沉重大惯量负载起动。

液力耦合器控制转炉一次除尘风机，是由 PLC 控制电动执行器，在风机起动初期将风机固定在某一低速位置上，待转速稳定后再逐渐提高转速给定，等转速达到设定值时才投入自动调节控制。为保持系统稳定，设定值和系统调节参数要根据转炉工艺条件变化适当地予以调整。当转炉吹炼期间，一次除尘风机稳定运行在一个高速区域（一般为 1600 r/min 左右）。待转炉停止吹炼时，为节约能源则自动调节到低速区域（一般为 1200 r/min 左右）。液力耦合器控制的转炉一次除尘风机在速度升降过程中应有必要的间歇，要分段给定步进式提升或降低风机转速，其升降速度控制曲线如图 4-32 所示。

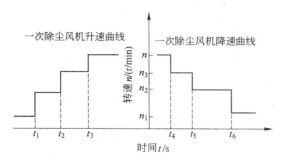

图 4-32　转炉一次除尘风机液力耦合器升降速度控制曲线

4.6.5.2　变频器控制一次除尘风机转速

传统的转炉一次除尘高压风机转速控制,多采用液力耦合器进行调速。近几年随着高压(或中压)变频技术的进步,变频器的性价比有很大的提升,液力耦合器逐渐失去优势。变频控制技术应用在风机调速中具有节电效果明显,调速平稳,易于实现控制等优点;为了突出节能效果,在转炉停止吹炼时,可随时将风机转速调低,如果用有级调速很难实现风机在低速运行的最佳状态。而变频器由于在低速情况下有很好的转矩特性,又可实现无级调速,易于实现上述要求。其调速控制都集中在转炉炼钢 PLC 控制中。

为简化控制逻辑,现场直接根据氧阀的开关状态来控制变频器的转速,即自动方式下,在位氧枪的氧气快切阀开且氧气流量有量值则表明转炉开始吹炼,PLC 控制变频将风机转速自动升到高速区域。待氧枪的氧气快切阀关闭且氧枪提到等候点时,说明转炉停止吹炼,PLC 控制变频器将风机转速自动降到低速区域。变频器预设 6 个速度点,根据现场所需风量不同自动调节电机转速,其调速控制曲线与液力耦合器控制的曲线大致相同。变频器通过 PLC 和 HMI 中文的人机界面给现场调试工作带来很大便利,调试周期大大缩短。各种参数设置十分方便,根据现场烟气的多少,可以及时调整各速度段点的风量。

应用高压变频调速系统改善了工艺。投入变频器后除尘风机可以非常平滑稳定地调整风量,运行人员可以自如地调控,除尘风机运行参数得到了改善,提高了效率。

应用高压变频调速系统延长电机和风机的使用寿命。一般除尘风机均为离心式风机,起动时间长,起动电流大(约 6~8 倍额定电流),对电机和风机的机械冲击力很大,严重影响其使用寿命。而采用变频调速后,可以实现软起动和软制动,对电机几乎不产生冲击,可大大延长机械的使用寿命。

减少阀门机械和风机叶轮的磨损。安装变频调速后,风机经常工作在比原来定速时低 300 r/min 的转速下运行,因此,大大减少了风机叶轮和粉尘的磨损,减少了风机振动。延长风机的大修周期,节省检修费用和时间。

便于实现除尘控制系统自动化。除尘系统的风量经常需要根据工艺的要求变化,液力耦合器调节,存在执行机构跟随流量的关系曲线的线形问题。往往由于执行机构的磨损量过大,特性发生变化,出现非线形问题,致使调节过程失误,自动控制系统无法正常工作。而变频调速始终保持在线形高精度 0.1~0.01 Hz 的范围内工作,为实现除尘系统的自动化创造优越条件。

4.6.6　一次除尘管道微差压调节

炉口微差压的自动调节是根据转炉烟气净化及煤气回收的基本原理,在吹炼过程中为防止空气从烟罩与炉口之间的缝隙吸入或炉口烟气逸出,必须保证烟罩与炉口之间的缝隙的内外差压接近于零,烟罩吸入量小于烟气时,烟罩处于正压状态,反之,则处于负压状态,利用这种正负压的关系,自动调节二文喉口 $R\text{-}D$ 阀维持转炉产气量与风机抽气量之间的平衡。

通过这种自动调节可以保证烟罩的压差控制在正负 2.9 Pa 范围内,但这种调节方法对于克服较大扰动,仍不够理想,在本系统中增加了手动操作,可在大干扰情况下转入手动调节。但是,如果整个冶炼过程操作平稳不产生大的喷溅,就不用参与手动。

4.7　二次除尘系统的控制

二次除尘系统是指上述转炉烟气净化回收以外各扬尘点的烟气收集和除尘。其中包括转炉兑铁、转炉吹炼、吹氩站、铁水扒渣站及铁水倒罐站的烟气除尘。

采用收尘器处理二次烟尘,实现综合利用,减少转炉炼钢对环境的污染,改善周围地区环境。除尘通常由两部分组成,一为烟尘收集,收集的方法主要有通过炉顶第四孔的直接法、炉顶罩法、车间天篷大罩法和密闭隔间法;二为集尘器,它又有干式静电除尘器和布袋式除尘器以及湿式文氏管洗涤器等。

电除尘器直接安装在厂房顶,以捕集和净化靠烟气热压和厂房的通风作用上升的二次烟尘。烟气依靠自身热压和厂房的通风作用上升。

4.7.1　二次除尘系统的控制范围

袋式除尘器的自动控制已普遍采用 PLC 机,工控机(IPC)也已进入这一领域。中、小型设备多采用单片机或集成电路为核心的控制技术。自控系统的功能更为齐全,对清灰进行程控,自动监测除尘设备和系统的温度、压力、压差、流量参数、超限报警;对脉冲喷吹装置、切换阀门、卸灰阀等有关设备和部件的工况进行监视、故障报警;对清灰参数(周期持续时间等)进行显示。对各控制参数的调节更加方便。

为了克服自身清灰能力薄弱的缺点,反吹清灰除尘器出现了"回转定位反吹机构"。首先用于回转反吹扁袋除尘器,将其发展为分室停风的回转反吹类型;随后又用于分室反吹袋式除尘器,以一台具有多个输出通道的回转定位反吹阀取代多台三通切换阀,大大降低了漏风量,有利于增强清灰能力,还减少了机械活动部件和相应的维修工作量。在改造在线分室反吹设备时往往配套采用覆膜滤料,加强其粉尘剥离能力。这两项技术在上海宝钢改造一、二、三期工程的分室反吹和机械回转反吹扁袋除尘器时取得了很好效果。

4.7.2　除尘风机与布袋除尘

布袋除尘器是利用通风原理,采用滤布进行自然过滤,而静电除尘器是在通风过程中利用高压电源硬把粉尘吸附到极板上的,这样布袋除尘器要比静电除尘器有更高、更稳定的收尘效率,特别是对人体健康有严重影响的重金属粒子、细微尘粒(10 μm 以下)的捕集更为有效。通常除尘效率可达 99.99% 以上,排放烟尘浓度能稳定低于 50 mg/m^3,甚至可达 10 mg/m^3 左右,几乎实现"零"排放。这么低的排放量,目测是看不到烟囱上有烟气排出的,就如同停产一样,给人们的感觉很好。

布袋除尘器的特点是:

(1)运行稳定,自动控制简单,没有高压设备,维护人员可以随时在布袋除尘器平台上观察气流和布袋使用情况,安全性好,系统与锅炉运行相互控制,管理要求严格。

(2)维护工作量小,可实现不停机检修,四年或五年一次的更换滤袋工作量较大。

(3)出口排放浓度不变,始终小于 50 mg/m³,快、中、慢三种清灰方式会根据系统运行阻力自动调节。

(4)布袋除尘器烟气温度太低了会结露,同时可能会引起糊袋和本体钢结构腐蚀;烟气温度太高超过滤料允许温度,容易烧袋。引起这些不正常的温度是事故温度,所以必须做好布袋除尘器的安全自动保护措施。但是只要正常烟气温度在滤料的承受温度范围内,不影响除尘效率。

(5)布袋除尘器对于耐氧性差的滤袋会影响滤袋寿命,如 PPS 滤料,所以烟气含氧量控制在 10% 以内,但除尘效率不受影响。

(6)布袋除尘器在烟气成分变化时,对除尘效率没有影响。

静电除尘器的特点:

(1)静电除尘器自动控制相对复杂一点,高压设备安全防护严格,对锅炉运行要求不高,但设备管理要求严格。其维护工作量相对较大,检修时一定要停机,十年一次更换电场极板时所需时间较长,要比更换滤袋耽误时间更长。

(2)静电除尘器的除尘效率改变,烟尘排放浓度也会改变,出现波动,超标排放。

(3)静电除尘器烟气温度太低了也会结露,不但会引起本体钢结构腐蚀,电场内部还会产生高压爬电;烟气温度太高了极板会受热变形,同时粉尘的比电阻升高,不容易合电,从而影响除尘效率,而且影响很明显。

(4)静电除尘器漏风风量增加就等于增加了电场风速,电场风速增加了对除尘效率有影响。

(5)静电除尘器烟气成分的变化就等于粉尘比电阻的变化,比电阻的变化从而就影响了除尘效率,而且影响很大。

初期投资静电除尘器要比布袋除尘器高。

4.8 煤气回收系统的自动控制

煤气回收是实现负能炼钢的主要途径之一,所谓负能炼钢,是指回收的能量大于消耗的能量。也就是说,使转炉制造每吨合格产品所用的各种能源(水、电、风、气等)与回收的能源(煤气及蒸汽)之差为负值。转炉烟气中 CO 浓度随着吹炼时间的增加而增加,达到高峰后逐渐下降,最高可达 90%,平均 70% 左右。当 CO 含量在 60% 时,其热值达到 8000 kJ/m³。

4.8.1 煤气回收的工艺流程

在转炉炼钢生产过程中,1450～1600℃ 的转炉烟气通过转炉烟罩回收并降温至 1000℃,然后经过一级、二级文氏管除尘、降温,烟气中的粉尘含量从 120～200 g/m³ 降到 0.1 g/m³,温度降到 67℃。当 O_2 浓度小于 1% 且 CO 浓度大于回收要求时煤气通过三通阀和水封逆止阀进入煤气柜,反之则通过放散塔燃烧排空。其工艺流程见图 4-33。转炉煤气回收一般采用的是"二文-塔式"净化工艺。典型的"二文-塔式"净化回收系统工艺流程如图 4-33 所示。

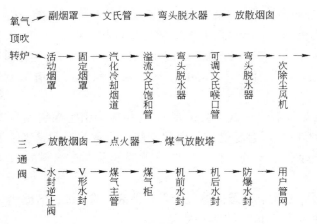

图 4-33　煤气回收工艺流程图

由于转炉煤气回收是转炉冶炼的一部分,因此回收煤气的同时也包括了氧枪及副原料的加入等整个吹炼过程。煤气回收系统操作画面如图 4-34 所示。

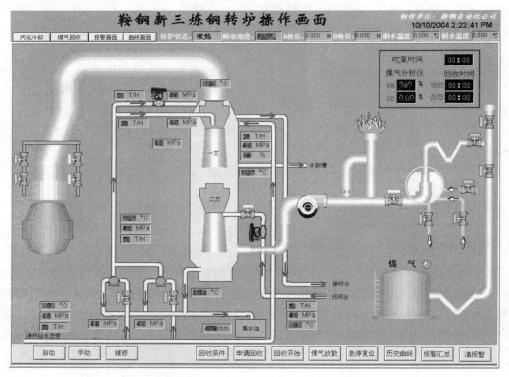

图 4-34　煤气回收系统 HMI 操作画面

4.8.2　在煤气回收过程各设备间的自动联锁和顺序控制

通过三通阀、水封逆止阀、旁通阀及煤气贮气罐的自动联锁和顺序控制完成如下自动回收程序步骤：

（1）开始出钢。出钢后，耦合器降速，降速后，一文弯头、二文弯头脱水器阀开启，冲洗 3 min 关闭，低速时，二文喉口氮气捅针开始动作、风机水冲洗电动阀打开。

（2）兑入铁水。兑入铁水后，耦合器开始升速。

（3）开始吹炼。氧枪下降到位，分析仪表开始工作（CO，O_2 冷端分析仪），在分析 CO，O_2 达到工艺要求时，开始回收煤气。

（4）回收开始。水封逆止阀打开，开到位，气动三通阀由放散转向回收，若水封逆止阀不能打开或打开时间超过 25 s，紧急打开气动旁通阀。

（5）裙罩下降。炉口微差压系统开始运行，炉口微差压信号通过液压伺服机构，控制二文执行机构，从而控制二文 R-D 阀的开度。待到吹炼后期时结束煤气回收。

（6）回收结束。气动三通阀由回收转向放散，三通阀动作过程中，三通阀放散到位，水封逆止阀关闭。结束煤气回收。炉口微差压系统停止运行。

（7）吹炼结束。氧枪上升，各种分析仪表停止工作，开始出钢，执行下一轮循环。

煤气是一种易燃易爆气体，因而在正常的冶炼回收操作的同时，必须有完善的事故处理程序，根据事故的不同类型，将其分为三个等级，即重度报警、次度报警、轻度报警。重度报警的处理：抬烟罩、提氧枪、三通阀切换到放散位置。次度报警则停止煤气回收，炼钢操作正常进行。轻度报警只在操作站 HMI 上给出提示，请求处理，不影响其他操作，煤气回收系统 HMI 操作画面如图 4-34 所示。

4.8.3 煤气回收的条件与时机

在生产中，排出烟气与回收煤气是由时间程序控制装置控制气动三通切换阀进行自动切换，来实现煤气的回收与放散的。其弊病是难以控制煤气的质量，经常会造成合格能源气的浪费，而且存在一定的安全隐患。对煤气回收系统全部设备进行自动控制并根据吹炼与回收的条件把握时机，达到煤气回收数量和质量的两者最佳。煤气回收的条件包括：

（1）氧枪操作系统 OK；

（2）分析仪表正常；

（3）三通阀、水封逆止阀正常；

（4）煤气柜不满；

（5）CO 含量不小于 30%；O_2 含量不大于 2%；

（6）旁通阀在关闭状态；

（7）机后压力小于 8000 Pa；

（8）一文水量不小于 200 t/h；

（9）二文水量不小于 170 t/h；

（10）风机工作正常；

（11）不允许三座转炉同时回收；

（12）炉前烟囱冒火严重时不允许回收；

（13）各炉煤气回收通讯正常；

（14）大喷溅无法制止时不回收。

4.8.4　煤气回收系统的气体分析

气体分析仪是用于测定烟道气中各燃烧参数,确定煤气回收时机,控制排放的分析设备。通过检测 CO,O_2 浓度,进行上限报警和控制,能保证安全回收煤气;检测 CO 浓度,计算热值以控制能源气的回收。

过程气体分析仪外形如图 4-35 所示。该分析仪的操作是对话菜单式的,符合 NAMUR 推荐标准。对各单元性能和参数的远程设定是标准的。SIPROM GA 可选软件包实现远程服务和预防性维护。

借助 Profibus DP 接口模板和 SIMATIC PDM 软件,该分析仪可接入系统现场总线。在风机房防爆区域使用的带吹扫单元的现场安装型外壳。常用在钢铁厂生产过程的气体分析。

红外气体分析仪(图 4-36)适合环保、冶金、化工、煤炭、化肥、水泥等行业的气体监测。特点是:电调制红外光源,无旋转机械部件,体积小,寿命高。

图 4-35　过程气体分析仪

图 4-36　红外气体分析仪

4.9　炼钢化学成分的化验检测与通信

化验数据处理子系统接收从铁水管理子系统、炼钢控制子系统和连铸的样号请求,待化验结果出来后,将化验结果传送给计算机进行处理。

化验数据处理子系统还具有监视和查询功能。即显示化验室发出的最后一个试样的化验时间,化验结果等,显示从即时起往前若干个试样的化验结果及取样地点,供操作人员检索。

化验数据经光谱分析仪计算机,采用以太网协议进入二级计算机网络。

4.10　副枪控制系统

副枪又称检测枪,是氧气顶吹转炉在中断吹炼最短或者减氧流量在的情况下直接测定钢水温度、碳含量和取样的装置。主要作用是在炼钢过程中,对转炉的熔池深度、钢水的温度、碳氧元素的含量进行测量以及钢水试样的取得。

4.10.1　副枪测试探头

副枪用的纸质测头称为探头。它可插入炉内用来测定钢液含碳量和熔池温度,并取钢样。副枪是转炉计算机动态控制最主要的设备,副枪是一根水冷式三层钢管,其下端有一个一次触发的探头电极夹,副枪测试探头就装在电极夹上。副枪有四种探头:测温探头 T、测温定碳复合探头 TSC、测温定氧探头 TSO、测定熔池液位探头 BL。

4.10.1.1 测温探头 T

T 单测温探头可在后吹后只需测温时使用,相比其他两种副枪探头,可节约成本。测温探头为消耗式热电偶,它具有准确度高(在 ±5℃ 以内),响应快(4 s),复现性好等特点,它的整个测量头如图 4-37 所示,热电偶是装在石英管内的直径为 0.05～0.1 mm 铂铑 10-铂(KS-602P 或 J 型,分度号为 S,使用温度上限为 1700℃)丝或铂铑 13-铂(BP-602P 或 J 型,分度号为 R,使用温度上限为 1760℃)或双铂铑(铂铑 30-铂铑 6,KB-602P 或 J 型,分度号为 B,使用温度上限为 1820℃)丝,铝帽是用来保护"U"形石英管和热电偶的,以免在其通过渣层和钢液时被撞坏。测温时将测量头插在副枪的头部。由于测温是间歇进行的,故一般利用纸管作为保护材料,套在副枪上面,以防止副枪发生热变形,甚至烧毁枪内的补偿导线。测量钢(铁)水温度时,变频器控制副枪插入钢水中,通过转速闭环准确停止在设定的插入深度内。测量头的铝帽迅速熔化,石英毛细管所保护的热电偶工作端即暴露在钢水中,因石英毛细管的热容量小,故能很快升至钢水温度,如图

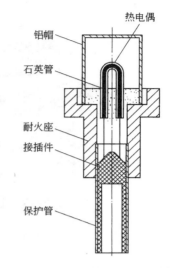

图 4-37 副枪测温探头测量头结构图

热电偶
铝帽
石英管
耐火座
接插件
保护管

4-38 所示,开始热电偶的热电势迅速升高,如 AB 段所示,直到与钢水温度一致时(图中 B 点),热电势不再上升,达到平衡状态(温度曲线出现一个"平台"),这点就是钢水的温度,测出这一平台极为关键,过早测量,数据不是钢水的真正温度,过晚则热电偶已烧断而没有读数,测不出来而导致失败,经副枪内补偿导线传送到计算机,由计算机自动找出这平台,并保持该温度,并发出"测试完成"的信

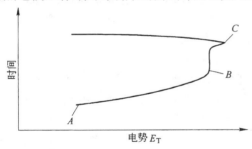

图 4-38 副枪钢水温度测量曲线

号,副枪自动提出钢水,当热电偶与渣接触时,热电势略有升高,出现 C 点,继续提枪,电势迅速下降,测温完成。副枪到机械手位,更换新型探头。

4.10.1.2 测温定碳复合探头 TSC

测温定碳复合探头 TSC 用于测定冶炼过程温度、定碳、取样。采用高精度的定碳盒,通过测定钢水的凝固温度,计算出钢水中的碳含量,以决定后吹的时间及供氧量。同时取出一个双厚度样,可做光谱和气体分析。可用在温度和碳的动态控制。副枪钢水测温定碳复合量头的结构见图 4-39,其原理是凝固定碳法。测试时炉中钢水注入定碳测量头底座的样杯中,热电偶测得的 E_C 电势-时间曲线如图 4-40 所示。

从 A 点上升到最高点 B,然后随着钢水温度的降低,就开始下降。当钢水开始凝固时,由于放出结晶热,热电偶电势 E_C 即从 C 点开始的一段时间内保持不变,即出现"平台",过

"平台"后,温度即迅速下降,这"平台"位置(即温度)与钢水中含碳量成函数关系,准确找出这段"平台"即可求得钢水中含碳量。与钢水定碳测量头配套的还有专门的钢水定碳测量仪,它与副枪 PLC 系统通讯,将测量结果传入计算机显示。

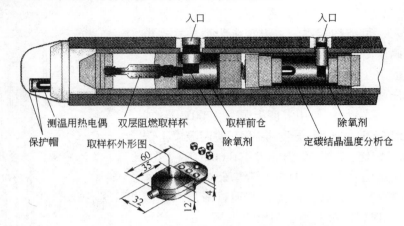

图 4-39　副枪钢水测温定碳复合量头的结构图

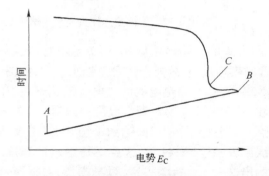

图 4-40　样杯内钢水凝固定碳曲线

4.10.1.3　测温定氧探头 TSO

副枪钢水定氧测量头是采用高温固体电解质制成的氧浓差电池传感器(或称测量头)进行钢水定氧,把氧测量头插入钢水中,约 5～10 s 就可产生稳定的氧电势供检测仪表指示和记录。通过定氧仪能直接测出钢水中的氧活度,更适合炼钢情况,因为钢水和钢渣间的化学反应关系是氧活度的平衡而不是浓度的平衡;它还能测出钢水中的溶解氧量,由于溶解氧量与脱氧平衡有直接关系,便于确定脱氧剂的加入量而改进脱氧操作。浓差电池式钢水定氧传感器的原理和结构见图 4-41,作为制造氧浓差电池的高温固体电解质,具有高温下传递氧离子的晶型结构,如图 4-41b 所示将管状固体电解质置于有不同的氧分压 p_{O_2}（Ⅰ）p_{O_2}（Ⅱ）两种介质环境中,高温时,带电氧离子便从氧分压高的一端通过固体电解质晶格点阵中的氧空穴向氧分压低的一端迁移,随着固体电解质两侧表面不断产生的电荷积累,最后达到动平衡而产生一定的电势。用奈斯特(Nernst)公式表示为:

$$E = RT\{\ln[\,p_{O_2}(Ⅱ)\,p_{O_2}(Ⅰ)\,]\}/4F$$

式中　　　　　　E——氧浓差电势,V;

　　　　　　　　F——法拉第常数,96500℃/mol;

　　　　　　　　R——理想气体常数,8.314 J/(mol·K);

　　　　　　　　T——绝对温度,K;

p_{O_2}（Ⅱ）,p_{O_2}（Ⅰ）——两侧介质的氧分压。

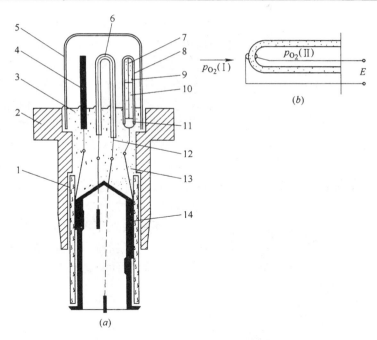

图 4-41　定氧测量探头的结构和原理

(a)—定氧测量头结构；(b)—氧浓差电池原理

1—小纸管；2—耐火件；3—耐火水泥；4—钼棒；5—保护帽；6—U 形石英管；7—钼针；8—氧化锆管；

9—参比极；10—Al$_2$O$_3$ 粉；11—塞子；12—热电偶；13—引线；14—塑料插件

定氧探头的结构见图 4-41a 高温电解质是管状的 ZrO$_2$(+ MgO)或用 ZrO$_2$(+ CaO)，通常称为锆管。锆管内装入已知氧分压的金属和氧化物的混合粉状料作参比极，电极引线是用钼针连接的，锆管外部直接与钢水接触，并通过钢水与作为回路的钼针连接，从而构成氧电池。钼极丨p_{O_2}(参比电极)ZrO$_2$ + MsO(电解质)[O]钢水丨钼极。装于 U 形石英管中的热电偶是用来测量钢水温度的，在定氧测量头达到热平衡时此温度也就是固体电解质的温度。

在实际应用中，普遍采用氧化铬(Cr + Cr$_2$O$_3$)和氧化钼(Mo + MoO$_2$)的分解压力为参比压力，表达式如下

$$E = \Delta F(1/2F) + (RT/2F)\{\ln(f[a_0]/p_{O_2}^{1/2})\}$$

式中　　E——氧浓差电势；

$\quad\quad F$——法拉第常数；

$\quad\quad R$——理想气体常数；

$\quad\quad T$——绝对温度；

$\quad\quad \Delta F$——氧溶解的标准自由能变化；

$\quad\quad f$——氧的活度系数；

$\quad\quad p_{O_2}$——参比侧氧分压；

$\quad\quad [a_0]$——溶解氧量，%。

根据上式可以得出钢水中溶解氧量或氧活度为：用氧化铬(Cr + Cr$_2$O$_3$)作参比极时(用于低氧测量)用氧化钼(Mo + MoO$_2$)作参比极时(用于高氧测量)。

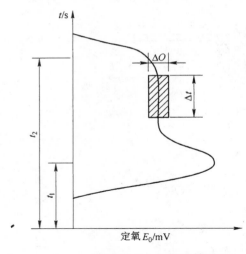

图 4-42　定氧测量探头的典型测量曲线

钢水定氧测量头直接与钢水定氧测量仪连接,并送入 PLC 及 HMI 显示。按照上面的定氧公式,它是温度的函数,故氧浓差电池的定氧测量头如图 4-41b 所示带有微型热电偶,因而它的二次测量数字仪表通常都是作为测量温度与定氧两参数的,定氧同时,钢水的温度也可测得。当副枪把定氧测量头插入钢水后,会得到典型测量曲线如图 4-42 所示,也是出现一个"平台",测量起始时间(t_1),即当测量头插入钢水后,要有一段达到平衡的时间,约为 2～3 s,"平台"允许波动值(ΔO)表示曲线上下波动小于这一允许值时才算平台出现,"平台"持续时间(Δt)表示波动值小于允许值应持续到该规定时间,平台才算有效,到(t_2)的测量结束。一般为 5～10 s。

4.10.2　副枪系统设备组成

转炉副枪系统的主要设备组成如下:副枪升降装置、副枪横移装置、副枪探头更换装置等。下面以鞍钢二炼钢 3 号转炉副枪系统为例简要介绍其工艺设备。该系统的工艺设备结构简图如图 4-43 所示。图 4-44 表示的是副枪探头装卸仓的结构图。

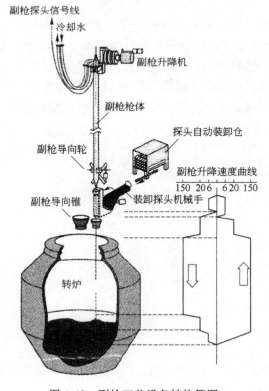

图 4-43　副枪工艺设备结构简图

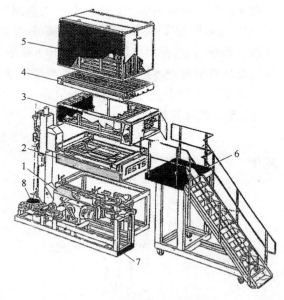

图 4-44　副枪探头装卸仓结构图

1—探头取出臂;2—探头传送链;3—探头喂给部分;
4—拨出探头机械板块;5—探头储藏箱;6—装填
探头加载台;7—承重框架;8—探头搬运机

该副枪控制系统采用了一套西门子 S7-400PLC,CPU 的型号为 CPU416-2DP ,该 CPU 运算速度比较快,内存容量比较大,负责整个副枪系统的控制。系统网络采用了工业以太网的通讯方式,采用开放的 TCP/IP 协议,传输速度为 100 Mbps,通过两台光交换模块进行数据传输。

系统采用了比较灵活和先进的分布式主从 I/O 连接方式,到达转炉平台的副枪探头装卸仓设置了一个远程 I/O 站,节省了大量的电缆铺设和工作强度,现场信号采集进入附近的 I/O 从站,各层国内平台之间采用 Profibus 光纤的连接方式,保证数据的安全和顺畅。

现场操作采用了三台 HMI,一台为工程师站,HMI 软件采用西门子 WINCC 组态软件,实现画面监控、参数调整及设备操作,副枪的主要参数提供了设定接口,可以调整副枪的下枪曲线,副枪插入深度以及各个高度的设定值和报警的限制值,可以由现场工程师进行修改,来满足现场工艺的要求,非常的灵活方便。

该系统传动装置采用了 AB 直流传动装置,与 CPU 采用了 Profibus 通讯方式,保证了数据传输的安全性和稳定性。副枪电机轴端安装了增量性编码器,与传动装置采用了速度闭环,大大提高了控制精度,从而保证了副枪升降高度的准确性。

副枪探头更换装置机旁采用了 OP17B 操作面板,完全图形化的界面,取代了传统的操作箱方式,操作简单,采用网络连接方式,数据传输速度快,灵活易用,提高了工作效率。

4.10.3 副枪测试系统控制

副枪设备有利于实现全自动取样和检测,无需转炉倾动或中断吹炼。在每炉钢水冶炼过程中,安排有两次取样和检测:第一次安排在吹炼过程中,第二次安排在吹炼终点。在吹炼过程中的检测使用 TSC(测温、取样、定碳)探头,用于计算校正所需的吹氧量和诸如冷却剂之类的添加剂用量,以满足测试终点碳含量和温度要求。在经过调整氧量的吹炼结束时,利用 TSO(测温、取样、定氧)探头检测熔池温度和自由氧含量,以确定终点碳含量,并计算熔池液位。在两次检测过程中,该系统可自动将试样从一次性探头中回收,并通过位于控制室高度的探头收集槽将试样输出;利用试样分析结果预测钢水的终点化学成分。其控制过程步骤如下:

(1)二级计算机或 HMI 进行探头选择,其操作画面如图 4-45 所示副枪系统操作总画面。

(2)副枪自动下降至探头更换装置上方,副枪升降操作如图 4-46 所示副枪升降控制操作画面。

(3)副枪探头更换装置,自动从探头舱中运出所选择的探头,自动安装到副枪上如图 4-47 所示副枪机械手操作画面。

(4)副枪探头安装完毕后,自动提升,副枪横移装置运行,在转炉上方等待如图 4-48 所示副枪横移操作画面。

由于鞍钢二炼钢厂 3 号转炉是利用原平炉厂房,转炉上方平台狭小,只能把副枪探头装卸仓等设备安装在远离转炉炉口位置,故采用横移方式到达换头位置。在现场条件较好的厂房,换头机构可就近安置在转炉炉口附近,采用副枪旋转控制方式。

(5)二级计算机或操作员通过 HMI 发出测量命令,副枪开始测量副枪探头测试参数画面。

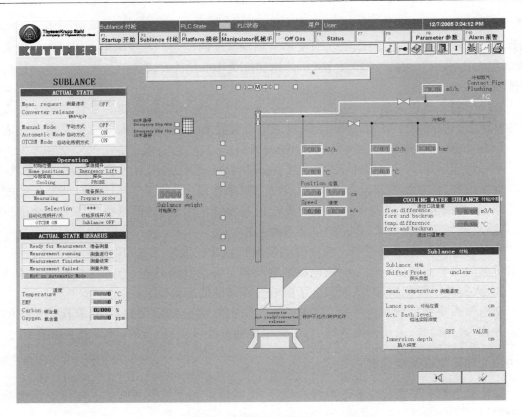

图 4-45　副枪系统操作总画面

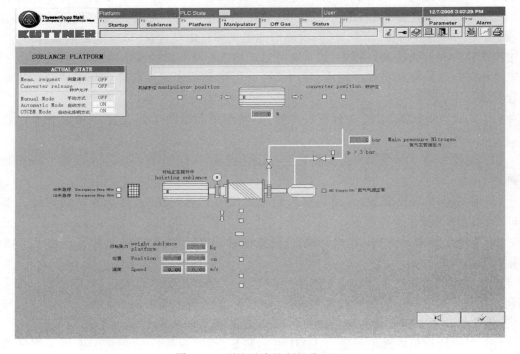

图 4-46　副枪升降控制操作画面

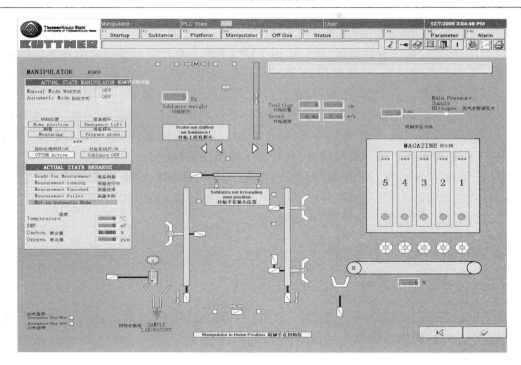

图 4-47　副枪机械手操作画面

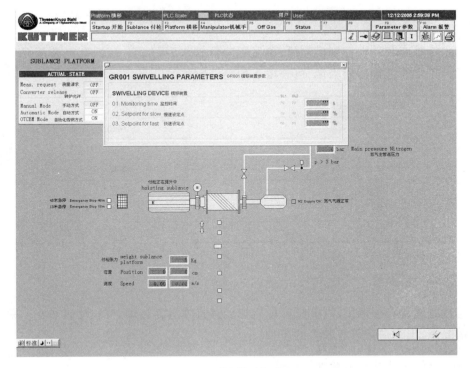

图 4-48　副枪横移操作画面

(6) 副枪测量完毕后,自动回到副枪探头更换装置上方。

（7）移除探头，进行下一次装头工作。

其中，副枪升降控制操作画面、副枪机械手操作画面和副枪横移操作画面仅在维修方式下使用。正常生产测试时，一律采用自动方式。在自动方式下，只使用副枪系统操作总画面，整个副枪的控制，自动化程度较高，在全自动方式下，从探头的安装到副枪的测量，以及旧探头的拆除完全自动完成，无需人工干预，副枪系统取消了人工取样和测温，既可节省时间，又不需要对操作人员有过高的要求，整个副枪控制精度很高，枪位可以控制在 ±1 cm 内，保证了副枪探头插入熔池的准确性，良好的下枪曲线控制保证了探头测量的成功率。

通过一段时间的运行，副枪的控制系统，得到了用户的好评，根据冶炼过程中动态的变化调整补吹的氧量和时间，从而达到终点命中，即终点的温度和碳的双命中率。鞍钢二炼钢厂 3 号转炉实现了不用倒炉测量，一次出钢。

4.10.4　副枪系统性能和使用价值

4.10.4.1　生产能力

使用副枪系统可缩短出钢周期时间。这样，对于现有转炉设备来说，每年出钢炉数将显著增加。由于不再需要倒炉作业，出钢周期时间可缩短 15% 以上，从而使转炉每年出钢炉数最高增加 25%。假设能有足够的铁水运送到转炉车间，转炉车间生产能力也将提高同样的数值。

4.10.4.2　经济效益

采用副枪静态和动态控制模型后，可显著降低铁水、添加剂、氧气和能源消耗。对于一个生产运行正常的炼钢车间来说，可获得下列经济效益：

原料和能源介质	经 济 效 益
铁　水	降低 10 kg/t
废　钢	增加 10 kg/t
氧　气	降低 1.0 m^3/t
铝合金	降低 24 kg/炉
锰　铁	降低 60 kg/炉
能　量	相当于钢水升温 20℃

4.10.4.3　转炉炉龄

工艺过程优化和取消倒炉作业，都使用户能够有效提高转炉炉龄，使转炉在不采用溅渣护炉的情况下，出钢炉数可有较多的增长。

4.10.4.4　冶炼时间及冶炼精度

副枪检测结果可在检测探头进入熔池后大约 5 s 内得到。如此快的检测速度，再加上经过优化的降枪和提枪速度，可相对缩短转炉冶炼时间。副枪系统具有极高的总体精度。

4.10.4.5 设备利用率

在冶炼过程中,保持较高的设备利用率是必不可少的前提条件。在转炉炼钢厂,则应充分利用连铸设备和钢板直接轧制设备,使之达到较高的作业率。在鞍钢二炼钢 3 号转炉安装的副枪系统总体设备利用率均已超过 93%,随着系统设备的磨合和日常维护水平的提高,利用率将进一步提高。

副枪系统静态和动态控制模型为钢材生产商提供了一种必不可少的、经过实践检验证明成熟可靠的转炉炼钢过程动态控制设备。能够提高转炉炼钢的效率,实现对转炉过程的动态控制。通过副枪不倒炉连续或单独地测定温度、碳、氧、液面,特别是在 100 t 以上的大转炉上,可以很大程度提高转炉的作业率,具有很大的推广空间。

副枪系统可达到很高的总体利用率和控制精度。之所以能够达到这样高的利用率,是在不断积累经验的过程中不断改进的结果。精确的检测,再加上性能可靠的静态和动态冶炼控制模型,为获得很高的吹炼终点命中率奠定了坚实的基础。

4.10.5 副枪的测试原理

副枪测试依靠的是副枪探头,副枪测试已成为现代转炉炼钢无需中断出钢过程就达到终点碳控制和出钢温度控制的重要一部分。副枪运行成功与否很大程度上依赖于测枪探头的可靠性和测温精度。为满足减少出钢时间,改善钢的质量及降低成本的需要,目前国内常用的是贺利氏电测骑士有限公司制造的副枪探头。

贺利氏电测骑士有限公司制造的副枪探头种类主要有:

(1) 含有双厚度取样器的 multi-lance E-RDT 和 DT 系列探头。双厚度取样器与其他取样器相比,multi-lab E-RDT 和 DT 副枪探头不仅冷却速度快,而且使制样过程更简便,并减少了总的分析时间。双厚度取样器中 12 mm 厚的部分用于 X 射线光谱分析,4 mm 厚的部分可冲出小块后进行燃烧分析。

(2) E-RDT/TSC 副枪探头用于吹炼阶段,E-RDT/TSC(测温、取样、定碳)探头,可测量钢水温度,通过液相线温度测定含碳量,并取得钢样,用于实验室分析。其特点是专利样模设计及高精度的热偶丝的选用保证了结晶温度测量的准确性 。独特的钢水侧边流入与导流管稳定钢流的结构设计,保证了吹炼中最优的脱氧效果和钢样重量。

(3) 副枪 E-DT/TSO 探头,用于转炉终点测量,E-DT/TSO(测温、取样、定氧)探头,可用于钢水温度测量,取样以及氧活度测量,Celox 氧电池适用于副枪系统的操作,提供迅速、精确的氧活度测量;高质量的双厚度取样器,脱氧技术以及无焊缝的样模设计保证了其在高温环境下的正常使用。

(4) 副枪 E-DT/T 探头,E-DT/T 探头主要用于转炉冶炼和终点温度的准确测量。副枪系统对探头的要求是,响应时间短,非常稳定的温度曲线 ,取样脱模简便,设计和选取的部件可保持接插件清洁,总体的探头结构设计保证其适用于炉前恶劣的工作环境,并在测量时间较长的情况下对枪体前管和接插件提供最优的保护。

(5) 副枪 E-DT/TL 探头,用于测量和计算熔池液位。

将 TSC,TSO,T,TL 型副枪探头分别装入专用贮藏箱内,用机械手将箱内对号的探头装在副枪的测枪头(接插件)上。

　　经二次仪表显示,探头与副枪头的接插件导通良好的情况下,进行插入钢液测温,取钢样及准确测量钢液面。

　　测量时间:按技术要求已控制好的各种探头,插入钢液一般小于 5 s 就能测量成功。

　　图 4-49 显示的是鞍钢 3 号转炉采用副枪测试贺利氏仪表和副枪探头测试后的参数画面。

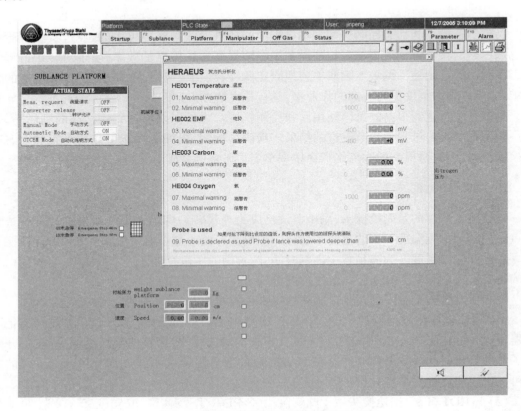

图 4-49　副枪测试贺利氏仪表参数画面

　　画面主要显示如下信息:

　　(1) 副枪测试温度实际值;

　　(2) 温度超高报警,并显示报警温度值;

　　(3) 温度超低报警,并显示报警温度值;

　　(4) 热电势超高报警,显示报警热电势毫伏值;

　　(5) 热电势超低报警,显示报警热电势毫伏值;

　　(6) 副枪测试钢水含碳实际值;

　　(7) 含碳超高报警,并显示报警含碳值;

　　(8) 含碳超低报警,并显示报警含碳值;

　　(9) 显示副枪设定插入熔池深度和实际插入深度。

　　当实际插入深度超出副枪设定插入熔池深度时,则该探头视为使用过的旧探头,起动自动更换探头程序换新探头。

当测试失败或测试曲线不佳时,该探头亦视为使用过的旧探头,起动自动更换探头程序换新探头,换完探头副枪到炉口位待命。

转炉终点动态控制系统以钢水终点碳温为主要控制目标,在转炉吹炼接近终点目标时,转炉基础自动化级 PLC 发出副枪测试命令,副枪系统按指令进行测试,将测试数据传送到基础级和二级计算机,作为动态校正模型的计算依据,二级计算机根据副枪检测结果推算出达到终点所需补吹的氧量和外加的冷却剂量。向基础级 PLC 下达补吹方案。

4.10.6 副枪的测试枪位控制副枪换头机械手控制

副枪系统包括以下四个主要组成部分:

(1) 一个旋转平台或一台横移小车,上面装有一台卷扬机,用于与平台或小车相连的副枪体的升降;副枪的升降和横移由 PLC 编程驱动变频器控制。

(2) 一个带有探头贮箱的自动探头安装机械手系统,可确保探头安全存放,可自动选择探头和将探头自动装到副枪体上,测试后锯下探头上的样杯部分和拔卸测试残头等。

(3) 装在转炉烟罩上或位于烟罩上方的设备,如一个副枪水冷插入口、一个密封罩和一台清渣装置。

(4) 电气和仪表设备,如 PLC 系统和贺利氏仪表,一台用于检测结果记录和解释的计算机;计算机与可编程序逻辑控制器 PLC 相连,可作为转炉副枪机械手操作控制室计算机系统的连接设备使用。

副枪设备有利于实现全自动取样和检测,无需转炉倾动或中断吹炼。每班安排一次用液面测试探头测量并计算熔池液位。在每炉钢水冶炼过程中,安排两次取样和检测:第一次安排在吹炼过程中,第二次安排在吹炼终点。在吹炼过程中的检测使用 TSC(测温、取样、定碳)探头,用于计算校正所需要的吹氧量和诸如冷却剂之类的添加剂用量,以满足钢水终点碳含量和温度要求。在经过调整氧量的吹炼结束时,利用 TSO(测温、取样、定氧)探头检测熔池温度和自由氧含量,以确定终点碳含量。在两次检测过程中,该系统可自动将试样从一次性探头中回收,并通过位于控制室高度的探头收集溜槽将试样输出;利用试样分析结果预测钢水的终点化学成分。

副枪位置自动控制程序的功能是接收枪位设定值,按 BCD 码形式存于特定单元,根据操作方式,即手动或自动将位置设定值、测试插入深度与其相应的抱闸动作结合起来,并采用位置控制曲线准确停枪。

副枪的自动测试,是由枪位控制与换头机械手的逻辑控制的有机结合来完成的。当接收到启动测试命令后,在检测系统设备和联锁条件均正常的情况下,PLC 根据钢水液位和操作站设定的插入深度,计算出准确的停枪位置,控制驱动设备将副枪下降到测试点进行测量→在预置的副枪停留时间内,检测仪表接受测试曲线,分析处理,分析结果(温度、含碳量或含氧量)发送到过程控制二级计算机并在操作站 HMI 上显示→测试停留时间到副枪 PLC 控制枪体上升并旋转(或横移)到换头位 →控制机械手锯出钢样,装入样盒,风动送入化验室→机械手拔掉残头扔入回收溜槽 →PLC 控制机械手按照操作站新选探头型号,起动对应的探头贮存箱,拔出探头自动装在副枪头上,探头测试回路接通发出"连接 OK!"信号→副枪移到炉口位,下降到等待点等候下一次测试命令。

在副枪平台应该留有一个设备检修位,以便将副枪体下降到操作平台位置,便于对探头夹持机构进行日常检修。这一特点可显著提高副枪系统的总体设备作业率。采用副枪系统后,可取消人工取样;这样可以显著改进操作人员的工作条件,试样可在操作控制室高度自动输送,使操作人员可以远离对着倾动转炉炉口方向恶劣而危险的操作环境。在正常操作时,副枪由操作人员控制室进行控制。当副枪系统需要检修时,可从自动探头安装位置,检修位置或从升降卷扬机平台(或横移小车)位置,以手动方式控制副枪动作。自动探头安装机构布置在远离转炉口位置,提供一个更有利于操作人员工作的良好环境。

4.11　溅渣补炉系统

转炉采用溅渣补炉技术,在炉役的中后期进行转炉溅渣补炉技术的基本原理是在转炉出钢以后,在炉内留下冶炼的终渣,并根据渣况进行适当的改质,采用高压氮气喷吹溅炉渣。将炉渣吹溅到炉壁上,形成溅渣层,在下一炉的炼钢中,起到保补炉衬,延长炉衬寿命的作用,从而达到降低耐火材料消耗,缩短修炉时间的目的。

我国很多钢铁企业都在积极开发适合自己的溅渣补炉工艺,其中鞍钢、重钢、马钢等,自从采用溅渣补炉工艺后,最高炉龄分别由 500 炉、700 炉、1100 炉提高到 12000 炉、15000 炉、10200 炉,取得了巨大的经济效益。

4.11.1　溅渣补炉工艺

溅渣补炉工艺基本原理是,在出完钢后摇正转炉,将适量的镁质调渣剂加入到留下的炉渣中,调整好终渣成分,同时利用氧枪以高速吹入的高压氮气将炉渣溅起,粘结在炉衬上,形成对炉衬的保护层,从而减缓炉衬的侵蚀速度,达到提高炉龄、降低炉衬耐材消耗,提高转炉效率及经济效益的目的。使终渣 TFe 控制在 11% ~ 14% 之间,其溅渣补炉技术的开发应用,还可大大降低耐火材料消耗,减少转炉修炉次数,增加钢产量。

溅渣补炉关键技术之一就是合理控制炉渣 MgO 含量,实践证明,向渣中加入适量的轻烧镁球是实现这一目的最有效的方法,溅渣补炉用轻烧镁球含量配比指标参见表 4-1。

表 4-1　轻烧镁球含量配比指标

氧化铁含量(MgO)	灼　减	体积密度/(g/m³)	残余水分/%	粒度/mm
91% ±1%	5%(最大)	1.8~2.0	≤1	0~30
72% ±2%	25%(最大)	1.8~2.0	≤2	30~60
65% ±1%	30% ±2%	1.8~2.0	≤3	30~60

4.11.2　N₂,O₂ 切换及溅渣主要参数

氮气气源总压力为 1.3~1.5 MPa,经减压、切换引入氧枪。确定溅渣使用的工作压力为 0.90~1.10 MPa,氮气流量为 6500 m³/h。

一般,

$$h_{溅} = (0.6 \sim 0.7)D_{内} = (0.6 \sim 0.7) \times 2200 \approx 1300 \sim 1500 (mm)$$

式中　$D_内$——炉膛内径,mm;

　　　$h_溅$——溅渣枪位,即氧枪喷头距炉底距离,mm。

氧枪最低时喷头距炉底约 $1150\sim1250$ mm,因此,确定溅渣枪位在氧枪行程下限至以上 300 mm 的范围,此枪位不仅能保证有足够的溅渣高度,还具有相对均匀的溅渣区域分布。

溅渣时间与转炉留渣量、调渣效果有着直接密切的关系。在转炉终渣碱度、黏度、温度合适的情况下,$1.5\sim2$ min 可以保证正常的溅渣操作。如炉渣稀、渣量大,可适当延长至 $2.5\sim3$ min。实际现场溅渣时间确定应以观察溅渣现象确定,炉口红色渣粒变少变小,溅出无力时可结束操作。

转炉渣量在 110 kg/t钢 左右,实际溅渣留渣量在 $40\sim55$ kg/t钢,调渣剂选用"含碳菱镁球",是轻烧菱镁矿和生菱镁矿及碳粉经磨粉加水压制成球的以 $Mg(OH)_2$ 为主的材料。溅渣起始时间确定为:450mm 厚全镁碳砖为 350 炉,溅渣率要求大于 80%。

表 4-2　终渣理化指标

指　　标	$[Ca]/\%/[SiO_2]/\%$	$[MgO]/\%$	$[TFe]/\%$	$[FeO]/\%$
实施溅渣前	3.18	7.67	13.24	10.68
实施溅渣后	2.81	9.03	13.54	10.87
对　　比	-0.37	$+1.36$	$+0.3$	$+0.19$

从表 4-2 看出,实施溅渣后,由于炉内留渣冶炼和前期炉内温度低,操作者有意识减少了第一批渣料和总渣料,转炉终渣碱度控制偏低。实施溅渣后,终渣(MgO)$=9.03\%$,(TFe)$=13.54\%$,(FeO)$=10.87\%$,基本在溅渣的合理范围。(MgO)较以前上升了 1.36%,有利于提高溅到炉衬表面的炉渣的熔化性温度。炉渣中(TFe)和(FeO)与实施溅渣前无明显变化。炉渣熔点为 1431℃。

4.11.3　溅渣补炉系统中的压力流量控制

溅渣补炉技术是使用氧气转炉氧枪切换后向炉内吹入氮气,将炉内黏稠的炼钢炉渣(适当加入稠渣剂)吹溅到炉壁上,作为一种简单、低耗、实用的炉衬维护手段。以 50 t 转炉为例,溅渣补炉主要工艺技术参数:工作氮压控制在 $0.7\sim1.0$ MPa,氮气流量控制在 $8000\sim11000$ m^3/h,枪位 $0\sim500$ mm,溅渣时间 $3\sim4$ min,留渣量 $3\sim4$ t。

溅渣补炉系统的控制方式有:

(1) 手动方式。由选择开关选定供氮方式,溅渣时,前、后溅渣阀及放散阀能自动按顺序开关,完成溅渣补炉全过程。

(2) 维修方式。可在 HMI 画面上或在操作台上对各氮气阀进行单体动作。

溅渣补炉系统过程控制功能。全部溅渣工艺过程及溅渣过程中所用氮气的累计量、溅渣时间等均在 HMI 画面上显示。

我国已经研究出复吹转炉溅渣补炉工艺技术,解决了炼钢生产中复吹转炉底吹供气元件一次性寿命与炉龄同步的世界难题。转炉顶底复合吹炼技术与溅渣补炉是近 30 年国际钢铁界两项重大新工艺技术。前者解决了转炉吹炼后期钢渣不平衡的问题,有明显的冶金效果,后者可以大幅度提高转炉炉龄。但是,由于这两项技术难以同时达到,在美国等国家,牺牲复吹工艺,采用溅渣补炉技术,而在日本等国,则保留复吹技术,不采用溅渣补炉技术,不能达到最佳经济效益。武汉钢铁公司为此开展大量研究,提出利用"炉渣—金属透气蘑菇头"保护底部供气元件,保证底吹供气效果,实现长寿底吹的工艺思想,并形成了系统的工艺控制技术,攻克了提高复吹转炉底吹供气元件一次性寿命、使其与溅渣后转炉高炉龄同步的难题。

4.12　基础自动化的硬件配置

现在转炉炼钢已基本采用 DCS 并与 PLC 组成了基础自动化级,包括副枪系统到转炉的计算机动态控制。根据转炉生产的工艺特点及各钢厂转炉控制系统的要求不同,基础自动化的系统配置也有所不同,但基础自动化的硬件构成一般都包括:可编程控制器 PLC、DCS、现场总线远程 I/O、人机操作界面 HMI 及合理的网络拓扑。

4.12.1　可编程控制器 PLC

PLC(Programmable Logic Controller),中文称为可编程逻辑控制器,定义是:一种数字运算操作的电子系统,专为在工业环境应用而设计的。PLC 可编程控制器是以微处理机基础发展起来的新型工业控制装置。它以体积小、功能强、可靠性高以及应用安装方便的特点,很快在我国的工业控制中占据了主导地位,并且不断的发展。它采用一类可编程的存储器,用于其内部存储程序,执行逻辑运算,顺序控制,定时,计数与算术操作等面向用户的指令,并通过数字或模拟式输入/输出控制各种类型的机械或生产过程。

基础自动化 PLC 系统的工作任务是,系统的逻辑顺序控制;PID 调节回路控制;信号的采集过程数据处理;各工艺系统工艺协调;与工作站、上位计算机和其他 PLC 的通信。

长期以来,PLC 始终处于工业自动化控制领域的主战场,为各种各样的自动化控制设备提供了非常可靠的控制应用。其主要原因,在于它能够为自动化控制应用提供安全可靠和比较完善的解决方案,适合于当前工业企业对自动化的需要。

4.12.2　集散型控制系统 DCS

DCS(Distributed Control System),中文译为集散型控制系统。DCS 可以解释为在模拟量回路控制较多的行业中广泛使用的,尽量将控制所造成的危险性分散,而将管理和显示功能集中的一种自动化高技术产品。DCS 一般由五部分组成:控制器;I/O 板;操作站;通讯网络;图形及编程软件。其可包含大量的模拟输入输出、控制卡、控制柜、电缆及多重网络。

DCS 从 1975 年问世以来,大约有三次比较大的变革,20 世纪 70 年代操作站的硬件、操作系统、监视软件都是专用的,由各 DCS 厂家自己开发的,也没有动态流程图,通讯网络基本上都是轮询方式的;80 年代就不一样了,通讯网络较多使用令牌方式;90 年代操作站出现了通用系统,90 年代末通讯网络有部分遵守 TCP/IP 协议,有的开始采用以太网。总的来看,变化主要体现在 I/O 板、操作站和通讯网络。控制器相对来讲变化要小一些。操作站主要表现在由专用机变化到通用机,如 PC 机和小型机的应用。但是目前它的操作系统一般采用 UNIX,也有小系统采用 NT,相比较来看 UNIX 的稳定性要好一些,NT 则有死机现象。I/O 板主要体现在现场总线的引入 DCS 系统。

从理论上讲,DCS 系统可以应用于各种行业,但是各行业有它的特殊性,所以 DCS 也就出现了不同的分支,有时也由于 DCS 厂家技术人员工艺知识的局限性而引起,如 HONEY-WELL 公司对石化比较熟悉,其产品在石化行业应用较多,而 BAILEY 的产品则在电力行业应用比较普遍。用户在选择 DCS 的时候主要是要注意其技术人员是否对该生产工艺比较熟悉;然后要看该系统适用于多大规模,如 NT 操作系统的就适应于较小规模的系统。

4.12.3 人机操作界面 HMI

操作站的工作任务是,显示工艺过程模拟动态画面,显示过程控制状态、检测信息等;显示仪表测量值、过程数据的趋势曲线(重要参数记录 72 h);输出操作命令、各显示事件、故障报警信息及故障诊断信息;输入设定值、控制参数等;与上位过程机及 PLC 进行通讯;通过键盘或鼠标响应 HMI 显示的过程信息,完成各种设备的操作。

基础自动化的 HMI 设计,一般由用户和编程方共同选择操作站和工业监控软件。操作站可根据现场情况、资金情况来选择硬件。软件的选择要求其能够方便地进行数据监控和处理,如:全动态图形显示(采单、窗口)、报警处理和记录(排序、再现)、过程变量存档(数值、曲线记录)、报表制作生成(定时、随机)、复杂数据处理(内嵌 C,VB 语言)、标准数据接口(SYBASE 等数据库)、应用程序接口(多进程、多线程)、信息发布接口(通过 Internet 浏览)等。例如德国 Smiemens 公司的 Wincc,美国 AB 公司的 Rsview,美国 Intellution 公司开发的 IFIX 等,都是优秀的工业监控软件。

4.12.3.1 一级与二级系统的工作站一体方式

如图 4-50 所示,与 PLC 联网的计算机既可作为一级系统的操作员工作站,也可作为二级系统的工作站。

工作站上可安装工业监控软件,以 Smiemens 公司的 WinCC 为例子。WinCC 是运行在 Windows 或 WindowsNT、Windows2000 环境下面向对象的工业监控软件。它采用"SybasekSQLhAnywhere"数据库来存储数据,它能自动组织和存储要为特定项目显示的所有数据,并作为一个图标显示出来。这是一个 32 位的应用程序,在单用户系统中独立运行和在客户机/服

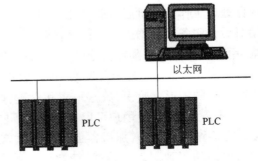

以太网

PLC   PLC

图 4-50 一级与二级系统的工作站一体方式的 HMI

务器组态中运行,它特别适用于数据的快速存储,因此最能满足过程自动化系统的要求。

与 PLC 联网的计算机可通过内装 WinCC 控制软件来完成工艺流程画面显示,生产过程控制画面,运行参数显示,主要参数的报警、历史趋势。

与 PLC 联网的计算机可通过内装的 WinCC 的编程界面 ODBC 或 SQL 可以访问数据库中的数据。对数据库的操作是安全的,保证存储在数据库的数据安全稳定可靠。通过 WinCC 还可以访问用户程序和 Windows 应用程序,因此可使用 Excel 和 PowerPoint 及其他文件来创建用户满意的项目。WinCC 可将过程或生产中发生的事件清楚地记录下来并提供给各种功能模块以实现图形显示、信息处理、测量处理及报表等功能,实现了二级计算机的功能。

4.12.3.2　各自独立并行的 HMI

基础自动化系统通过一定的网络实现上位监控机和可编程控制器 PLC 通讯和数据交换，上位机从 PLC 采集现场生产数据，作为故障判断和定位的基础，在上位机上以工业监控软件（WinCC、RSview、Ifix 等）作平台，制作适宜于项目的画面，上位机对采集的数据进行处理，判断现场各设备工作状态，状态的正误以不同的形式在项目画面上显示出来。系统中的监控画面可并行运行，系统同时在几台监控机上运行，由 HMI 身份识别程序进行窗口切换。

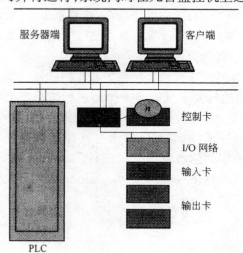

图 4-51　C/S 形式应用的 HMI

4.12.3.3　C/S 的 HMI

与 PLC 联网的计算机也可采用 C/S（客户/服务器）体系结构。支持采用 C/S 的理由主要有：应用的不确定性，逐步开发和增加新应用的需要；适应将来开放的异种网络环境中应用的需要。用户数、数据量增长的可能性。适应电脑开发、维护、供应商与相关技术人员变更的需要。有利于动态规划与动态开发过程，对系统可靠性的保证。

如图 4-51 所示，最简单的 C/S 体系结构应用，由两部分组成，即客户端和服务器端。二者可分别称为前台工作站与后台服务器。后台服务器负责读取 PLC 中的数据，并做一些数据处理工作。一旦后台服务器被起动，就随时等待响应前台工作站发来的请求；前台工作站对后台服务器数据进行任何操作时，前台工作站就自动地寻找后台服务器，并向其发出请求，后台服务器根据预定的规则做出应答，送回结果。

以美国 Intellution 公司开发的 IFIX 软件为例。IFIX 是强大的 HMI/SCADA 系统，可以进行过程的图形化监视，数据采集和管理，监督控制。IFIX 软件内部独一无二的分布式客户机/服务器结构，使用户可以在企业的不同层次都很方便地获得现场实时信息。使用 I-FIX 时可首先在 SCADA 服务器创建数据库文件，在 View 客户端绘制静态工艺画面；然后再通过网络通讯建立动态连接，使数据库数据与静态工艺画面动态地连接起来；最后通过 View 客户端进行显示和操作。

从用户的现有资源的延续利用与新增投入，及开发的成本和难度看，采用 C/S 结构，也是比较适中、现实的选择。

4.12.4　工业以太网及现场 I/O 总线

4.12.4.1　应用现场 I/O 总线的优越性

如图 4-52 所示，现场总线可以实现真正的分布式控制，对于转炉系统这样的工艺设备分布在各层平台的情况极为适用，只用一根或两根（网络冗余配置时）网线避开转炉口高温区敷设，总线 I/O 板可以设置在密闭的防护箱中，就近采集现场 I/O 点。也可用总线驱动卡嵌入现场阀组或仪表中,能节省大量的电缆。现场总线是将自动化最底层的现场控制器和现场智能仪表设备互联的实时控制通讯网络,遵循 ISO 的 OSI 开放系统互联参考模型的全部或部分通讯协议,是安装在生产过程区域的现场设备/仪表与控制室内的自动控制装置/系统之间的一种串行、数字式、多点通信的数据总线。或者,现场总线是以单个分散的、数字化、智能化的测量和控制设备作为网络节点,用总线相连接,实现相互交换信息,共同完成自动控制功能的网络系统与控制系统。

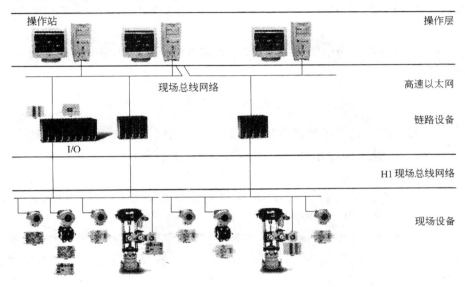

图 4-52　现场总线典型的分布式控制结构图

其在基础自动化系统中的应用可简述为:所有的 I/O 模块均放在工业现场,而且所有的信号通过分布式智能 I/O 模块在现场被转换成标准数字信号,只需一根电缆(两线或四线)就可把所有的现场子站连接起来,进而把现场信号非常简捷地传送到控制室监控设备上,降低了成本,又便于安装和维护,同时数字化的数据传输使系统具有很高的传输速度和很强的抗干扰能力。

国际电工协会(IEC)的 SP50 委员会对现场总线有以下三点要求:

(1)同一数据链上过程控制单元(PCU)、PLC 等与数字 I/O 设备互联;

(2)现场总线控制器可对总线上的多个操作站、传感器及执行机构等进行数据存取;

(3)通信媒体安装费用较低。

SP50 委员会提出的两种现场总线结构模型是:

(1)星型总线用短距离、廉价、低速率电缆取代模拟信号传输线;

(2)总线型总线数据传输距离长、速率高,采用点对点、点对多点和广播式通信方式。

现场总线技术特征为:现场总线系统中,每个设备的能力都充分发挥,增加设备意味着系统资源的增加,而在 DCS 系统中,设备消耗系统的资源,即使最小的系统扩展,都需增加额外的硬件设备。现场总线完整地实现了控制技术、计算机技术与通信技术的集成,具有以下几项技术优越性。

现场设备已成为以微处理器为核心的数字化设备,彼此通过传输媒体(双绞线、同轴电缆或光纤)以总线拓扑相连;

网络数据通信采用基带传输(即数字数据数字传输),数据传输速率高(为 Mbit/s 或 10 Mbit/s 级),实时性好,抗干扰能力强;

废弃了集散控制系统(DCS)中的 I/O 控制站,将这一级功能分配给通信网络完成;分散的功能模块,便于系统维护、管理与扩展,提高可靠性;

开放式互联结构,既可与同层网络相联,也可通过网络互联设备与控制级网络或管理信息级网络相联;

互操作性,在遵守同一通信协议的前提下,可将不同厂家的现场设备产品统一组态,构成所需要的网络。

4.12.4.2　西门子、AB、施耐德、Smar 系统的现场总线

Profibus 主要由德国西门子公司支持,是按照 ISO/OSI 参考模型制定的现场总线德国国家标准。Profibus 由三部分组成,即 Profibus-FMS、Profibus-DP 及 Profibus-PA。其中,FMS 主要用于非控制信息的传输,PA 主要用于过程自动化的信号采集及控制,Profibus-DP 是制造业自动化主要应用的协议内容,是满足用户快速通讯的最佳方案,传输速度为 12 Mb/s。扫描 1000 个 I/O 点的时间少于 1 ms。

ControlNet 主要由美国 Rockwell 公司支持,具有非常高的实时性能,介于设备级总线(像 DeviceNet)与工厂级总线(通常基于 Ethernet)之间。在相同的通信链路上提供了适合于 I/O 控制设备的带宽、实时联锁响应、对等信息和程序传输,为断续和连续过程控制系统应用提供了确定性和重复性功能;并且允许多控制器处理 I/O 控制设备,提供了输入数据和对等数据两者之间的多点传送、通信传输媒体的冗余和本征安全的选择、灵活的网络拓扑结构选择(总线、树型、星型)和媒体传输介质(同轴电缆、光纤等)。

Modbus:这是 Gould Modicon 公司于 20 世纪 70 年代设计的一种主/从方式的简单应用层协议,支持寄存器的读写,有 ASCII 码和二进制(RTU)两种模式。Modbus 使用在多种 PLC 系统中,同时也在楼宇自动化领域如采暖通风和空调、电气仪表等系统中得到较广泛的应用。如图 4-53 所示美国的 Smar 现场总线采用数字通讯,最新推出的 SYSTEM302 系列总线其 H1 总线为过程控制而设计,为控制策略而设计编程语言,有上百家最终用户,是 IEC61158/ISA S50.02 规范,可实现无线远程遥控。对不同厂家可互操作,不需要驱动程序即可完全集成,具有直接的数字 I/O 控制分散至现场,可多点挂接多参量设备。有先进的自诊断功能,可取得设备所有数据,数字信号不会衰减,带状态一致的界面。每条 H1 总线可挂接 12~16 台设备(6~8 个控制回路)功能块编程,控制分散至现场。Smar 和其他厂家产品共同组成系统。不使用重复器时,总线长度最长达 1900 m,对电缆没有特殊要求。电源和信号共用一对线,使用现场总线安全栅可满足本安要求。可以使用喜欢的任何软件,该系统可用 OPC 通讯,具有单一的集成数据库,远程网络访问,客户端随软件版本更新而更新服务器端随硬件版本更新而更新,客户端可同时访问多个服务器,服务器端可向多个客户端同时提供服务。

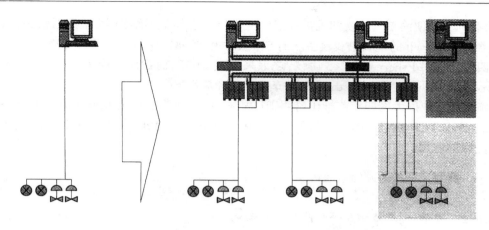

图 4-53　Smar 公司第三代系统 SYSIEM302 结构组合

4.12.5　工业以太网在转炉基础自动化中的应用

（1）借助于现场总线技术。所有的 I/O 模块均放在工业现场，而且所有的信号通过分布式智能 I/O 模块在现场被转换成标准数字信号，只需一根电缆（两线或四线）就可把所有的现场子站连接起来，进而把现场信号非常简捷地传送到控制室监控设备上，降低了成本，又便于安装和维护，同时数字化的数据传输使系统具有很高的传输速度和很强的抗干扰能力。

（2）具有开放性。软件和硬件都遵从同样的标准，互换性好，更新换代容易。程序设计采用 IEC11314 五种国际标准编程语言，编程和开发工具是完全开放的，同时还可以利用 PC 丰富的软硬件资源。

（3）系统的效率高。一台 PC 可同时完成原来要用两台设备才能完成的 PLC 和 NC/CNC 任务。在多任务的 Windows 操作系统下，PC 中的软 PLC 可以同时执行多达十几个 PLC 任务，既提高了效率又降低了成本。且 PC 上的 PLC 具有在线调试和仿真功能，极大地改善了编程环境。

（4）系统的基本结构为：工控机或商用 PC、现场总线主站接口卡、现场总线输入/输出模块、PLC 或 NC/CNC 实时多任务控制软件包、组态软件和应用软件。上位机的主要功能包括系统组态、数据报表组态、历史库组态、图形组态、控制算法组态、数据报表组态、实时数据显示、历史数据显示、图形显示、参数列表、数据打印输出、数据输入及参数修改、控制运算调节、报警处理、故障处理、通信控制和人机接口等各个方面，并真正实现控制集中、危险分散、数据共享、完全开放的控制要求。

西门子工业以太网 1998 年发布工业 Ethernet 白皮书，并于 2001 年发布其工业 Ethernet 的规范，称为 Profinet。是由西门子提出的以太网构架。由于西门子倡导保护过去投资，故其 Profinet 的推出充分考虑了与 Profibus 的兼容性，实现了两者的无缝连接。而在通信模型中，Profinet 最大的特点是在其用户层是基于组件的，而依靠工程设计模型实现了组件的连接，从而系统中便可接入多个供应商的设备。

AB 系统工业以太网 2000 年发布工业 Ethernet 规范，称为 Ethernet/IP。此种工业以太网采用有源交换器，用来实现现场总线及其设备与以太网的无缝连接。另外，以太网为星形结构,有利于方便简单的接线和维护等工作的进行。在其星形结构中,采用通信组件,使其可以兼容 Rockwell 的现场总线设备。而 Ethernet IP 的通信模型也有其自身特点:在第一层至第四层上采用 Ethernet 802.3 协议,之上采用 TCP/IP,而在用户层上采用 CIP 规范,使 Control Net, Device Net 和 Ethernet 共享用户层和应用层。

施耐德工业以太网四年前推出透明工厂战略,使其成为工业 Ethernet 应用的坚决倡导者。Modbus TCP/IP(1998)是目前工业 Ethernet 事实上的标准,并促进 Ethernet 在传感器和设备级的应用。

4.12.6　典型工程的基础级系统配置

4.12.6.1　鞍钢一、二炼钢厂平炉改转炉自动化系统

为贯彻"九五"期间,鞍钢总体技术改造的需要。鞍钢第一、二炼钢厂于 1997 年实施了"平改转"工程。该工程拆除鞍钢一、二炼钢厂的所有平炉,新建 6 座转炉。每座转炉平均出钢量为 100 t。在该工程中,4 号～9 号 PLC 设备采用西门子 S5-135UPLC。每炉配置一套 PLC 及一台 COROS 工作站,采用特殊模板 CP-528 的点对点的方式进行下料控制,用 S5-100U 进行氧枪和倾动的传动联锁控制。网络为 H1 网。通讯协议为 TF 协议。4 号～6 号转炉与 7 号～9 号转炉其系统配置基本相同,如图 4-54 所示。

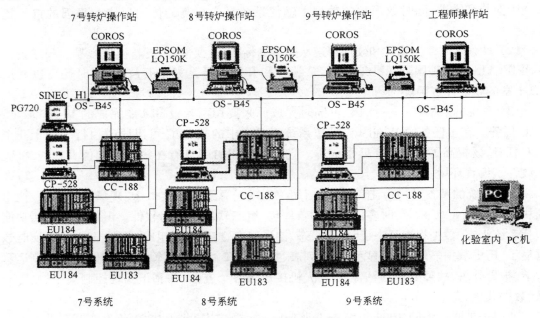

图 4-54　鞍钢 7 号～9 号转炉"平改转"工程自动化系统配置图

1997 年后,4 号～9 号转炉分别增加了煤气回收控制功能,每台 CPU 系统资源已用到 80% 以上。准备再添加底吹、副枪等新的工艺控制功能,系统资源较为紧张。网络水平较为落后,软件改动也困难。2005 年到 2006 年 4 号～9 号转炉陆续进行了升级改造,改造后的 4 号～6 号转炉基础自动化配置也与 7 号～9 号转炉配置相同,如图 4-55 所示。使用 S7-400(CPU414-2DP)加 TCP/IP 以太网卡,作为一座转炉的控制中心,完成每座炉的氧枪、副

原料下料、余热锅炉、除尘与煤气回收。需配置八套 ET200M 站。四台 PLC 柜,四套 WinCC 工作站,操作编程采用 STEP7V5.3,用于整个系统运行监控和系统维护;化验室设一台工作站用于管理传输化验数据。通过西门子光缆交换机(OSM)上工业以太网与 PLC 通讯。另设一台便携式编程器(装载 WinCC V6.0 和 STEP7V5.2 编程软件)用于软件开发和系统维护。本系统为开放的西门子光纤环网,与同时进行的二级计算机系统和三级系统的连接均采用 TCP/IP 以太网协议。

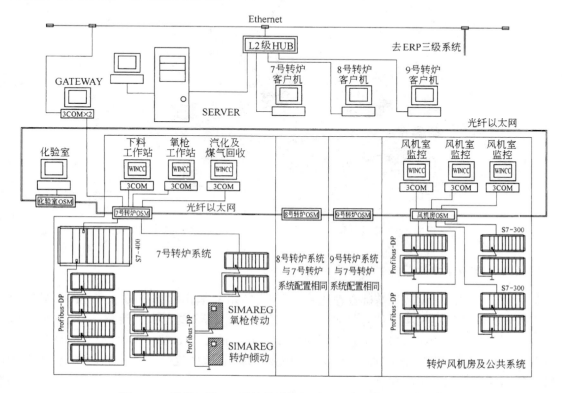

图 4-55 鞍钢 7 号~9 号转炉计算机升级系统网络拓扑结构图

其优点为:网络明晰,编程界面好,一切从新。图 4-55 为三座转炉本体和转炉风机房监控系统改造后的网络结构图。该网络拓扑结构是西门子公司的光纤环网,每改造一座转炉就完成网络的一个节点,全部改造完成,便形成了完善的转炉系统网络结构。

鞍钢二炼钢 7 号~9 号转炉升级改造后,二炼钢(南区)形成了混铁炉→铁水脱硫扒渣→转炉→钢水精炼→方坯板坯连铸的先进炼钢工艺。为了满足生产高质量、高附加值产品的要求,在原有的顶吹 100 t 转炉基础上,增建转炉底吹设施,最终形成转炉顶底复合吹炼工艺。新增的底吹系统中,7 号、8 号、9 号转炉各采用一台 PLC(西门子 S7-300 CPU315-2AG10-OABO),对转炉底吹系统进行控制。这三台 S7-300CPU 通过西门子光缆交换机(OSM)上工业以太网与转炉本体 PLC 通讯,形成如图 4-56 所示的系统网络结构。

转炉底吹作业的控制主要集中在转炉操作室内进行,整个底吹过程由 PLC 系统进行控制。在转炉冶炼过程中的不同阶段,PLC 按照一定的供气制度(一定的供气曲线),对气体的流量进行调整(在不同阶段分别吹氮气、氩气),喷吹气体的压力,根据喷嘴的设计和数量,以及搅拌作用的强度而定。气体的流量可以在每个喷嘴处单独控制,也可以在总管上调节,在底吹设备连续操作时要有联锁控制及安全报警措施。

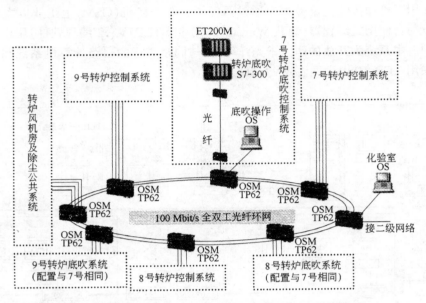

图 4-56　鞍钢 7 号～9 号转炉增设底吹系统后网络结构图

4.12.6.2　唐钢一炼钢厂转炉自动化系统

唐钢一炼钢厂三座转炉基础自动化系统配置:1998 年唐山钢铁公司第一炼钢厂易地大修工程转炉系统新建两座公称容量 120 t(出钢量 160 t)顶底复合吹炼转炉,一座铁水倒罐站,两座转炉共用的散状料,合金料上料系统及其相应的除尘系统。2005 年与板材品种开发改造工程配套,增建一座公称容量 120 t(出钢量 160 t)顶底复合吹炼转炉,形成现在三座转炉的基础自动化系统配置。

该系统为 AB 公司 PLC-5 系列 PLC 控制系统。每座转炉由两台 PLC 及相应的远程站组成基础自动化控制系统。集中完成一座炉的氧枪系统(供氧供水,升降控制,换枪横移控制),副原料下料系统,底吹系统控制,烟气净化与煤气回收(包括风机房监控),转炉本体及下料系统的二次除尘。倾翻与氧枪拖动用 PLC 的通讯也一同考虑,转炉公用系统由一台 PLC 控制,三座转炉及公共系统之间,由光纤工业以太网连接。唐山第一炼钢厂转炉基础自动化系统配置如图 4-57 所示。

4.12.6.3　潍坊华奥钢铁公司 120 t 转炉自动化系统

潍坊华奥钢铁有限公司 120 t 转炉系统 2004 年 10 月建成投产。本系统应用计算机通讯、顶底复吹、钢渣水淬、溅渣护炉等技术,实现转炉炼钢从吹炼条件、吹炼过程控制,直至终点前测试和调整,操作指导计算机控制。如图 4-58 所示,该系统基础自动化为 Schneider 电气公司 Modicon TSX Quantum 系列 PLC 控制系统。主要功能是对转炉、氧枪、散状料上料及加料、铁合金加料、OG 系统等进行顺序控制检测操作、人机对话和数据通信。其由 12 台 CPU 控制单元,12 台操作站,远程 I/O 及 MODIBUS PLUS 网和光纤工业以太网组成。其以太网通讯地址参见表 4-3。

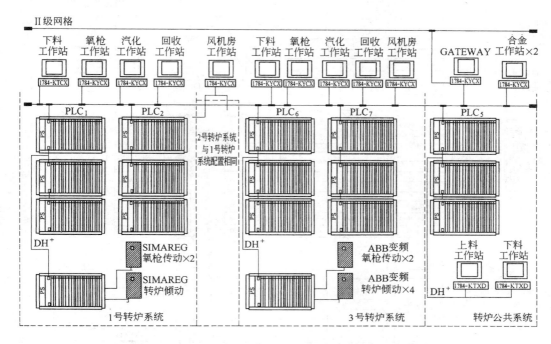

图 4-57 唐山钢铁公司第一炼钢厂转炉基础自动化系统配置图

该系统应用计算机网络通讯对系统全面自动监控,采用溅渣护炉技术,提高炉衬寿命,节省耐火材料,减少炉役翻修次数。采用钢渣水淬技术,对炼钢炉渣进行回收再利用,变废为宝且节省能源。

4.12.6.4 鞍钢新区 2150 mm 工程转炉自动化系统

鞍钢二炼钢厂新区 250 t 转炉自动化控制系统如图 4-59 所示,是鞍钢新区 2150 mm 工程的配套转炉系统。其基础级网络系统分三个光纤工业以太网子环:

1 号转炉系统 E.NET 100 M/bit 子环。

2 号转炉系统 E.NET 100 M/bit 子环;

公共系统 E.NET 100 M/bit 子环。

两座转炉系统子环分别配有转炉电气 PLC、转炉仪表 PLC、引进的自动炼钢用 PLC、转炉传动系统 PLC、转炉一次除尘风机控制 PLC 和二次除尘 PLC。

公共系统 E.NET 100 M/bit 子环配置有转炉水处理(斜板)PLC、转炉水处理(加药)PLC、转炉水处理(过滤间、浓缩池)PLC、转炉余热锅炉水泵站 PLC、转炉烟罩升降液压站 PLC、转炉钢包烘烤及转炉散状料上料 PLC。

公共 NET 子环的 10 台 SIMATIC400 和 300 子站与两座 250 t 转炉自动化控制系统中 10 台 SIMATIC 400 和 CPU 都是通过西门子 CP443 接口模块通过光纤以太网交换机,挂在一个 SIMATIC 光纤工业以太网上完成控制功能,同时转炉本体的 8 套西门子工业微机也通过 CP1613 网卡挂在各自的 SIMATIC 光纤工业以太网上完成监视和操作功能。

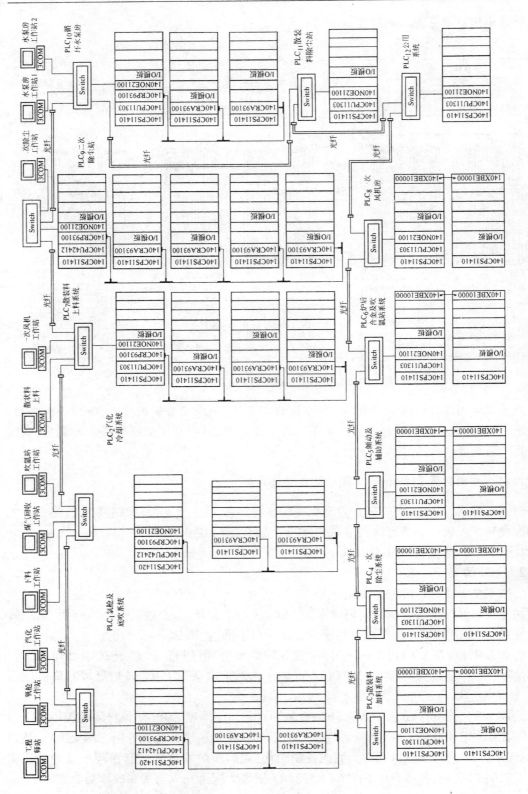

图4-58　潍坊华奥钢铁有限公司120转炉自动化系统配置图(Modicon TSX Quantum系列)

表 4-3　潍坊华奥钢铁有限公司转炉自动化系统以太网地址表

序　号	系统代号	系　统　定　义	以太网 IP 地址	安放位置
1	PLC$_1$	氧枪及底吹系统 CPU	140.60.0.10	主控室
2	PLC$_2$	汽化冷却系统 CPU	140.60.0.11	主控室
3	PLC$_3$	散装料投料系统 CPU	140.60.0.12	主控室
4	PLC$_4$	一次除尘 OG 系统 CPU	140.60.0.13	主控室
5	PLC$_5$	倾动及辅助系统 CPU	140.60.0.14	主控室
6	PLC$_6$	铁合金及吹氩站 CPU	140.60.0.15	吹氩站
7	PLC$_7$	散装料上料系统 CPU	140.60.0.16	上料配电室
8	PLC$_8$	一次风机房系统 CPU	140.60.0.17	风机房控制室
9	PLC$_9$	二次除尘系统 CPU	140.60.0.18	二次除尘控制室
10	PLC$_{10}$	循环水泵及污泥脱水系统 CPU	140.60.0.19	循环泵房控制室
11	PLC$_{11}$	散装料除尘系统 CPU	140.60.0.20	散料除尘控制室
12	PLC$_{12}$	钢渣水淬系统 CPU	140.60.0.21	钢渣水淬控制室
13	HMI1	氧枪及底吹系统工作站	140.60.0.22	主控室
14	HMI2	汽化冷却系统工作站	140.60.0.23	主控室
15	HMI3	散装料投料系统工作站	140.60.0.24	主控室
16	HMI4	一次除尘及煤气回收工作站	140.60.0.25	主控室
17	HMI5	倾动及辅助系统工作站	140.60.0.26	主控室
18	HMI6	铁合金及吹氩站工作站	140.60.0.27	吹氩站
19	HMI7	散装料上料及除尘工作站	140.60.0.28	上料配电室
20	HMI8	一次风机房系统工作站	140.60.0.29	风机房控制室
21	HMI9	二次除尘系统工作站	140.60.0.30	二次除尘控制室
22	HMI10	循环水泵工作站	140.60.0.31	循环泵房控制室
23	HMI11	污泥脱水间工作站	140.60.0.32	污泥脱水间
24	HMI12	钢渣水淬系统工作站	140.60.0.33	钢渣水淬控制室

　　其中,转炉本体控制系统的 SIMATIC400 站通过光纤工业以太网与转炉倾动控制系统的 SIMATIC400 站交换数据;氧枪控制系统的 SIMATIC400 站通过现场总线 Profibus-DP 网与氧枪升降传动系统的两个数控器 SIMATIC6RA70 交换数据,并且在同一个 Profibus-DP 网上挂了一个工业键盘 PP17-Ⅱ 对氧枪的现场设备操作;对二文 *R-D* 阀、捅针控制的 SIMATIC200 站网挂了一个工业键盘 PP17-Ⅱ 对转炉喉口和捅针的现场操作;电气控制的 SIMATIC400 站通过现场总线 Profibus-DP 网挂了两个工业键盘 PP17-Ⅱ 对吹氩站的现场设备操作。

　　该系统配置较大,参加编程人员较多又有多环通讯。为了避免通讯瓶颈现象和通讯无序,准确详细的地址分配是必要的。表 4-4 为该系统的地址分配表。

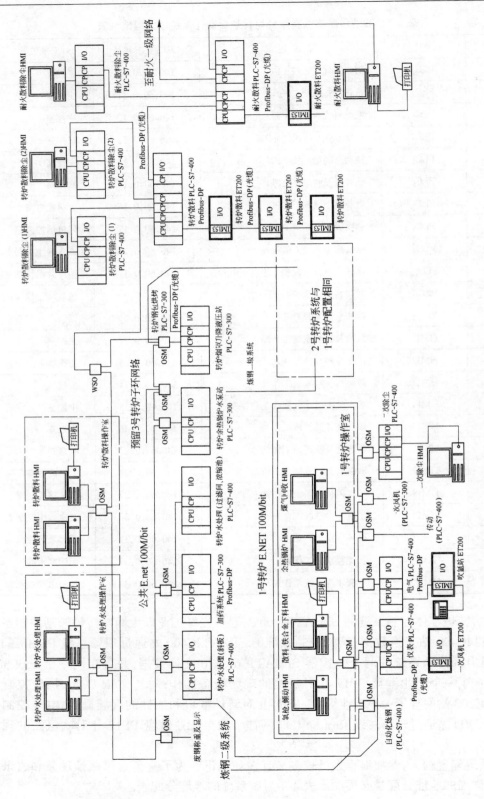

图4-59　鞍钢 2150 mm 工程转炉一级计算机网络系统构成图

表 4-4 鞍钢 2150 mm 工程转炉系统通讯地址表

子 系 统 名 称	IP 地址	H1 地址
1 号炉电气 PLC	140.80.0.21	08-00-06-6D -D 2-21
1 号炉仪表 PLC	140.80.0.11	08-00-06-6D -D 2-11
1 号 HMI1(氧枪倾动)	140.80.0.25	08-00-06-6D -D 2-25
1 号 HMI2(散料、铁合金)	140.80.0.26	08-00-06-6D -D 2-26
1 号 HMI3(余热锅炉)	140.80.0.27	08-00-06-6D -D 2-27
1 号 HMI4(煤气回收)	140.80.0.28	08-00-06-6D -D 2-28
1 号二次除尘 PLC	140.80.0.22	08-00-06-6D -D 2-22
1 号二次除尘 HMI	140.80.0.29	08-00-06-6D -D 2-29
2 号炉电气 PLC	140.80.0.51	08-00-06-6D -D 2-51
2 号炉仪表 PLC	140.80.0.41	08-00-06-6D -D 2-41
2 号 HMI1(氧枪倾动)	140.80.0.55	08-00-06-6D -D 2-55
2 号 HMI2(散料、铁合金)	140.80.0.56	08-00-06-6D -D 2-56
2 号 HMI3(余热锅炉)	140.80.0.57	08-00-06-6D -D 2-57
2 号 HMI4(煤气回收)	140.80.0.58	08-00-06-6D -D 2-58
2 号二次除尘 PLC	140.80.0.52	08-00-06-6D -D 2-52
2 号二次除尘 HMI	140.80.0.59	08-00-06-6D -D 2-59
烟罩升降液压站 PLC	140.80.0.100	08-00-06-6D -D 1-00
余热锅炉水泵站 PLC	140.80.0.101	08-00-06-6D -D 1-01
底吹氮氩加压站	140.80.0.102	08-00-06-6D -D 1-02
废钢处理工作站	140.80.0.103	08-00-06-6D -D 1-03
OTCBM 服务器(外方)	140.80.0.2	08-00-06-6D -D 2-02
1 号自动化炼钢 PLC(外方)	140.80.0.31	08-00-06-6D -D 2-31
1 号 WinCC OS1(外方)	140.80.0.32	08-00-06-6D -D 2-32
1 号 WinCC OS2(外方)	140.80.0.33	08-00-06-6D -D 2-33
2 号自动化炼钢 PLC(外方)	140.80.0.61	08-00-06-6D -D 2-61
2 号 WinCC OS1(外方)	140.80.0.62	08-00-06-6D -D 2-62
2 号 WinCC OS2(外方)	140.80.0.63	08-00-06-6D -D 2-63

第 5 章　转炉过程控制系统

5.1　概述

随着炼钢工艺的不断发展,尤其是铁水预处理、炉外精炼及连铸工艺等飞猛的进步,单凭操作人员的经验炼钢已不能满足生产的需要。为了提高产品的产量与质量,协调整个炼钢工艺的有序生产,在转炉投入过程控制系统尤有必要。转炉过程控制可以追溯到很远,早在 1959 年美国琼斯劳林钢铁公司就使用其控制转炉吹炼终点的钢水温度,日本钢管公司在 1963 年正式使用计算机控制转炉炼钢。国内从 20 世纪 70 年代初开始对转炉计算机进行了大量试验研究,并对引进设备进行消化吸收,从而有了长足的发展。目前,宝钢、鞍钢、武钢,马钢等都在不同规模上实现了计算机控制,同时也由于转炉控制的数学模型较为复杂,亦不能在基础自动化系统中实现,过程控制系统就是十分必要的了。

由于计算机网络硬件技术的不断提高,过程控制系统的硬件设备也在不断更新,20 世纪 80、90 年代盛行的多用户的小型机系统,逐渐由 C/S 网络系统所替代。PC 服务器由于其价格上的优势也进入了过程控制系统,1994 年鞍钢、包钢等大中型钢厂的过程控制系统采用的是多用户的小型机系统;而 11 年以后的 2005 年,鞍钢 260 t 转炉过程控制系统硬件配置为服务器/客户机的形式,即 C/S。

5.2　转炉过程控制系统的功能及实现

5.2.1　转炉过程计算机的控制范围

转炉过程计算机系统完成整个转炉生产过程的管理与控制,并协调转炉和连铸的生产。基础自动化系统与过程计算机连接,实现具体生产指令的下达和指令执行情况反馈,以达到生产过程的最优控制。转炉过程计算机的控制范围,一般从铁水处理开始,经转炉吹炼、炉外精炼,与连铸过程计算机系统进行通信接口,使转炉和连铸匹配,以协调全厂的生产。其生产过程一般由连铸向转炉反推:即转炉车间接到来自连铸的制造命令,由调度制定出钢计划并输入过程计算机。转炉操作室根据调度命令,向铁水及废钢系统提出各种申请;然后根据钢种、铁水和废钢的具体情况决定其原料的配比,期间要经过铁水及废钢的成分、重量、温度等信息的处理;吹炼过程中起动标志模型,进行实时的检测跟踪。吹炼终点,指挥副枪测试,读取化验成果,然后进行铁合金的计算,最后将全部冶炼数据收集整理,形成生产报表及数据分析报表。

5.2.2　转炉过程控制系统的功能

如上所述,转炉过程控制系统的主要任务是根据控制对象的数据流,安排相应的人机接口,使操作人员能够监视和管理所控制的过程,并进行必要的数据输入输出,从而达到过程控制的目的。

转炉过程控制系统按功能可分成以下多个子系统,各厂根据需要和可能均有取舍。因子系统中涉及的模型在以后的章节中详述,故此仅叙述其过程功能。

5.2.2.1 转炉调度子系统

由调度人员根据日生产计划和本系统提供的生产信息,包括连铸生产情况、转炉的设备状况,安排单座转炉的生产计划,完成一次加料模型计算,下达铁水、废钢需求。该项功能主要由操作人员根据计算机提供的信息,由人工操作来完成。

转炉调度子系统需要向操作人员提供以下信息:

(1) 连铸生产情况,包括:钢包重量、铸机拉速、浇注钢种、浇注时间等。

(2) 转炉生产情况,包括:吹氧时间、枪位、下料量、转炉处于修炉、正常吹炼、设备故障、等铁等。

正常吹炼分为:准备吹炼、主吹、补吹、吹隙、溅渣。

设备故障分为:转炉本体、下料系统、烟气净化及冷却系统、煤气回收系统等。

(3) 钢水包准备情况,包括:炉后有无钢水包等。操作人员根据连铸与转炉的实际生产情况,便可下达单座转炉生产计划。

(4) 计划格式,包括:熔炼号、钢种、出钢量、用途、出钢时间。计划编排后即可下达至转炉炼钢控制子系统。本系统也允许操作人员,对已制定的计划进行增加、修改、删除以适应实际生产的需要。

(5) 附加功能,包括:

1) 提供钢种表供操作人员参考;

2) 提供报表查寻和打印的功能,供管理使用,详见报表子系统;

3) 根据生产计划中的出钢量、钢种和铁水成分、温度起动主原料计算模型,模型计算的结果经确认后,送至铁水站、废钢站准备主原料。

5.2.2.2 铁水管理子系统

铁水管理子系统主要功能有:采集由化验处理子系统传来的数据存档,并传至其他系统,如炼钢控制系统、调度子系统。

铁水管理子系统的数据主要是铁水信息,有铁水编号、铁水成分、铁水温度、铁水重量,采集时间。

5.2.2.3 废钢管理子系统

废钢子系统的功能是采集废钢重量、废钢种类等。根据操作要求,将本炉使用的废钢重量、废钢种类等信息经终端通知操作室,并收集废钢的实际使用情况。

5.2.2.4 炼钢控制子系统

炼钢控制子系统为过程控制系统的核心,负责炼钢过程的计算机控制。

由操作人员输入必要的数据后,起动冶炼模型对炼钢过程进行控制,以达到自动炼钢的目的。

以一个冶炼周期为例,炼钢控制子系统的执行过程为:

第一步:确认计划数据,包括熔炼号、计划钢种、出钢量、出钢时间和用途,各种操作方案。

第二步:由基础级采集并由操作人员确认实际装入铁水量、铁水温度、铁水成分、废钢量、废钢种类、是否有副枪、是否有底吹、氧枪操作方案、底吹操作方案、下料操作方案,然后起动副原料计算模型,二级计算机计算出冶炼所需的各种副原料量、吹氧量、底吹方案等。

第三步:由操作人员确认计算结果,二级计算机向基础级各子系统发送降枪方案设定点和第一批料设定点以及底吹方案。

第四步:按点火按钮,降枪吹氧进入计算机自动控制方式。如果确认有副枪操作则进入到第五步,否则进入到第六步。

第五步:吹氧量达到副枪测试点,氧枪自动提升,或者氧气自动减流量,副枪降枪开始测试,当测试结束时,起动主吹校正模型对至终点的吹氧量等进行修正,确认计算结果,降枪吹氧,进入碳温动态曲线画面对最后吹炼阶段进行监视。

第六步:达到终点,如果无副枪,则进行倒炉、取样、化验。

第七步:进入"临界终点"画面,确认是否进行补吹,若补吹则进入第八步,否则进入第九步。

第八步:起动补吹计算模型,计算补吹时所需的各种量值,确认结果,降枪吹氧后返回第六步。

第九步:倒炉出钢,加合金,溅渣补炉,确定最终生产数据。

第十步:如果本炉次控制成功,则调用模型参数修正子程序,修正热损失常量和氧气收得率两项参数,实现自学习功能。

转炉控制站还负责以下数据的存储功能:

(1)炼钢厂日常生产的钢种技术标准;

(2)所需的原材料(包括铁水、废钢、副原料、铁合金)的成分;

(3)氧枪控制方案;

(4)下料控制方案;

(5)底吹控制方案。

转炉控制站还提供报表查寻和打印的功能,供管理使用,详见报表子系统。

5.2.2.5　合金管理子系统

根据出钢量、出钢钢种及化验成分,起动合金计算模型按最终钢成分计算出所需合金品种及数量并交操作人员确认。同时搜集每炉钢的合金料的实际使用情况,包括合金种类和重量存入数据库中,供自学习和打印报表使用。

5.2.2.6　数据通信系统

数据通信系统负责三类数据之间的通信,包括:

(1)和基础自动化级(L1)通信;

(2)内部各站之间通信;

（3）与生产管理级(L3)通信。

和 L1 级通信集中在一台机器上，其他机器若和 L1 通信可通过 OPC 与其通信，如图 5-1所示。

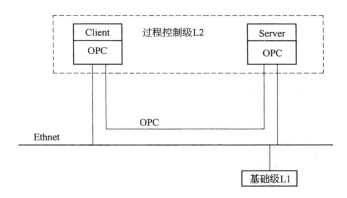

图 5-1 从 L2 级通过 OPC 下载的通信形式

各站之间的通信包括：

（1）某台机器和数据库(SQL Server)通讯，可通过 SQL Server 的内置通讯功能进行通信。

（2）其他信息，采用 Winsock 形式通信，如图 5-2 所示。

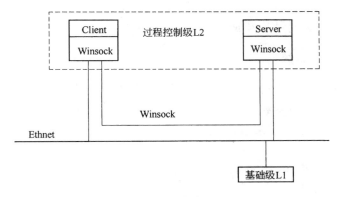

图 5-2 采用 Winsock 通信形式

（3）从 L1 上传的数据包括：

1）氧枪：吹氧、吹氮、氧压、氧流量、枪高、氧累计量、吹氧时间、A 枪或 B 枪工作。

2）副枪：钢水化学成分、温度、熔池高度等。

3）烟气净化：汽包水位，风机房内风机的有关数据等。

4）底吹：吹入气体流量、压力、累计量、切换时间等。

5）其他：铁水成分、钢水成分、温度、铁水重量、钢水重量、煤气回收有关数据、下料重量、合金料种类、重量、实际下料批次、下料量、熔炼号等。

（4）从 L2 下载的数据包括：氧枪操作方案；底吹控制方案；副原料下料控制方案；副枪测试命令。

5.2.2.7　打印报表系统

根据生产工艺的要求和管理统计工作的需要,转炉报表系统主要完成三类报表的功能。

A　转炉过程记事

在冶炼过程中各种副原料的加料时间、加料重量,加料种类、氧枪枪高、氧气流量、氧压、氧量累计、吹氧时间每个部分都是包括时间和量值的二维数据。报表信息以事件发生的时间先后为序排列,记录的多少随着冶炼的复杂程度而变化。全部数据的采集和打印工作不受人为因素的干预,此报表是对生产冶炼过程的再现和回忆。

B　转炉熔炼记录

这一报表是对生产中各道工序的详细记录,报表信息覆盖整个炼钢的生产过程,报表的格式和信息量是固定的。信息来源分两类:

(1)由人工输入,如钢种、熔炼号、人员情况、间隙时间、兑铁时间、出钢时间以及现场无法采集的信息等。

(2)由现场采集的信号或经过程序计算得到的,如铁水重量、铁水成分、铁水温度、钢水温度、钢水成分、废钢重量以及各种气体及副原料、氧枪、回收煤气等可采集信息。

C　转炉生产过程日报表

转炉生产过程日报表主要包括:每个炉次副原料和合金料加料品种、数量、氧气消耗量、吹氧时间及班次、熔炼号。

汇总信息包括:铁水消耗、废钢消耗、各种副原料消耗、合金消耗、氧气消耗量、氮气消耗、氩气消耗、副枪探头耗量及测成率等。

5.2.2.8　参数维护子系统

参数维护子系统主要负责维护各生产系统的参数,供数学模型使用。主要有:造渣剂的成分、炉渣成分、模型接口参数表等。

A　铁水废钢装入量计算模型参数表

输入参数

PCONV	转炉参数 Integer(3)
	1 炉座号
	2 底吹否 y/n (1/0)
PNH	炉龄 Integer
PSTART	铁水来源 Integer
	值 = 1:2 罐均来自混铁炉;
	值 = 2:1 罐来自混铁炉
	值 = 3:2 罐均不来自混铁炉
	值 = 4:2nd call for mixer
PWSCR	废钢实际重量 (kg) Real (10)
	下标: 废钢分类号
PSWS	废钢总重 (kg) Real
PSCRMA	废钢总重与出钢量之比的最大值 (%) Real

PSCRAP　　每类废钢占废钢总量的重量份额（％）Real(10)

　　　　　　和 ＝ 100

　　　　　　下标:废钢分类号

PORE　　　每类矿石占矿石总量的重量份额（％）Real(5)

　　　　　　和 ＝ 100

　　　　　　下标:矿石分类号

PRATIO　　副原料加入量的建议值 Real(10)

　　　　　　值 1: 萤石（kg/t 铁水）

　　　　　　值 2: 矿石预留量（kg/t 钢）

　　　　　　值 3: 石灰石（kg/t 铁水）

PMAXCO　对铁水成分的限制 Real(5)

　　　　　　硫成分最大值（％）

PSTELA　　出钢控制目标 Real(20)

　　　　　　值 1: 碳下限（％）

　　　　　　值 2: 碳目标（％）

　　　　　　值 3: 碳上限（％）

　　　　　　值 4: 钼下限（％）

　　　　　　值 5: 钼上限（％）

　　　　　　值 6: 铜下限（％）

　　　　　　值 8: 铜上限（％）

　　　　　　值 9: PDE 磷上限（％）

　　　　　　值 10:SDE 硫上限（％）

　　　　　　值 12:渣中 MgO 目标（％）

　　　　　　值 13:渣碱度 CaO/SiO_2建议值（kg/kg）

　　　　　　值 14:出钢量（kg）

　　　　　　值 15:温度下限（℃）

　　　　　　值 16:温度目标（℃）

　　　　　　值 17:温度上限（℃）

　　　　　　值 19:Ni 下限（％）

　　　　　　值 20:Ni 上限（％）

PHM　　　入炉铁水参数 Real(38,2)

　　　　　　下标 1:1～35 成分（％）

　　　　　　　　　　36 实际装入量（kg）

　　　　　　　　　　37 温度（℃）

　　　　　　下标 2:其意义取决于铁水来源

　　　　　　　　　对于 PSTART（铁水来源）＝ 1 或 3

　　　　　　　　　1 ＝ 来自混铁炉或高炉的铁水

　　　　　　　　　对于 PSTART（铁水来源）＝ 2 或 4

　　　　　　　　　1 ＝ 待装入的铁水

2 = 已装入的铁水

PWMS	含硅废钢的实际重量（kg）Real
PORSCR	矿石总重与废钢总重之比的建议值（无量纲）Real

输出参数

PWSCRC　　各类废钢装入量的计算值（kg）Real(10)

下标：废钢分类号

PSWSC　　废钢总装入量的计算值（kg）Real

PWORE　　各类矿石装入量的计算值（kg）Real(10)

下标：矿石分类号

PWOB　　矿石预留量（kg）Real

PADD　　副原料加入量（含补吹期）Real(15)

值 1：石灰（kg）

值 2：萤石（kg）

值 4：石灰石（kg）

值 5：提温剂（kg）

值 8：FeMo（kg）

值 10：$MgCO_3$（或白云石）（kg）

值 11：铜（kg）

值 12：FeNi（kg）

值 15：焦炭（kg）

PHMTOT　　铁水数据的计算值 Real(37)

1～35 成分（%）

36 重量（kg）

37 温度（℃）

PSLAG　　炉渣数据 Real(51)

1～50 成分（%）

51 重量（kg）

PSTEOB　　吹炼终点钢水数据 Real(51)

1～50 成分（%）

51 重量（t）

PVOX　　氧耗（含补吹期）（m3）Real

PFEED　　自学习参数 Real(2)

(1)1 HLOSS1

(2)2 YO21

PERROR　　不合理的变量 Real(30)

下标：变量的当前号

PERADD　　不合理变量的索引 Integer(30)

下标：变量的当前号

PSTAT　　错误码 Integer

= 0 未发生错误

NE.0 发生错误

B 副原料加入量计算模型参数表

输入参数

PSUB	副枪状态 Integer	

0 = 不用副枪

1 = 使用副枪

PCONV　　　转炉参数 Integer(3)

1 炉座号；

2 底吹否 y/n（1/0）

PNH　　　　炉龄 Integer

PSTART　　 铁水来源 Integer

值=1:2 罐均来自混铁炉；

值=2:1 罐来自混铁炉；

值=3:2 罐均不来自混铁炉；

值=4:2nd call for mixer

PWSCR　　　废钢实际重量（kg）Real（10）

下标：废钢分类号

PSWS　　　 废钢总重（kg）Real

PSCRMA　　 废钢总重与出钢量之比的最大值（%）Real

PRATIO　　　副原料加入量的建议值 Real(10)

1 萤石（kg/t 铁水）

2 矿石预留量（kg/t 钢）

3 石灰石（kg/t 铁水）

PWDES　　　脱硫剂重量 Real(10)

1 脱硫剂 1（kg）

2 脱硫剂 2（kg）

PMAXCO　　 对铁水成分的限制 Real(5)

1 硫成分最大值（%）

PSTELA　　　出钢控制目标 Real(20)

值 1：碳下限（%）

值 2：碳目标（%）

值 3：碳上限（%）

值 4：钼下限（%）

值 5：钼上限（%）

值 7：铜下限（%）

值 8：铜上限（%）

值 10：PDE 磷上限（%）

值 11：SDE 硫上限（%）

值 12：渣中 MgO 目标（%）

值 13：渣碱度 CaO/SiO$_2$ 建议值（kg/kg）

值 14：出钢量（kg）

值 15：温度下限（℃）

值 16：温度目标（℃）

值 17：温度上限（℃）

值 18：Ni 下限（%）

值 19：Ni 上限（%）

PHMCHA　　　入炉铁水参数 Real(38,2)

下标 1：1~35 成分（%）

　　　　 36 实际装入量（kg）

　　　　 37 温度（℃）

　　　　 38 标志（实测成分/平均成分）

下标 2：铁水罐号

PWMS　　　含硅废钢的实际装入量(kg) Real

PREHEA　　关于上一炉的数据 Integer(15)

1~7　　停吹时间

8~14　　出钢时间

　　15　　出钢温度

PBLOW　　氧枪操作方案 Real(2,10)

下标 1：1　枪位(m)

　　　　 2　到达此枪位的开始时间(min)

下标 2：序号

PORE　　每类矿石占矿石总量的重量份额（%）Real(5)

和＝100

下标：矿石分类号

PWGUN　　喷补料重量（kg）Integer

PADDAC　　已加入的副原料量 Real(15)

值 1：石灰（kg）

值 2：萤石（kg）

值 4：石灰石（kg）

值 5：提温剂（kg）

值 8：FeMo（kg）

值 10：MgCO$_3$（或白云石）（kg）

值 11：铜（kg）

值 12：FeNi（kg）

值 15：焦炭（kg）

OXPART 副枪测试前应吹入的氧气占总氧量的百分比（%）Real

输出参数

PWORE　　　各类矿石装入量的计算值（kg）Real(5)

　　　　　　下标:矿石分类号

PWOB　　　矿石预留量（kg）Real

PSTEOB　　吹炼终点钢水数据 Real(51)

　　　　　　1~50 成分（%）

　　　　　　　51 重量（kg）

PADD　　　Real(15) 副原料加入量

　　　　　　值1：石灰（kg）

　　　　　　值2：萤石（kg）

　　　　　　值4：石灰石（kg）

　　　　　　值5：提温剂（kg）

　　　　　　值8：FeMo（kg）

　　　　　　值10：$MgCO_3$（或白云石）（kg）

　　　　　　值11：铜（kg）

　　　　　　值12：FeNi（kg）

　　　　　　值15：焦炭（kg）

PVOX1　　　至副枪测试时的氧耗（m^3）Real

PVOX　　　至出钢时的氧耗（m^3）Real

PSLAG　　　吹炼终点的炉渣数据 Real(51)

　　　　　　1~50 成分（%）

　　　　　　　51 重量（kg）

PSLAG1　　副枪测试时的炉渣数据 Real(51)

　　　　　　1~50 成分（%）

　　　　　　　51 重量（kg）

PSTEP1　　副枪测试时的钢水数据 Real(52)

　　　　　　1~50 成分

　　　　　　　52 温度

PCHTIM　　自开吹至由吹氮气切换至吹氩气的时间（min）Real

PFEED　　　自学习参数 Real(2)

　　　　　　1 HLOSS1

　　　　　　2 YO21

PERROR　　不合理的变量 Real(30)

　　　　　　下标：变量的当前号

PERADD　　不合理变量的索引 Integer(30)

　　　　　　下标：变量的当前号

PSTAT　　　错误码 Integer

　　　　　　= 0 未发生错误

　　　　　　NE . 0 发生错误

C　补吹计算模型参数表

输入参数

PCONV　　　转炉参数 Integer(3)

　　　　　　1 炉座号

　　　　　　2 底吹否 y/n（1/0）

PNH　　　　炉龄 Integer

PSTART　　铁水来源 Integer

　　　　　　值＝1：2 罐均来自混铁炉

　　　　　　值＝2：1 罐来自混铁炉

　　　　　　值＝3：2 罐均不来自混铁炉

　　　　　　值＝4：2nd call for mixer

PWGUN　　　喷补料重量（kg）Real

PWSCR　　　废钢实际重量（kg）Real（10）

　　　　　　下标：废钢分类号

PSWS　　　 废钢总重（kg）Real

PSCRMA　　废钢总重与出钢量之比的最大值（%）Real

PHMCHA　　入炉铁水参数 Real(38,2)

　　　　　　下标 1：1～35 成分（%）

　　　　　　　　　　36 实际装入量（kg）

　　　　　　　　　　37 温度(C)

　　　　　　　　　　38 未用

　　　　　　下标 2：铁水罐号

PMAXCO　　对铁水成分的限制 Real(5)

　　　　　　1 硫成分最大值

PSTELA　　出钢控制目标 Real(20)

　　　　　　值 1：碳下限（%）

　　　　　　值 2：碳目标（%）

　　　　　　值 3：碳上限（%）

　　　　　　值 4：钼下限（%）

　　　　　　值 5：钼上限（%）

　　　　　　值 7：铜下限（%）

　　　　　　值 8：铜上限（%）

　　　　　　值 10：PDE 磷上限（%）

　　　　　　值 11：SDE 硫上限（%）

　　　　　　值 12：渣中 MgO 目标(%)

　　　　　　值 13：渣碱度 CaO/SiO$_2$ 建议值（kg/kg）

　　　　　　值 14：出钢量（kg）

　　　　　　值 15：温度下限（℃）

　　　　　　值 16：温度目标（℃）

　　　　　　　值 17：温度上限（℃）

　　　　　　　值 18：Ni 下限（%）

　　　　　　　值 19：Ni 上限（%）

PSTESL　　　副枪测试结果 Real(5)

　　　　　　　1 [C]（%）

　　　　　　　2 [O]（%）

　　　　　　　5 钢水温度（℃）

PSTEHN　　　钢水样数据 Real(51)

　　　　　　　1~50 成分（%）

　　　　　　　　51 温度（℃）

PADDC　　　 副原料加入量（含补吹期）Real(15)

　　　　　　　值 1：石灰（kg）

　　　　　　　值 2：萤石（kg）

　　　　　　　值 4：石灰石（kg）

　　　　　　　值 5：提温剂（kg）

　　　　　　　值 8：FeMo（kg）

　　　　　　　值 10：$MgCO_3$（或白云石）（kg）

　　　　　　　值 11：铜（kg）

　　　　　　　值 12：FeNi（kg）

　　　　　　　值 15：焦炭（kg）

PVOXC　　　 氧耗（含补吹期）（m^3）Real

PSTEO2　　　吹炼终点钢水数据（由副原料下料模型计算）Real(51)

　　　　　　　1~50 成分（%）

　　　　　　　　51 重量（kg）

PWOTOT　　 各类矿石加入量（含补吹期）（kg）Real(5)

　　　　　　　下标：矿石分类号

PWDES　　　 脱硫剂重量 Real(10)

　　　　　　　1 脱硫剂 1（kg）

　　　　　　　2 脱硫剂 2（kg）

输出参数

PSTEOB　　　补吹后钢水数据 Real(51)

　　　　　　　1~50 成分（%）

　　　　　　　　51 重量（kg）

PSLACO　　　补吹后炉渣数据 Real(51)

　　　　　　　1~50 成分（%）

　　　　　　　　51 重量（kg）

PWSCRC　　　补吹期加入的各类废钢量（kg）Real(10)

　　　　　　　下标：废钢分类号

PWORE　　　 补吹期加入的各类矿石量（kg）Real(10)

　　　　　　　　　下标:矿石分类号

PADD　　　　补吹期加入的各类副原料量 Real(15)

　　　　　　　　　值 1: 石灰（kg）

　　　　　　　　　值 4: 石灰石（kg）

　　　　　　　　　值 5: 提温剂（kg）

PVOXCO　　　补吹期吹氧量（m3）Real

PFEED　　　　自学习参数 Real(10)

　　　　　　　　　　1 HLOSS1

　　　　　　　　　　2 YO21

PERROR　　　不合理的变量 Real(30)

　　　　　　　　　下标: 变量的当前号

PERADD　　　不合理变量的索引 Integer(30)

　　　　　　　　　下标: 变量的当前号

PSTAT　　　　错误码 Integer

　　　　　　　　　 = 0 未发生错误

　　　　　　　　　NE. 0 发生错误

　　　D　模型参数自学习计算模型参数表

输入参数

PSTMOD　　　起动方式 Integer

　　　　　　　　　值 = 1:自学习参数写入模型参数文件

　　　　　　　　　值 = 0:自学习参数不写入模型参数文件

PCONV　　　　转炉参数 Integer(3)

　　　　　　　　　1 炉座号；

　　　　　　　　　2 底吹否 y/n（1/0）

PNH　　　　　炉龄 Integer

PSTART　　　铁水来源 Integer

　　　　　　　　　值=1:2 罐均来自混铁炉；

　　　　　　　　　值=2:1 罐来自混铁炉

　　　　　　　　　值=3:2 罐均不来自混铁炉

　　　　　　　　　值=4:2nd call for mixer

PWSCR　　　　废钢实际重量(kg) Real (10)

　　　　　　　　　下标: 废钢分类号

PSWS　　　　废钢总重(kg) Real

PSCRMA　　　废钢总重与出钢量之比的最大值（%）Real

PHMCHA　　　入炉铁水参数 Real(38,2)

　　　　　　　　　下标 1: 1~35 成分（%）

　　　　　　　　　　　　　36 实际装入量（kg）

　　　　　　　　　　　　　37 温度(℃)

　　　　　　　　　下标 2: 铁水罐号

PADDC　　　　副原料加入量（不含补吹期）Real(15)

值 1：石灰（kg）

值 2：萤石（kg）

值 4：石灰石（kg）

值 5：提温剂（kg）

值 8：FeMo（kg）

值 10：$MgCO_3$（或白云石）（kg）

值 11：铜（kg）

值 12：FeNi（kg）

值 15：焦炭（kg）

PVOXC　　　　氧耗（不含补吹期）（m^3）Real

PMAXCO　　　对铁水成分的限制 Real(5)

1 硫成分最大值

PSTELA　　　出钢控制目标 Real(20)

值 1：碳下限（%）

值 2：碳目标（%）

值 3：碳上限（%）

值 4：钼下限（%）

值 5：钼上限（%）

值 7：铜下限（%）

值 8：铜上限（%）

值 10：PDE 磷上限（%）

值 11：SDE 硫上限（%）

值 12：渣中 MgO 目标（%）

值 13：渣碱度 CaO/SiO_2 建议值（kg/kg）

值 14：出钢量（kg）

值 15：温度下限（℃）

值 16：温度目标（℃）

值 17：温度上限（℃）

值 18：Ni 下限（%）

值 19：Ni 上限（%）

PWORET　　　各类矿石实际装入量（kg）（不含补吹期）Real(5)

下标：矿石分类号

PWORE2　　　副枪测试后的补吹期内各类矿石的实际装入量（kg）Real(5)

下标：矿石分类号

PSTESL　　　副枪测试结果（停氧测）Real(5)

1 [C]（%）

2 [O]（%）

5 钢水温度（℃）

PSTEIB　　　　副枪测试结果（不停氧测）Real(5)

　　　　　　　　1 [C]（%）

　　　　　　　　2 [O]（%）

　　　　　　　　5 钢水温度（℃）

PSTEHN　　　　钢水样数据（第一次倒炉）Real(51)

　　　　　　　　1~50 成分（%）

　　　　　　　　　　51 温度（℃）

PREHEA　　　　有关上一炉的数据 Integer(15)

　　　　　　　　1 停吹时间

　　　　　　　　2 出钢结束时间

　　　　　　　　3 出钢温度

PACHEA　　　　有关本炉的数据 Integer(7)

　　　　　　　　1 开吹时间

PADD1　　　　　副枪测试前的副原料实际加入量 Real(15)

　　　　　　　　值 1：石灰（kg）

　　　　　　　　值 2：萤石（kg）

　　　　　　　　值 4：石灰石（kg）

　　　　　　　　值 5：提温剂（kg）

　　　　　　　　值 8：FeMo（kg）

　　　　　　　　值 10：$MgCO_3$（或白云石）（kg）

　　　　　　　　值 11：铜（kg）

　　　　　　　　值 12：FeNi（kg）

　　　　　　　　值 15：焦炭（kg）

PVOX1　　　　　副枪测试前的实际氧耗（m^3）Real

PWGUN　　　　 喷补料重量（kg）Integer

PSTEO2　　　　吹炼终点钢水数据（由副原料下料模型计算）Real(51)

　　　　　　　　1~50 成分（%）

　　　　　　　　　　51 重量（kg）

PWDES　　　　 脱硫剂重量 Real(10)

　　　　　　　　1 脱硫剂 1（kg）

　　　　　　　　2 脱硫剂 2（kg）

输出参数

PSTEOB　　　　吹炼终点钢水数据 Real(51)

　　　　　　　　1~50 成分（%）

　　　　　　　　　　51 重量（kg）

PSLAG　　　　　炉渣数据 Real(51)

　　　　　　　　1~50 成分（%）

　　　　　　　　　　51 重量（kg）

PFEED　　　　　自学习参数（原值）Real(10)

```
                1 HLOSS1
                2 YO21
PFEEDN          自学习参数（新值）Real(10)
                1 HLOSSN
                2 YO2N
PDEV            对热平衡和氧平衡的偏离 Real(2)
                1 HLOSS2
                2 YO22
PERROR          不合理的变量 Real(30)
                下标：变量的当前号
PERADD          不合理变量的索引 Integer(30)
                下标：变量的当前号
PSTAT           错误码 Integer
                  = 0 未发生错误
                  .NE. 0 发生错误
```

5.2.3 采用数学模型控制转炉炼钢的工艺要求

因数学模型控制与本厂工艺条件密切相关,故要求工艺保证满足如下条件:

(1) 保证铁水成分、温度、废钢及副原料条件处于数学模型调试前规定的范围。

(2) 入炉前铁水进行扒渣处理。

(3) 数模根据铁水入炉时的成分、温度的估计值计算铁水、废钢的装入量,因此在铁水脱硫前应测温取样,以得到这些估计值。

(4) 脱硫后取铁样化验,入炉前在兑铁包内进行铁水测温。数模根据铁水成分温度计算造渣料的用量。

(5) 对废钢进行分类。数模对不同种类的废钢使用不同的成分数据。

(6) 控制废钢装入量和废钢规格(尺寸、单重),以确保废钢在副枪测试前完全熔化。

(7) 石灰等副原料要有最新成分分析,对于成分等指标波动不大的物料,可采用平均值作为该指标。

(8) 保证测温化验设备、氧流表等仪表及各种电子秤计量准确。

(9) 副枪的测试精度为:温度,$\Delta T \leqslant \pm 10\,^{\circ}\mathrm{C}$;[$C$],$\Delta C \leqslant \pm 0.02\%$;

(10) 保持炉体热状态稳定。制订生产计划时,应注意避免相邻炉次目标钢种出钢温度变化过大,相邻炉次装入量变化不大于8%。从出钢到出钢的周期不超过1 h,在超过1 h情况下,应保证连续吹炼2炉之后再进行控制。

(11) 吹炼中无强烈喷溅、非计划停吹等异常情况发生。

(12) 采用计算机控制冶炼的钢种,依出钢时的钢水碳含量分为4组,每组至少收集100炉数据。根据控制试验获得的数据确定模型参数。

(13) 用户提供的设备、原料数据包括:

1) 工厂设计说明书;

2) 主要设备的运行测试报告;

3) 技术操作规程;

4) 各种原料的数据,如:

- 供给混铁炉的铁水:成分、温度的范围;
- 铁水脱硫剂的成分;
- 铁水渣:平均每吨铁水带入转炉的渣量,铁水渣的平均成分及范围;
- 废钢:要分成厂内废钢、轧后废钢、社会回收废钢等;
- 含硅废钢成分;
- 冷生铁:铸铁、废钢锭模等成分范围;
- 铁矿石:球团矿、轧钢屑等成分范围;
- 造渣料:石灰、萤石、白云石、菱镁石等成分范围;
- 降温剂:石灰石、铁矿石、废钢块等成分范围;
- 辅助原料:硅铁、碳化硅、碳化钙、焦炭等成分范围;
- 装入炉内的合金料:镍铁、钼铁、铜合金等成分范围;
- 脱氧剂:铝、硅铁等成分范围;
- 铁合金:硅锰、锰铁、硅铁、硅铝铁、稀土、焦炭等成分范围;
- 钢水脱硫剂的成分;
- 原料的其他指标(废钢的尺寸、单重,石灰的粒度、烧碱粒度等)。

5) 石灰石、废钢、铁矿石等物料的冷却效果。

6) 装入炉内的硅铁、焦炭等辅助燃料的发热效果。

7) 主要工序的作业时间分配,含:

- 混铁炉作业;
- 脱硫扒渣;
- 转炉作业;
- 炉外精炼;
- 铸锭;
- 整脱模;
- 连铸作业;

8) 钢种表。钢种表中包含以下数据:

- 钢种编号(1 ～ 400);
- 钢种名称;
- 钢种所属类别(碳钢、合金钢、沸腾钢、压盖钢、半镇静钢、镇静钢、连铸钢等。这项数据用于管理和操作指导);
- 成分目标(%),出钢时碳目标及上下限、磷硫上限;
- 温度目标(T),出钢温度目标及上下限、罐处理后钢水温度上下限、浇铸温度等;
- 操作方案号包括,氧枪操作方案、副原料下料方案、底吹方案;
- 对于该钢种的铁水硫最大允许值(%);
- 铁矿石总重量与废钢总重量之比(无量纲),在铁水废钢装入量计算中,铁矿石与废钢统称为冷却剂,由此参数决定应多加矿石或废钢。
- 各类废钢使用比(%),各类废钢的使用比之和应为 100%;

- 各类铁矿石使用比(%),各类铁矿石的使用比之和应为 100%；
- 每吨铁水的萤石或其他辅助熔剂用量(kg)；
- 终渣碱度($[CaO]/[SiO_2]$)的目标值；
- 终渣(% MgO)的目标值；
- 副枪测试前的供氧量占本炉次总供氧量的百分比(%)；
- 出钢时使用何种脱氧剂,吨钢加入量；
- 出钢时进行合金化否(是/否)；
- 该钢种在合金化时使用何种铁合金料,各种合金料的加入顺序；
- 钢水脱硫否(是/否)；
- 如需钢水脱硫,在钢种表中给出各类钢水脱硫剂的使用比(%),各类钢水脱硫剂的使用比之和应为 100%；
- 钢包内吹氩否(是/否)；
- 钢包处理结束时钢液成分、温度的上下限(%)。

钢种表中的部分数据实际上与原料条件、设备条件紧密相关,其所以列在钢种表中,是因为某些数据是作为数模计算的初始值使用,并不是最终结果；某些数据是出于计算机程序实现的需要,存放在钢种表中,同时为操作人员提供了修改这些数据的手段。

9) 操作方案。按以下格式制定操作方案。

氧枪操作(开吹~终点)

方案号

序　号	耗氧量/m³	枪高/cm	氧流量/(m³/min)
1			
2			
3			
4			
5			
6			
7			
8			

底吹方案(开吹 ~ 终点)

方案号

序　号	耗氧量/m³	气 体 类 别	气体流量/(m³/min)
1			
2			
3			
4			
5			
6			
7			
8			

副原料下料方案(开吹~副枪测试点)

方案号

序　号	耗氧量/m³	副原料 1/%	副原料 2/%	副原料 n/%
1				
2				
3				
4				

注:表内具体数据随具体厂工艺条件不同而不同。

10) 连铸参数。其参数存在钢种表中,只用于管理。

11) 化验数据,包括:

铁水样(脱硫前、后):C, Si, Mn, P, S;

钢水样(脱氧前、后):C, Mn, P, S, O,其他元素;

钢渣样:CaO, SiO_2, FeO, Fe_2O_3, MgO, MnO, CaF_2, P_2O_5, Al_2O_3, Cr_2O_3, S;

铁水渣平均成分:CaO, SiO_2, Al_2O_3, MgO, MnO, FeO, S;

炉气:CO_2, O_2, CO, N_2;

炉尘平均成分;炉衬;补炉料成分。

12) 称量设备,包括铁水,废钢,副原料,钢水。

13) 人员表,包括管理人员、技术人员、操作人员的名单,用于人员管理。

14) 故障,耽搁表包括等铁、等氧、喷补、修出钢口、换氧枪等。

5.3　使用 VMS 操作系统的过程机应用软件设计

　　VMS(Virtual Memory System)操作系统是由原美国 DEC 公司用于 PDP11 系列及 VAX 系列小型机的操作系统。原为多用户分时系统,大量应用于工业控制及企业管理。该系统结构合理,运行稳定。我国 20 世纪 80、90 年代钢铁企业的过程控制机多使用此系统。随着 DEC 公司先后为 Compaq 公司、HP 公司收购,又推出了 Alpha 系列小型机。VMS 操作系统也相应升级为 OPEN VMS 操作系统,且适用 C/S 方式。图 5-3 和图 5-4 分别显示了

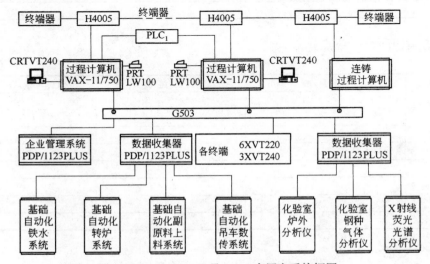

图 5-3　VAX-11/750 及 VMS 多用户系统框图

国内某两个钢厂所配置的 VMS 操作系统与 VAX750 机、OPEN VMS 操作系统及 Alpha 2100 服务器的系统框图。但是 VMS 操作系统对硬件的要求必须应用于原 DEC 公司所产的上述系列机中,在某种程度上限制了它的使用。随着 PC 服务器的问世,二级机开始大量使用较为廉价的 PC 服务器。但是 VMS 操作系统软件运行的稳定性及其他性能,仍不失为一种适应工业控制的操作系统。

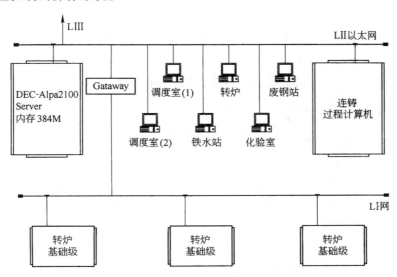

图 5-4　Alpha 2100 及 OPEN VMS C/S 系统框图

5.3.1　OPEN VMS 操作系统的文件系统

过程控制计算机的应用软件主要完成模型计算,按照动态阶段进行编制,向基础级计算机发相关的操作命令,编制计划、分配计划、接收计划,采集数据,向上级发送及接收信息,OPEN VMS 操作系统较适合于此种要求,因而国内外大型转炉一般使用这个操作系统。因为应用软件的设计是以现场实际生产的工艺流程为基础的,而且为了更好地体现计算机控制炼钢的经济效益和社会效益,包含了若干中间环节,例如铁水预处理、脱硫扒渣、钢水精炼、炉后备处理等。这样,有关过程机的生产流程就是:调度室、混铁炉、脱硫扒渣、转炉、罐处理、化验室、废钢、副原料、合金、氧枪、副枪、吊车等子系统,都各自有基础自动化设备来执行过程机的有关命令或者向过程机传送数据。过程应用软件包括过程控制软件和模型计算软件。模型计算软件将在下一章专述。而过程控制软件要求同时又具有实时控制、数据收集和打印报表的功能。

5.3.2　炼钢过程控制的应用软件流程

应用软件的设计是以实际的生产工艺流程为基础,其流程是:

(1)调度室根据目标出钢量和钢种制订生产计划,通知混铁炉和废钢场准备适量铁水和废钢。

(2)混铁炉接到准备铁水的命令后,按量准备铁水并输入罐号,废钢场准备废钢。

(3)脱硫扒渣站根据铁水的成分、重量,起动脱硫模型计算出所需何种脱硫剂及其重量,脱硫扒渣并测温取样化验成分。

(4) 转炉废钢加入转炉,铁水兑入转炉,吊车电子秤在兑前发出一个满罐重量和罐号,兑完后再发一空罐重和罐号,由此得出净铁水重,起动第二次加料模型计算出所需副原料量和耗 O_2 量。确认后把设定点发往副原料子系统,和氧枪、副枪子系统,副原料子系统根据设定备料,此时可按降枪按钮开吹。吹至副枪降枪点时,氧枪提升或者减氧流量、副枪降下,测出结果并送过程机,副枪模型根据所测结果和已加入的原料等进行计算,计算到终点还需吹多少 O_2、加何种原料及其数量。经确认后发往子系统再吹、取样,根据化验结果可决定是否补吹。在吹炼中准备合金。

(5) 合金处理模型计算出所需合金料量,测温取样化验。

5.3.3　各站应用软件功能简介

计算机要实现其控制功能,就要根据控制对象的数据流,安排人机接口,使得操作人员能够监视所控制的过程,进行必要的数据输出,从而达到过程控制。

因此,过程控制机在各主要数据流区段设立终端,执行各自的画面程序,供人机对话,实现控制,每个画面系统中都会有多少不等(根据生产实际)的画面,有的终端可与基础级共用。

5.3.3.1　调度室站

调度室站的功能除去监视全厂生产过程外,可以分成有两大部分:为多座转炉制订生产计划,订制铁水、废钢、打印生产报表。

(1) 监视全厂生产过程状态。调度室站画面系统中有一个监视画面,可以显示多座转炉的生产状态。供操作员监视生产流程中的各主要阶段的情况。

(2) 制订生产计划。操作员根据总的生产安排分别为多座转炉依次制订生产计划,计划画面上,操作员要输入订制铁水号、开吹时间、钢种、出钢量等。这里所作的计划是预排计划,下一步就是根据预排计划为各座转炉订制铁水。在订制铁水的画面中,操作员选择了一个预排计划后,就起动第一次加料模型,计算出所需铁水量和废钢量。在确认了计算结果(可人工修改)后,计算机就自动发给混铁炉一个请求订制铁水的信息,并把订制铁水号和要求的铁水量及废钢量发给混铁炉站和废钢站,由混铁炉准备铁水、由废钢站准备废钢。

(3) 打印生产报表。把画面系统转到打印生产报表画面就可打印多种生产报表。生产报表分炉报、班报、日报、周报、月报等。

5.3.3.2　混铁炉站

根据各厂的生产实际,如果铁水倒入混铁炉,应设混铁炉站,该站设过程控制终端,在这个终端上运行子系统的画面,同时运行过程机的画面系统,该画面系统的功能可以简言之为"对铁水进行管理"。

该画面系统用以监视混铁炉的概况,例如温度、测温时间、成分、炉内铁水量等。

铁水管理之一是输入高炉来的铁水数据。铁水管理之二是根据调度室信息从混铁炉出铁,并测温取样化验。

订制铁水后,程序自动发送一信息给废钢站子系统,通知其准备废钢。

5.3.3.3 脱硫扒渣站

脱硫扒渣站其功能主要是计算出脱硫剂的重量、种类，进行脱硫扒渣，测温取样，输送高质量的铁水。

转炉的铁水到达脱硫扒渣站后，操作员要输入罐号，开始脱硫。可在显示罐数据画面显示罐数据，例如铁水成分、温度，所炼钢种等，准备好了后，就可起动模型计算脱硫剂，操作员根据模型结果加入实际的脱硫剂。因为实际加入量可能与要求值不完全一样，因此要求把实际加入量输入计算机，脱硫扒渣后，要测温取样，收集现场情况，供打印报表。

5.3.3.4 转炉站

转炉站是最复杂的站，因为计算机炼钢应用软件的精华部分都在这里。

转炉一炉吹炼周期分三大阶段：开吹前准备阶段；兑铁、废钢、模型计算、备料阶段；降枪开吹到吹炼终点阶段。

（1）开吹前准备阶段。由调度室给转炉安排并订制了铁水和废钢的那些生产计划，在炉前画面上显示出来，如需临时调换计划前后次序，可调换。在选定了一个计划后，就可进入"开始新一炉"画面，操作员要对一些重要数据进行输入、修改、确认。这些数据有：班号、班长号、熔炼号、钢种、底吹否、副枪否、炉龄、补炉材料量、降枪方案号、加料方案号等。

（2）吹炼阶段。在这个阶段中，转炉站应用软件完成的主要功能有：

1）铁合金第一次计算并送设定点给合金子系统。

2）根据加料方案和耗氧量计算副原料的分批加入量和时间。

3）根据副枪测试结果进行副枪模型计算，计算出从副枪测试后到终点这期间所需要的氧量、副原料种类和数量。结果经确认后发送给副原料子系统备料，完后再降枪吹到终点。

4）取样化验。

5）查看加料方案、降枪方案、混铁炉、废钢站的信息；系统信息、故障记录、耽搁时间记录等。

（3）补吹校正阶段。在吹炼终点取样化验，根据化验结果，操作员可决定是否进行补吹校正。如化验结果已合格，可以出钢，此时第二次合金计算开始，确认结果发往合金子系统备料，出钢即可，如需补吹校正，则转入补吹校正阶段。在补吹校正阶段，补吹校正模型根据化验结果等有关数据，计算出补吹校正需要的氧量、副原料种类和数量。可以多次取样化验，多次补吹校正。出钢完成，出渣是一炉钢的结束。

5.3.3.5 炉后钢包处理站

炉后钢包处理站主要功能是合金料计算，脱硫剂的计算，反馈计算，取样化验，测温、冷却废钢的计算，所吹气体的计算。

5.3.3.6 化验室站

化验室站完成化验成分传输的功能。

5.3.3.7 工程师站

工程师站是为工程人员管理、输入和修改有关数据而设立的。其功能有两大部分：基本数据管理与打印报表。这里的打印报表不是生产报表,数据来自工程师站本身,供工程人员参考。

5.3.4　过程计算机应用软件结构

5.3.4.1　软件结构

过程控制计算机系统负责对生产过程进行控制和对数据进行处理,因此应用软件也分成两大部分:一是重点放在生产流程控制的部分。因有大量的人–机间的对话,因而称为人机联系系统。另一部分重点放在模型计算,需进行大量的数据处理及计算,也称为数据处理公用系统。

人–机系统包括铁水站、脱硫站、转炉操纵站、炉后处理站、调度站、化验站及工程师站等,见图 5-5。从构成看,人机系统包括了生产流水线上的各主要工序,控制了整个生产流程。并通过各站的应用软件对生产过程进行跟踪和调度。

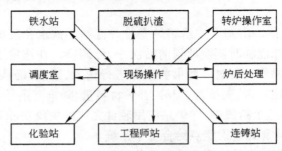

图 5-5　转炉应用软件系统结构图——人机对话系统

公用系统包括:应用软件操作员系统;报表输出系统;数据收集器系统和连铸过程机系统,见图 5-6。从构成看,公用系统的主要任务是收集、发送、管理和处理生产过程中产生的数据和信息。

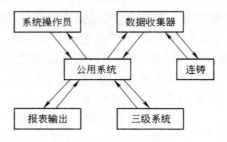

图 5-6　转炉应用软件系统结构图——公用系统

应当指出:各站应用软件的各功能块是以"任务"的形式出现。而"任务"是以"进程"为单位编制的。为了减轻程序人员的劳动强度,软件设计的标准化,以及总体的易读性,各站的任务(包括部分公用系统的任务),均采用统一的标准结构。人–机系统的标准结构称为交互式系统。部分公用系统的标准结构称之为通讯式系统。

交互式系统的结构如图 5-7 所示。图中实曲线为命令和数据操作流,虚线为进程同步流。控制生产流程的各站均有结构类似的交互式应用软件,由各站交互系统组成了人–机系统的总体。

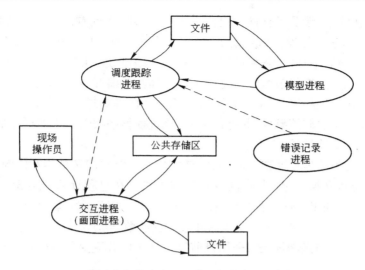

图 5-7 交互式系统的结构图

通讯式系统的标准结构与前类似,如图 5-8 所示。

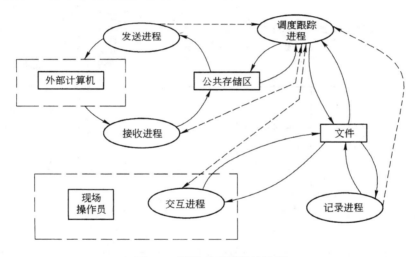

图 5-8 通讯式系统的结构图

如果说交互式系统跟踪、控制、调度的是生产流中的物料流,则通讯式跟踪、控制、调度的是生产过程中产生的数据和信息流。

5.3.4.2 过程计算机应用软件的编辑

OPEN-VMS 操作系统的应用软件一般是用 FORTRAN 预处理语言(Fortran Prepare Processor)—FPP 编辑的。该语言是一种框架结构程序设计语言。这种语言把各种繁琐的、经常重复的程序块预先编制好,然后,或链接起来,或编辑成间接命令文件,形成一套工具性软件,或形成一种固定的框架结构形式,软件人员在编辑时,可以不去理会哪些结构性工作,只把精力集中于各种变量的确定和过程控制的编辑上,放在整体的设计上。这种结构性的程序设计语言是国内外计算机界软件技术的潮流。

　　在编辑应用软件中,涉及了软件工程技术中的很多技术问题。信息流程图技术的应用就是一例。图 5-7 既表达了交互式系统的结构,也表达了系统内各进程间信息的流通。

　　涉及软件工程的另一技术,是事件矩阵问题。在编制 Tracker 等进程之前,把该站生产流程中将要发生的事件,按状态编好状态－事件矩阵。并编好事件、状态的顺序号。例如表 5-1 就是国内某厂转炉站状态－事件矩阵的一部分。在编辑进程软件时,只要在一个固定的框架结构中,按顺序填放该事件、状态的编号,该进程程序编辑工作即可完成。显然,这种编辑方法既简便,灵活性又强。

　　在生产流程中,各站是相互独立的,操作是并行的。但他们又是相互依赖、相互关联的。因而他们必然要经常交换信息,来协调各站间的工作。在过程计算机内部,应用软件使用 VMS 提供的进程同步通讯软件。各站产生的数据和信息,均填入为其开辟的文件和公共存储区内,然后使用上述软件,从公共存储区文件中读取这些数据。

　　在过程机与各站间的数据传送,采用目前过程计算机普遍使用的电报传送方式。

表 5-1　转炉站状态——事件矩阵局部图

阶段标志号	工艺阶段	事件标志号 1	2	3	24	25	59	5	75	60	10	85	80
		设置修炉结束	设置修炉开始	确认开新数据	接受吊车兑铁重量	确认铁水罐数据	接收熔池深度测试	确认二次加料计算的输入数据	二次加料数据错误	二次加料计算开始	模型二次加料计算成功	模型超时失败	因输入造成模型失败
1	修炉期间	×											
2	等待新一炉开始		×	×	×								
3	等待确认铁水罐数据				×	×							
4	等待输入二次加料数据						×	×					
5	等待二次加料开始						×			×			
6	等待二次加料计算模型结束						×		×		×	×	×
7	等待确认二次加料结束										×		

5.3.4.3　画面进程及其使用

　　在生产流水线上各站的应用软件中,现场操作人员只接触到一种进程——交互进程,也即画面进程。通过进程中的画面,进行人－机间的对话。现场操作人员就是通过这些画面,了解生产流水线上各道工序的现状,各工序产生的数据和信息,发布各种命令、指令,控制生产流程。

5.3.4.4 Tracker 进程

如上所述,生产流程中的各站,除去工程站外,都是实时控制中的一个环节,操作员根据各自站的实际工作状况,进行数据输入、输出操作,或者监视有关现场状态,这是过程控制的必要步骤。

然而,每个站在不同的时候所处的状态是不同的,所做的事是不同的,所要发生的事件也是不同的,即使是同一事件在不同状态下发生,其结果也会是不同的。为了协调这些状态和事件之间的关系从而达到控制的目的,这就需要每个站都有一个 tracker 程序工作,它跟踪各站所处的状态,对所发生的事件进行处理并对大量的数据进行管理。

为此,根据每个站的工艺流程编制了各个站的“状态事件矩阵”。

tracker 进程由主程序、SET、AUT 三大部分组成,主程序管理接收信息;SET 程序判断何种信息并把事件标志建立起来;AUT 程序扫描事件矩阵,查到事件标志后,调用相应于该事件的子程序,以处理诸多事件。

5.3.4.5 File 和 Common

过程控制系统应用软件的每一个站画面系统程序都是一个进程,每一个 tracker 程序也都是一个进程,每一个模型也都是一个进程,这样,在过程控制中,在收集数据中,都需要进程间的数据传递。因此,在系统中应用了大量的 file 和 Common 来实现数据通讯。为了能够管理、查看或者修改这些 file 和 Common,采用了叫做 FED〈File editor〉、CED〈Common editor〉的工具。

(1) FED。FED 叫做文件编辑程序。它可以建立文件,在建立文件时要指明文件的类型,记录长度,记录个数等,建立文件非常方便。更重要的是它提供了一种手段可以监视在过程控制中文件的内容,因此可以看过程控制是否正确,达到预期目的,并可以修改文件内容,进行初始化。

(2) CED。CED 叫做公共区编辑程序。利用它可以监视在过程控制中系统 Common 变量的内容,并可以修改它们,了解控制过程的动态情况。各个进程内部都有 localCommon,这些局部公共区还不在 CED 之列。

5.4 使用 PC 服务器的过程控制计算机系统

5.4.1 简述

随着网络技术的飞速发展,越来越多的过程控制计算机采用 PC 服务器,以取代多用户系统,现以国内近几年建设起来的某厂过程控制计算机系统为例,予以介绍。

国内某钢厂的过程控制系统按工艺将全厂分为三个工区:转炉工区、精炼工区和连铸工区。其转炉工区有 90 t 转炉三座,铁水脱硫站两座;精炼工区有 LF 炉三座,VD 炉一座,RH 真空处理炉一座;连铸工区有方坯连铸机两台,板坯连铸机一台。其过程计算机系统将基础自动化设备逐一联网,同时兼向三级,乃至 ERP 系统传输数据。三个工区的基础自动化设备由西门子公司与 AB 公司的 PLC 设备组成。过程计算机系统主要完成生产调度任务,数据流的跟踪,现场实时数据采集与处理,按照控制阶段起动、运算数学模型,根据数学模型运算结果向基础自动化(L1)系统传送执行命令,接收基础自动化系统执行结果。冶炼数学模型在第 6 章详述,本章只就系统的其他功能进行叙述。

5.4.2　系统硬件、软件及网络配置

本系统配置充分考虑数学模型不断完善的需要,在容量、系统速度和通讯接口方面均按此要求配置。系统将网络分成三级:三级(L3)、二级(L2)、一级(L1),这样充分顾及系统的运行速度以及将来扩展的方便。一级单独设立网段,保证模型运行的网络速度。交换机采用两层结构,将一级网络分开,保证网络之间安全隔离。为保证长期运行的可靠性,PC 服务器采用双 CPU、双电源热备用,磁盘采用镜像结构,数据磁盘和系统磁盘分离,这样也有利于出现问题的快速恢复。

系统的软件配置、硬件接口以及网络包含了炼钢及底吹模型、板坯拉漏钢预报、板坯轻压下、三台铸机二冷水动态模型。

根据现场实际需要,过程计算机系统在炼钢、精炼两个区域不单独配置现场操作终端,与一级系统合一。连铸区域操作室有单独二级终端。由于网络互联,在二级和三级终端都可以安装对方的人机接口程序,通过网络路由器访问各自的服务器。一级、二级接口通讯程序,由二级完成;二级同三级接口通讯程序在二级服务器内的由二级完成,在三级服务器内的由三级完成,由于一级基础自动化系统按照二级要求功能不完善,尚有需完善的部分,需要对其完善后二级才能进行实时数据的采集,如该厂的两个百吨吊车跨,转炉工区、连铸工区各一个,八台吊车各个起吊位和座罐位的钢包信息,包括钢包号、钢包位置、钢包重量及起吊时间或座罐时间,并将这些信息实时发送给三级,钢包跟踪系统实时采集完成此功能。钢包整备跨的钢包信息则在终端由人工输入。系统硬件、软件及网络配置见表 5-2,总体网络布置图见图 5-9。

表 5-2　系统硬件、软件及网络配置表

序 号	项 目	型 号	数 量	说 明
1	PC 服务器	DELL PowerEdge 2800 (Xeon3.0GHz * 2/2GB/146GB * 4)双以太网口	5	其中:板坯连铸、转炉、1 号方坯、2 号方坯、精炼各 1 台
2	电源	Dell 服务器同型号电源	5	配五台服务器
3	以太网卡	Dell 服务器(单口)100M 以太网卡	6	配五台服务器
4	PC 工作站	P4 2.6/256MB/40G/17″,其中 5 台液晶显示器(17″)	20	转炉计算机网络维护站 1 台,精炼计算机网络维护站 1 台,1 号方坯区 4 台,2 号方坯区 4 台,板坯区站 5 台,钢包跟踪计算机网络维护站 1 台,备用 4 台
1	OS	Windows2000Server(中文企业版 10 用户 Licence)	1	其中:板坯连铸、转炉、1 号方坯、2 号方坯、精炼、钢包跟踪各 1 台
2	数据库	Oracle9I for Windows2000(10 用户中文标准版)	1	
3	开发工具	VB6.0	1	

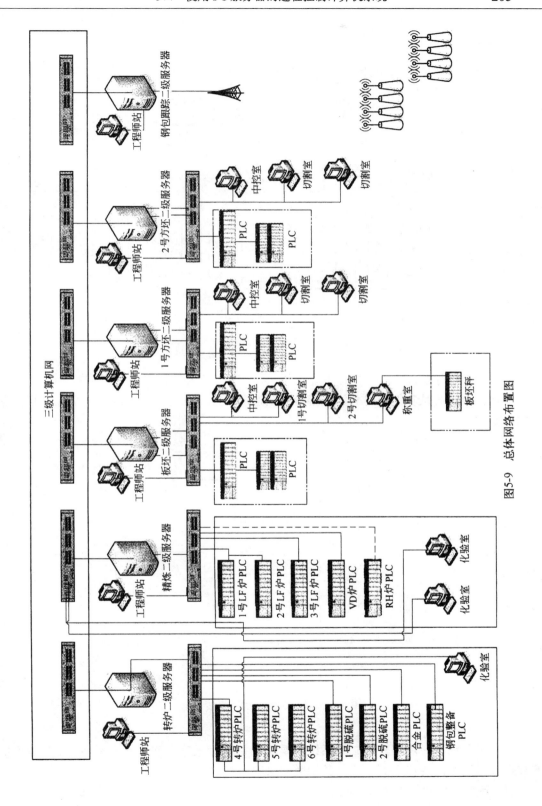

图5-9 总体网络布置图

5.4.3　系统完成的功能

总体功能内容见图 5-10,按转炉、精炼、连铸三个工区分别叙述其功能。

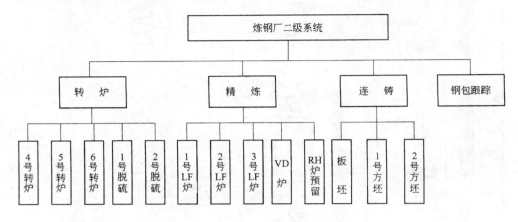

图 5-10　总体功能图

5.4.3.1　转炉炼钢二级系统功能

A　系统组成

转炉二级系统从功能上可分为三部分:采集子系统,通信子系统,维护子系统。其信息流如图 5-11 所示。

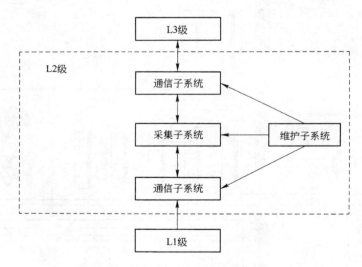

图 5-11　转炉炼钢二级系统信息流

B　功能说明

采集子系统　一炼钢转炉二级系统主要功能是实时采集一级的生产数据,并把所采集的数据实时而准确的传送到三级。其中数据采集包括以下几个部分:

(1)转炉操作数据的采集,包括:

1）空炉开始时间、空炉结束时间；

2）兑铁水开始时间、兑铁水结束时间；

3）加废钢开始时间、加废钢结束时间；

4）吹炼开始时间、吹炼结束时间；

5）取样开始时间、取样结束时间；

6）出钢开始时间、出钢结束时间；

7）溅渣开始时间、溅渣结束时间；

8）倒渣开始时间、倒渣结束时间；

9）补炉开始时间、补炉结束时间；

10）氮气压力；

11）点吹开始时间、点吹结束时间；

12）当枪位发生变化时的枪位；

13）当吹炼、点吹和抬枪时的氧气流量；

14）总氧压、工作氧压、氧流量、枪位、总耗氧量；

15）钢水温度。

（2）下料数据的采集，包括 6 个料斗的下料时间和料值信息。

（3）脱硫扒渣数据的采集，包括：

1）扒渣前 S；

2）喷吹开始时间；

3）CaO 喷吹量（设定值 实际值）；

4）CaO 速率、Mg 喷吹量（设定值 实际值）、Mg 速率；

5）氮气总压、氮气工作压力、氮气流量；

6）喷吹结束时间、计划目标 S；

7）CaO 喷吹量、CaO 速率、Mg 喷吹量、Mg 速率、氮气总压、氮气工作压力、总耗时。

通信子系统 通信子系统完成二级计算机与三级计算机的通信任务以及二级计算机与一级计算机的通信任务。主要包括：

（1）二级转炉服务器与三级服务器间的通信；

（2）二级转炉服务器与一级 PLC 间的通信。

维护子系统 维护子系统完成对系统的日常维护工作。主要包括：

（1）系统初始化。数据的初始化，根据要求对数据进行定时存储，也可以手动对某个表进行初始化操作。

（2）报警。报警记录与一级 PLC 的通讯状况和三级网络连接即数据库连接情况。

（3）日志。日志信息记录是二级计算机的重要操作。

（4）通信状态。生产数据的发送，当三级网络出现问题，数据无法发送至三级，可以存储在二级，当通信正常时，再发送至三级。

（5）备份。

（6）用户管理。

（7）权限管理。

5.4.3.2　精炼炉二级系统功能

A　系统组成

精炼炉二级系统从功能上可分为三部分：采集子系统，通信子系统，维护子系统。其信息流如图 5-12 所示。

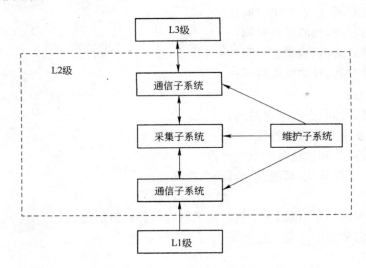

图 5-12　精炼炉二级系统信息流

B　功能说明

采集子系统　一炼钢精炼炉二级系统主要功能是实时采集一级的生产数据，并把所采集的数据实时而准确的传送到三级。其中数据采集包括以下几个部分：(1) LF 炉数据采集；(2) VD 炉数据采集。

LF 炉数据采集主要分以下几个方面：

(1) 钢包的搬入与搬出，主要采集钢包的搬入与搬出时间。

(2) 等待吹氩。

(3) 钢包处理开始、钢包处理结束，包括：

1) 钢包处理开始、钢包处理结束，采集开始与结束的时间。

2) 吹氩，采集开始时间、Ar 流量、Ar 压力。

3) 吹氩化渣，采集开始时间、结束时间、石灰、萤石、精炼渣、铝线段、铝矾土、Ar 流量、Ar 压力。

(4) 测温包括：时间、温度。

(5) 电极通电加热开始、电极通电加热结束包括：

1) 电极通电加热开始：开始时间、电压、电流、Ar 流量、Ar 压力。

2) 电极通电加热结束：结束时间、电压、电流、Ar 流量、Ar 压力。

(6) 称量部分。

(7) 下料部分(包括合金化、加废钢降温、吹氩化渣)。

1) 合金化：开始时间、结束时间、硅铁、锰铁、钛铁、铝线、焦炭等量值以及 Ar 流量、Ar 压力。

2) 加废钢降温:开始时间、结束时间、废钢的量值、Ar 流量、Ar 压力。

VD 炉数据采集主要分以下几个方面:

(1) 钢包的搬入与搬出,主要采集钢包的搬入与搬出时间。

(2) 钢包处理开始、钢包处理结束,采集开始与结束的时间。

(3) 测温、定氢、定氧:

1) 测温,采集测温时间与温度值。

2) 定氢,采集定氢时间与氢值。

3) 定氧,采集定氧时间与氧值。

(4) 钢包吹氩,采集吹氩时间、氩气流量、氩气压力。

(5) 抽真空开六级泵,采集开六级泵时的 Ar 流量、Ar 压力、真空度。

(6) 抽真空开五级泵,采集开五级泵时 Ar 流量、Ar 压力、真空度。

(7) 抽真空开四级泵,采集开四级泵时 Ar 流量、Ar 压力、真空度。

(8) 抽真空开三级泵,采集开三级泵时 Ar 流量、Ar 压力、真空度。

(9) 抽真空开二级泵,采集开二级泵时 Ar 流量、Ar 压力、真空度。

(10) 抽真空开一级泵,采集开一级泵时 Ar 流量、Ar 压力、真空度。

(11) 抽真空保压、破真空:

1) 抽真空保压:采集保压时 Ar 流量、Ar 压力、真空度。

2) 破真空:采集破真空的时间。

通信子系统　通信子系统完成二级计算机与三级计算机的通信任务以及二级计算机与一级计算机的通信任务。主要包括:

(1) 二级精炼服务器与三级服务器间的通信;

(2) 二级精炼服务器与一级 PLC 间的通信。

维护子系统　维护子系统完成对系统的日常维护工作。主要包括:

(1) 系统初始化;

(2) 报警;

(3) 日志;

(4) 通讯状态;

(5) 备份;

(6) 用户管理;

(7) 权限管理。

5.4.3.3　方坯连铸机二级系统功能

A　系统组成

1 号、2 号方坯连铸机二级系统从功能上可分为六部分:

(1) 计划子系统;

(2) 方坯连铸本体子系统;

(3) 切割子系统;

(4) 方坯连铸生产实绩子系统;

(5) 通信子系统;

（6）维护子系统。

其信息流如图 5-13 所示。

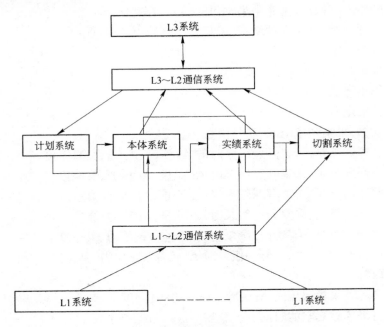

图 5-13　1 号、2 号方坯连铸机二级系统信息流

B　功能说明

计划子系统　方坯连铸计划是组织生产的依据，二级的计划子系统主要的功能为：方坯连铸后备计划的制订、接收三级的方坯连铸计划和方坯连铸计划的显示。

（1）方坯连铸后备计划的制订。方坯连铸后备计划的制订是指在三级异常情况下，而二级可独立制订方坯连铸生产计划，保证二级方坯连铸系统的运行。其计划项目主要包括：

1）计划号；

2）LOT 指令号；

3）钢种；

4）出钢记号；

5）连连铸本炉顺序号；

6）连连铸中总炉数；

7）铸机号；

8）浇次顺序号；

9）转炉炉号；

10）去向；

11）预定方坯号；

12）方坯长度；

13）方坯重量；

14）方坯宽度；

15）方坯厚度；

16）切割流标志；

17）SAMPLE 长度；

18）非定尺上限；

19）非定尺下限。

（2）接收三级的方坯连铸计划。在三级正常运行的情况下，二级自动接收三级的方坯连铸计划，包括三级对方坯连铸计划的变更。其计划项目同上。

（3）方坯连铸计划的显示。在二级计算机上显示方坯连铸计划。

方坯连铸本体子系统　方坯连铸本体子系统完成对方坯连铸机本体的过程跟踪和数据的采集，主要包括铸造中炉次跟踪、全长复位的计算、铸造速度的计测和拉速、中间包重量趋势曲线的显示。二冷水数学模型的计算，最佳切割计算，结晶器液位控制等。

（1）铸造中炉次跟踪。完成待铸位、铸造位、弧型段内、切割区以及切割完成区的炉次跟踪。其中跟踪的项目包括：钢包的注入开始、钢包的注入终了、炉次的铸造开始、炉次的铸造终了、炉次的切割开始、炉次的切割终了等。

（2）全长复位的计算。根据钢包注入终了时的中间包重量及当前铸造速度实时计算全长复位的长度。

（3）铸造速度的计测。计算各流最大、最小铸造速度，对各流实际铸造速度进行监视。

（4）铸造中炉次跟踪画面显示。对铸造中炉次跟踪画面进行显示。

（5）拉速、中间包重量趋势曲线。以熔炼号显示拉速、中间包重量趋势曲线。

方坯切割子系统　方坯子系统主要完成方坯切割以及方坯的优化切割计算等功能。

（1）方坯切割。根据方坯的切坯计划以及切割机的切割状态（切割开始、切割终了）进行切割处理，自动采集方坯切割长度，并向三级计算机发送。

（2）优化切割计算。为了尽可能减少尾坯损失，提高铸坯的收得率，我们采取连铸机铸流按要求顺次关闭控制的方法。在连铸正常浇注时的普通切割方式下，切割机根据浇注计划的切割长度进行定尺切割。在一次连浇的最末钢水包浇注终了时，过程控制计算机开始计算正在浇注的各流的最佳关闭时间，使生产的尾坯减到最小，其计算方法如下：

1）钢水包水口关闭时，开始计算正在浇注的铸流的关闭时间。当过程计算机收到基础自动化系统一次连浇的最末钢水罐水口关闭信号时，记录中间包钢水的重量（考虑每次连浇结束时中间包内的残余钢渣量和每次切割的损耗量），开始自动进行铸流关闭时间的计算，时间以"min"表示，采用倒计时的方式显示在屏幕上，向操作员提示正在浇注的铸流的剩余浇注时间。

当剩余钢水不能够平均分配时，按拉坯速度的从大到小和先内侧流后外侧流（即 3→2→4→1 顺序）的优先顺序将多余的铸坯分配到正在浇注的各流中去。

如果浇次尾没有注入终了，而且操作工认为有必要进行优化切割计算，可以手动触发该计算，此时中间包的钢水重量也要参与运算。

2）计算各流关闭的剩余时间。由于各流的拉坯速度是变化的，需要周期地计算每流的关闭时间。

3）当某一流关闭后的重新计算。当某一流关闭后，再次记录中间包钢水的重量 W_t，对剩余的浇流按照上述方法重新计算剩余浇流的铸流关闭时间。当剩余的浇流中某流首先到达关闭时间时，二级过程计算机接收到铸流关闭结束信号后，再重新计算剩余浇流的铸流关闭时间。反复上述计算和操作,直至剩下最后一流浇注完毕。上述操作是在完全自动情况下进行的。

4) 手动停止某一流后的重新计算。由于考虑中间包水口中两外侧水口所处位置的钢水温降的速率高于中间水口所处位置的钢水温降的速率,如果在整个浇注时间内,中间包内钢水温降在允许范围内,即计算机计算的最后一流的关闭时间不大于工艺要求的关闭时间,则计算机计算每一铸流的关闭时间,并通过操作画面通知操作工,若计算机计算先从外侧流停止,而操作人员判断要先停止内侧流时,则由操作工手动操作实现铸流关闭。另外,手动停止某流时,对剩下的正在浇注的铸流进行计算,可以得出剩下正在浇注的铸流的最佳停止时间。

方坯连铸生产实绩子系统　方坯连铸生产实绩子系统主要完成对连铸生产的过程数据的收集及存储显示,并将实时采集的过程数据发送到三级计算机。可分两部分进行处理:连铸本体生产实绩和方坯生产实绩。

(1) 方坯连铸机本体的数据采集。对方坯连铸机本体的数据进行采集,其中间包括:

1) 钢包注入开始;

2) 钢包注入终了;

3) 四个流的铸造开始;

4) 四个流的铸造终了;

5) 钢包开浇重量;

6) 钢包停浇重量;

7) 四个流的拉坯长度;

8) 四个流的铸造速度;

9) 钢包到待铸位时间;

10) 钢包到铸造位时间;

11) 中间包开始;

12) 中间包结束;

13) 钢包/中间包同时交换;

14) 中间包温度;

15) 二冷水喷水水表号;

16) 钢包重量;

17) 中间包重量。

并将上述数据实时传送到三级。

(2) 方坯连铸机本体的数据显示。对方坯连铸机本体的数据进行显示。

(3) 方坯数据收集。方坯数据包括:

1) 方坯所属熔炼号;

2) 方坯所属 LOT 号;

3) 出钢记号;

4) 预定方坯号;

5) 方坯号;

6) 方坯计划长度;

7）方坯设定长度；

8）方坯实际长度；

9）方坯理论重量；

10）样坯长度；

11）头坯/尾坯长度；

12）切断时间；

13）向三级发送标志；

14）方坯位置。

（4）方坯数据显示。对方坯数据进行显示。

通信子系统　通信子系统完成二级计算机与三级计算机的通讯任务以及二级计算机与一级计算机的通信任务。主要包括：

（1）二级方坯连铸服务器与三级服务器间的通信。

（2）二级方坯连铸服务器与一级 PLC 间的通信。

维护子系统　维护子系统完成对系统的日常维护工作。主要包括：

（1）系统初始化；

（2）L3 状态设定；

（3）L1 状态设定；

（4）报警；

（5）日志；

（6）通讯状态；

（7）系统参数；

（8）备份；

（9）用户管理；

（10）权限管理。

5.4.3.4　板坯连铸机二级系统功能

A　系统组成

板坯连铸机二级系统从功能上可分为七部分：计划子系统；板坯连铸本体子系统；板坯连铸切割子系统；板坯连铸生产实绩子系统；板坯跟踪子系统；通讯子系统；维护子系统。其信息流如图 5-14 所示。

B　功能说明

其功能除增加板坯跟踪子系统及切割子系统有所不同外，其余功能与方坯功能大体相同，故只单独介绍下述两系统。

板坯切割子系统　板坯子系统主要完成一切机的板坯切割、二切机的板坯切割、板坯称重以及板坯的优化切割计算等功能。

（1）一切机的板坯切割。根据板坯切坯计划中的一切标志以及一切机的切割状态（切割开始、切割终了）进行一切处理，自动采集板坯一切长度，并向三级计算机发送。

（2）二切机的板坯切割。根据板坯切坯计划中的二切标志以及二切机的切割状态（切割开始、切割终了）进行二切处理，自动采集板坯二切长度，并向三级计算机发送。

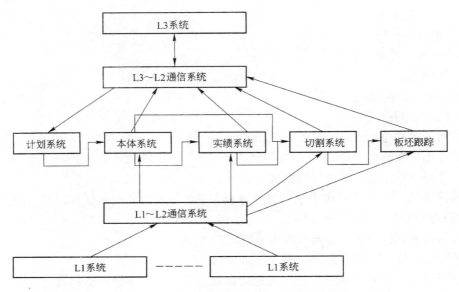

图 5-14　板坯坯连铸机二级系统信息流

（3）板坯称重。对切割后的板坯在辊道上进行称重，称重的顺序按切割顺序进行，二级计算机接收一级称重开始和结束信号，自动采集电子称的重量值，并将板坯重量值向三级计算机发送。

　　板坯跟踪子系统　完成板坯称重后到过跨线位置范围内的跟踪，并显示出板坯到达过跨线位置的先后顺序。跟踪的前提条件是在此范围内板坯不下线，对跟踪的修正由人工完成。

5.4.4　钢包跟踪系统

5.4.4.1　钢包跟踪系统概述

　　二级钢包跟踪系统实现全厂跟踪区域内的钢包号的跟踪，采用射频识别技术，全程跟踪天车行为，二级计算机实时接收钢包跟踪信息，将钢包位置信息和钢包重量信息发送给三级，并且在二级计算机网络维护站的钢包跟踪画面上实时显示钢包的跟踪信息，钢包跟踪的误差修正在三级完成，三级要将修正后的正确信息及时通知二级计算机。

　　全厂的钢包跟踪位置（以国内某钢厂三座转炉、三座 LF 炉、一座 VD 炉、一座 RH 炉、二台方坯、一台板坯为例）包括：

　　（1）1 号转炉起吊座包位；

　　（2）2 号转炉起吊座包位；

　　（3）3 号转炉起吊座包位；

　　（4）1 号 LF 炉两个钢包车位；

　　（5）2 号 LF 炉两个钢包车位；

　　（6）3 号 LF 炉两个钢包车位；

　　（7）VD 炉两个处理位；

　　（8）RH 炉精炼位；

(9) 1 号方坯回转台待铸位；

(10) 2 号方坯回转台待铸位；

(11) 板坯回转台待铸位；

(12) 钢包全部离线烘烤位；

(13) 钢包试吹氩工位。

5.4.4.2 钢包跟踪系统原理与功能

A 射频识别原理

射频识别（Radio frequency identification，以下简称 RFID）技术是 20 世纪 90 年代兴起的一项新型自动识别技术，它的突出优点是利用无线射频方式进行非接触识别，无需外露电触点，电子标签的芯片可按不同的应用要求来封装，可抵御各种恶劣环境，可同时识别多个电子标签和高速运动的电子标签以完成多目标识别。

典型的 RFID 系统由电子标签（Tag）、读写器（Read/write Device）以及数据交换和管理等系统组成，读写器由无线收发模块、天线及接口电路等组成。图 5-15 是 RFID 系统的原理示意图。

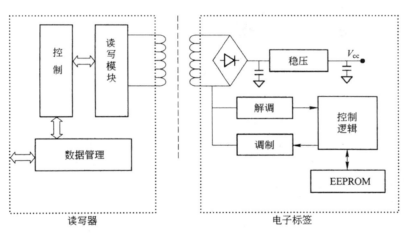

图 5-15 射频识别系统原理图

典型的电子标签是无源系统，即电子标签内不含电池，电子标签工作的能量是由读写器发出的射频脉冲提供，电子标签接收射频脉冲、整流并给电容充电，电容电压经稳压后作为工作电压为电子标签供电。数据调制部分从接收到射频脉冲中解调出数据并送到控制逻辑。控制逻辑接收指令完成存储，发送数据及其他操作。EEPROM 用来存储电子标签的固定地址和其他用户数据。

B 位置识别的实现方法

根据对吊车监控精度的要求，沿天车轨道按一定间隔（如 1 m, 2 m）放置电子标签；在炼钢炉，连铸机等特征位置单独埋设电子标签，在吊车上对应位置安装识别装置，所有埋设的电子标签都存储有互不重复的地址编码，当吊车途经或到达所埋设的电子标签位置时，车载读码器读出该标签地址编码，与重量数据一同打包向地面站传送。

利用 RFID 技术进行吊车的全程位置跟踪是一种全新的技术。它的主要优点是：

（1）成本低。

（2）有极强的环境适应能力，不怕粉尘、油污、水、浓雾等干扰。

（3）可靠性高，维护简便。

（4）采用绝对编址，无累计误差，使位置识别绝对准确无误。

系统的整体构成示意如图 5-16 所示。

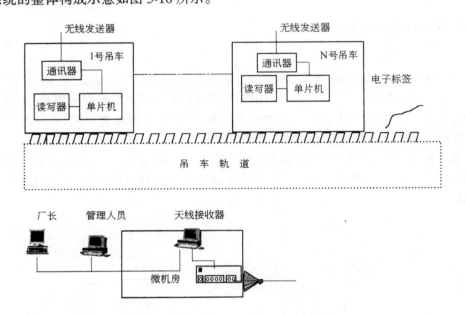

图 5-16 系统整体构成示意图

吊车设数采器，完成位置识别、重量检测和地面站无线通讯联络；微机房设接收器、地面站，负责无线接收、吊车行为判别、数据记录、查询报表工作。地面站的计算机，通过有线网络与厂领导及相关科室实现资源共享。

C 数传原理

模块发送过程 当模块收到上位机的数据后，模块先通过 DTR 线判断收到的数据是命令还是发送数据，若是命令则执行相应的命令，若是发送数据则先将要发送的数据发送到缓冲区，并同时将模块的状态由接收状态转换成发射状态，这个转换过程小于 100 ms，状态转换完成以后启动发送打包程序。发送打包程序的功能是将缓冲区的数据打成合适无线发送的数据包，并将这个数据包的数据送到模块中的数据调制口以 FSK 的调制方式发射出去。

模块接收过程 在接收状态下，接收机总是接收码流中的同步信息，一旦收到同步信息立刻进行位同步，获得位同步后进行码同步，码同步完成后接收数据。

上位机与模块间的数据传送格式 无论是上位机传给模块还是模块传给上位机的数据都采用无格式传送。传送数据时 DSR 线或 DTR 线为逻辑"1"。

命令传送格式 命令码为一字节长度，代表命令的性质。不同的命令码有不同的参数。模块收到命令后根据命令码的不同分析参数、执行命令。对于有些需要发送信号的命令，模块会根据命令的性质，发送相应的信号。传送命令时 DSR 线或 DTR 线为逻辑"0"。

D 软件功能

（1）实时动态显示每部天车的位置和重量信息；

（2）判断各吊车的行为,跟踪钢包、空包,渣包等分别记录；

（3）生成生产报表。

图 5-17 为其功能流程图。

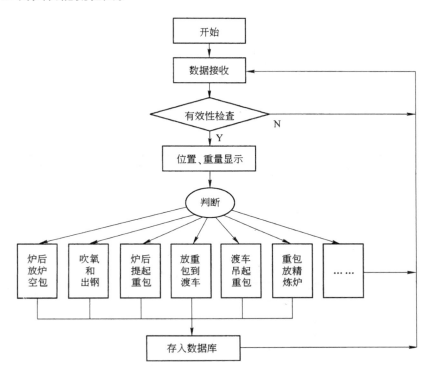

图 5-17　系统功能流程图

5.4.4.3　钢包跟踪系统的设计与配置

A　钢包跟踪系统设计的原则

钢包跟踪系统设计的原则为：

（1）简化跟踪内容,只跟踪钢包的行为。

（2）引入"对象""事件""属性"等概念,清晰认识钢水流转过程。

（3）跟踪路线:图 5-18 为该厂钢包跟踪系统的跟踪路线图。

B　钢包跟踪系统名词

（1）对象:为炼钢生产中的具体设备如转炉、钢包、精炼炉、连铸机为推理机的跟踪对象。

（2）特征位:涉及钢水流转过程的流入,流出点的位置。

（3）事件:有引起钢水流入流出的特征位及重量发生的特点、变化、状况为事件。

（4）属性:表征跟踪对象的行为及特点,每个对象有多个属性。钢包对象的属性有:特征位置、钢包中钢水的熔炼号、毛重、皮重、渣重、各种事件发生的时间等。

（5）本推理机制为事件触发机制,为某事件发生是可以增加减少或改变对象的属性。

（6）炉空包:放在炉座位置,准备接钢水的钢包。

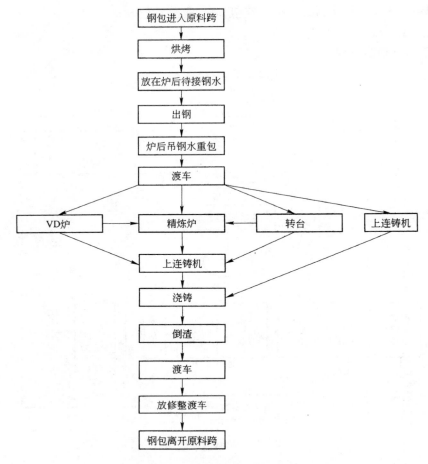

图 5-18　钢包跟踪路线图

(7) 重包:装有钢水,重量超过规定值的钢包。

(8) 炉空包:在连铸机浇注完还没有倒渣的钢包。

(9) 空包:倒完钢渣的钢包。

(10) 渣重:炉空包重量减去空包重量。

C　钢包跟踪系统的配置

(1) 吊车(共 8 台),包括:

1) 吊车大车位置识别部分。供电电源,射频识别装置,用来读取电子标签的地址编码。

2) 无线数传电台,用来向地面站发送重量和位置数据。

3) 数采器,接收电子秤的重量信号,射频识别装置的读码控制,吊车上的小车定位接近开关数据、数据打包和无线数传的通讯控制。

4) 显示器,巡回显示位置编码和重量,以便于调试和日常维护。

5) 吊车小车位置识别部分。小车轨道一侧安装接近开关判断小车位置。

(2) 地面无线接收装置。与吊车——一对应接收天车信号,检查正确性,并转换为标准 RS-232 或 RS-485 格式,传送给计算机。

(3) 地面站,包括:

1) 计算机,显示器,UPS(各一台)。

2) 数据采集器,用于接收转炉的开氧、氧气流量的模拟信号,便于系统自动生成熔炼号;及开关量信号,用于接收转炉出钢信号。

3) 摩莎卡,用于接收地面无线接收装置的通讯数据。

4) 软件,实现吊车行为识别,物流统计分析功能。

5.4.4.4　钢包跟踪系统的实现

A　系统的实现

采用可靠的吊车无线数传技术、精确定位跟踪技术对生产过程中的吊车进行来源和去向跟踪,进而实现如下功能:

(1) 正确跟踪炼钢生产物质流转过程,提供统计各种原料消耗和产品产量的数据。

(2) 为投入产出分析提供数据,加强炼钢生产管理。

(3) 生产过程物流监控、有利生产组织和生产统计。

如图 5-19 所示右侧箭头路线表示原料跨去浇铸跨过程,左侧箭头路线表示浇铸跨回原料跨过程。

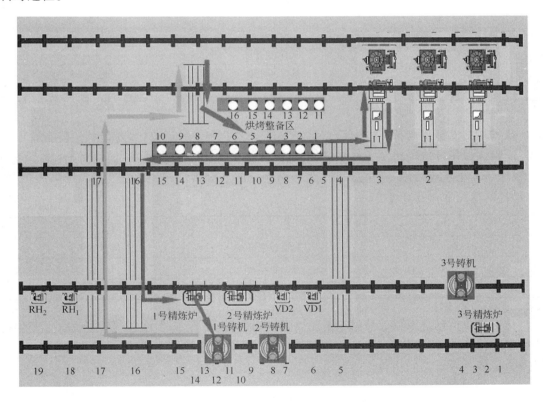

图 5-19　吊车无线数传技术、精确定位跟踪图

B　设置特征位

分别在原料跨和浇铸跨的人行走廊的栏杆上敷设电子标签,各特征位的电子标签序号为:

（1）原料跨：

1 号转炉：1 号；2 号转炉：2 号；3 号转炉：3 号；烘烤整备区：5～15 号；

1 号渡车：4 号；2 号渡车：16 号；3 号渡车：17 号；

修包区至原料跨渡车：13 号；

（2）浇铸跨：

3 号 LF 炉：1～3 号；2 号 LF 炉：9～11 号；1 号 LF 炉：13～15 号；

1 号 VD 炉：6 号；2 号 VD 炉：7 号；

2 号方坯连铸机：4 号；1 号方坯连铸机：8 号；1 号板坯连铸机：12 号；

1 号渡车：5 号；2 号渡车：16 号；3 号渡车：17 号

C　跟踪过程

修整区渡车运钢包到原料跨　此时，需要人工输入钢包号，程序把钢包号存储在变量中。

从渡车吊起钢包　原料 3 号吊车走至原料跨修整区渡车位置，电子标签号为 13 号，重量发生变化符合吊起空包条件，程序认为吊车进行吊起空包操作，此时跟踪开始，钢包增加 4 个属性：钢包号：8 号、空包重量、吊空包时间、吊空包吊车车号。

序　　号	属　　　性	属　性　值
1	钢包号	8 号
2	空包重量	＊＊＊＊
3	吊空包时间	08：50：05
4	吊空包吊车车号	Y3 号

注："＊＊＊＊"表示不确定的数量。

放钢包至 5 号烘烤位

原料 3 号吊车放钢包至 5 号烘烤位，电子标签号为 10 号，重量发生变化符合放空包条件，程序认为吊车进行放下空包操作，此时钢包增加 3 个属性：放空包位置：5 号烘烤位、放空包时间、放空包吊车车号。

序　　号	属　　　性	属　性　值
5	放空包位置	5 号烘烤位
6	放空包时间	08：52：15
7	放空包吊车车号	Y3 号

从烘烤位吊包　原料 2 号吊车走至 5 号烘烤位，电子标签号为 10 号，重量发生变化符合吊起空包条件，程序认为吊车进行吊起空包操作，钢包增加 2 个属性：吊烘烤空包时间、吊烘烤空包吊车车号。

序　　号	属　　　性	属　性　值
8	吊烘烤空包时间	08：58：05
9	吊烘烤空包吊车车号	Y2 号

放烘烤包至转炉钢包车 原料 2 号吊车放烘烤钢包至 2 号转炉钢包车,电子标签号为 2 号,重量发生变化符合放空包条件,程序认为吊车进行放下空包操作,此时钢包增加 3 个属性:放转炉空包位置:2 号转炉、放转炉空包时间、放转炉空包吊车车号。

序　号	属　　性	属　性　值
10	放转炉空包位置	2 号转炉
11	放转炉空包时间	09:01:20
12	放转炉空包吊车车号	Y2 号

转炉吊起重包 原料 3 号吊车在 2 号转炉出炉位置重量发生变化,符合吊起重包条件时,程序认为吊车进行吊起重包操作,此时钢包将增加熔炼号、重包重量、重包吊起时间、吊重包吊车号、钢种、钢水毛重 6 个属性。熔炼号和钢种从炼钢厂现有系统提供的数据接口提取。

序　号	属　　性	属　性　值
13	熔炼号	2-10118
14	重包重量	＊＊＊＊
15	重包吊起时间	09:07:10
16	吊重包吊车号	Y3 号
17	钢种	普通钢
18	钢水毛重	＊＊＊＊

注:"＊＊＊＊"表示不确定的数量。

渡车位放下重包 当原料 3 号吊车在 2 号渡车位置,电子标签号码为 16 号,发生重量变化符合放下重包条件时,程序认为吊车进行放下重包操作,此时钢包将增加渡车号、上渡车时间、上渡车吊车号三个属性。

序　号	属　　性	属　性　值
19	渡车号	2 号
20	上渡车时间	09:09:10
21	上渡车吊车号	Y3 号

渡车位吊起重包 当浇铸跨 3 号吊车在 2 号渡车位置,发生重量变化符合吊起重包条件时,程序认为吊车进行吊起重包操作,此时钢包将增加:浇铸跨吊渡车重包吊起时间、浇铸跨吊渡车重包吊车号 2 个属性。

序　号	属　　性	属　性　值
22	浇铸跨渡车重包吊起时间	09:11:20
23	浇铸跨渡车重包吊车号	J3 号

精炼炉放下重包

当浇铸 3 号吊车在 1 号精炼炉 2 号位置放下重包,电子标签号为 15 号,重量变化符合放下重包条件时,程序认为吊车进行放下重包操作,此时钢包将增加精炼炉号、上精炼炉时间、上精炼炉吊车号 3 个属性。

每台精炼炉有两个放包位,程序指定固定编号 A 和 B(如 2 号精炼炉即为 2 - A 和 2 - B),根据放包位置来判别是 A 位还是 B 位。

序　号	属　性	属　性　值
24	精炼炉号	1 - B
25	上精炼炉时间	09:12:40
26	上精炼炉吊车号	J3 号

吊起精炼炉重包,同吊起渡车重包

序　号	属　性	属　性　值
27	精炼炉吊起时间	09:17:20
28	精炼炉吊起重包吊车号	J2 号

连铸机放下重包

当 2 号吊在 1 号连铸机位置放下重包,电子标签号为 12 号,重量变化符合放下重包条件时,程序认为吊车进行放下重包操作,此时钢包将增加连铸机号、上连铸机时间、上连铸机吊车号 3 个属性。

每台连铸机有两个放包位,程序指定固定编号 A 和 B(如 2 号连铸机即为 2 - A 和 2 - B),根据连铸机回转台传来的信号来判别是 A 位还是 B 位。

序　号	属　性	属　性　值
29	连铸机号	1 - B
30	上连铸机时间	09:20:40
31	上连铸机吊车号	J2 号

吊起连铸机浇铸后空包(简称机空包)

当 3 号吊车在 1 号连铸机位置发生重量变化符合吊起机空包条件时,程序认为吊车进行吊起机空包操作,此时钢包将增加给连铸机钢水重量、机空包重量、机空包吊起时间、吊机空包吊车号 4 个属性。

序　号	属　性	属　性　值
32	连铸机钢水重量	＊＊＊＊
33	机空包重量	＊＊＊＊
34	机空包吊起时间	09:40:58
35	吊机空包吊车号	J3 号

注:"＊＊＊＊"表示不确定的数量。

倒渣

当 3 号吊车吊有空包在倒渣区发生重量变化符合倒渣条件时,程序在变量中标记此空包已倒渣和记录倒渣吊车号、时间,等放下空包后再计算渣重。倒渣吊车大钩和小钩分别装有重量传感器。

放下渣后空包至渡车

当 3 号吊车在任 3 号渡车位置发生重量变化符合放下空包条件时,程序认为吊车进行放下空包操作,计算渣重。此时钢包将增加倒渣时间、倒渣吊车号、渣后空包重量、渣重、放渣后空包时间 5 个属性。

序　号	属　　性	属　性　值
36	倒渣时间	09:43:10
37	倒渣吊车号	J3 号
38	渣后空包重量	* * * *
39	渣重	* * * *
40	放渣后空包时间	09:47:22

注:"* * * *"表示不确定的数量。

渡车吊起渣后空包

原料跨 4 号车在 3 号渡车位置发生重量变化符合吊起空包条件时,程序认为吊车进行吊起空包操作,此时钢包将增加渣后空包吊起时间、吊渣后空包吊车号 2 个属性。

序　号	属　　性	属　性　值
41	渣后空包吊起时间	09:50:02
42	渣后空包吊起吊车号	Y4 号

放渣后空包至修整区渡车

原料跨 4 号车在修整区渡车位置发生重量变化符合放下空包条件时,程序认为吊车进行放下空包操作,此时钢包将增加放待修空包位置、放空包待修时间、放待修空包吊车号 3 个属性。此时,需要人工输入钢包号(或确认一下),结束整个跟踪过程。

序　号	属　　性	属　性　值
43	放待修空包位置	修整渡车
44	放空包待修时间	09:52:02
45	放待修空包吊车号	Y4 号

注:如果倒渣后钢包不需要去修整区,重新进入使用过程时,程序根据放渣后钢包的位置判定新的跟踪过程的开始,同时结束上一跟踪过程。

钢包共 45 个属性,以上叙述了一个完整的钢包流转过程的跟踪。在实际生产中,属性亦会变化,程序可根据跟踪钢包的实际,修正对钢包的跟踪过程。

D　跟踪过程的说明

(1)数据接收。系统采用多串口卡接收吊车数据,每串口代表一部吊车,当串口接收到数据时,触发数据有效性判断子程序,对接收到数据进行有效性检查,有效进行下一步,无效清空继续接收数据。

(2)吊车位置判别。在接收的数据串中提取位置数据,首先判断位置是否有效,有效时,在画面中显示和移动吊车,并限制吊车不移出屏幕、与其他吊车重叠或超出其运行轨迹等,无效时,保持现有位置。

(3)吊车电子秤重量数据的判别。在接收的数据串中提取重量数据,首先判断重量是否有效,有效时,在画面中相应位置显示其值,并存入数据库,无效时,保持上一数据不变。

（4）出钢。当接到转炉出钢信号时，出钢，生成班次和取熔炼号、取钢种。

（5）回炉。当发生回炉事件时，需要上级计算机发送命令人工干预结束跟踪，取消熔炼号，将相关信息存入数据库，并结束此钢包的跟踪。

（6）转机。当吊车在任意连铸机位置发生重量变化符合转机条件时，程序认为吊车进行转机操作，此时钢包将增加转机重量、转机时间、转机吊车车号、转机连铸机机号、转机时给连铸机钢水重量属性。

（7）吊车其他行为。指天车进行的非吊包操作。

（8）重量数据存入数据库的保障。为了所有转炉所出钢包都能被跟踪和数据被存入数据库，当吊车有吊包操作时，满足其中一种条件时，先将此时的重量数据记录下来，存入数据库。

（9）重量数据的稳定和准确。上一步存入数据库的重量数据实际存在着很大误差，为了保证重量数据的稳定和准确，程序将连续检测取 3 s 相对稳定的数据来替换上一个数据，然后再将连续检测取 5 s 相对稳定的数据来替换它，这样就保证了数据的稳定准确和不丢失数据。

（10）吊车上移动小车位置识别。

1）必要性。当大车位置不变，改变小车位置可进行两种作业。例如：吊车停在连铸机位不动，既可在连铸机位置进行提包作业，又可能在精炼炉进行提包作业，这种情况发生时，会使跟踪发生错误，为了避免这种错误，需要识别吊车上小车的位置。

2）识别方法如图 5-20 所示。

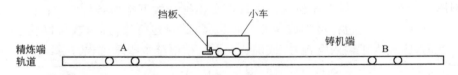

图 5-20　吊车上小车的位置的识别

在小车轨道上安装 2 组接近开关，每组 2 个，在小车上安装感应挡板，当感应挡板接近开关，使开关动作。当 B 先动作 A 后动作小车走入精炼端，当 A 先动作 B 后动作走向铸机端，铸机端的判断方法完全相同。

E　钢包跟踪的初始匹配处理

二级计算机在起动钢包跟踪系统（状态初始化）之前要求对钢包实物及相应钢包数据（钢包号）进行匹配，钢包跟踪的匹配处理由三级系统在整备区完成，并及时将匹配结果发送到二级钢包跟踪系统。二级钢包跟踪系统接收三级的匹配结果后才能开始钢包跟踪。

钢包处理位的跟踪修正　对于生产管理系统和钢包管理系统来说需要知道钢包号，其一是为了钢包的管理，包括钢包的使用寿命，钢包存在的问题等，其二是关心钢包内的钢水情况，吊车将来自整备区的已经匹配完成的空包放到相应的转炉起吊座包位后，三级根据来自二级的出钢完成信号将相应的熔炼号匹配到该钢包号上，从而使该钢包号包含了对应钢水炉次的意义。以后在钢包每进入一个处理位置或每进入一个处理位置前，二级自动将钢包号发送给三级系统，三级调度系统可以自动的判别和监控所有的生产是否按调度的生产计划进行，是否出现问题等。如果二级跟踪出现错误，三级可进行人工修正，并将修正后的正确钢包信息发送给二级，二级根据收到的正确信息对钢包进行跟踪同步。

钢包整备位的跟踪修正　在钢包整备区配置一台三级工作站,对整备区的钢包进行实时跟踪显示,由于钢包有可能出入整备区,因此需要人工在三级计算机完成钢包整备区的跟踪修正,以此作为钢包跟踪的起点。二级计算机从整备区域的 PLC 采集的数据,如钢包的烘烤等情况,发送到三级计算机,由三级完成钢包管理。

5.4.5　与基础自动化的通信网络配置

5.4.5.1　通信网络配置的原则

通信网络配置的原则为:

(1)根据该厂自动化系统的现有网络情况进行改造性配置。

(2)不能影响原系统的稳定性。

(3)在升级过程中要采用统一的通信协议,IP 地址的设定按照系统规划,不得随意更改。

(4)不能更改原基础自动化系统的网络组态和配置。

(5)只能在检修期间进行改造性配置,避免影响生产。

5.4.5.2　通信网络配置的实施办法

以 1 号、2 号 LF 炉为例,如图 5-21 所示为 1 号、2 号 LF 炉通信网络连接图:

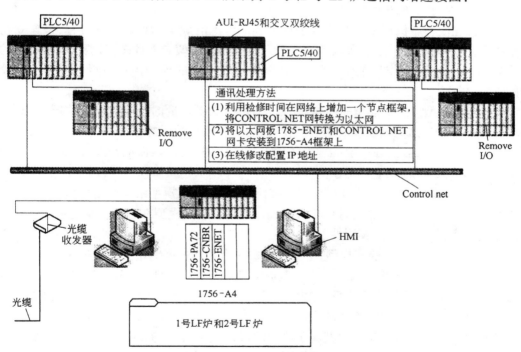

图 5-21　1 号、2 号 LF 炉通信网络配置连接图

在原 1 号 LF 炉和 2 号 LF 炉基础自动化网络(CONTROL NET 网)中加一个网络接点,将 CONTROL NET 网通过 1756-ENET 以太卡转换为以太网协议,在线修改 IP 地址,将更新完的程序下装。

第6章 转炉炼钢数学模型

6.1 概述

实现计算机自动控制转炉炼钢的一个首要前提,是建立终点命中率较高的转炉炼钢的数学模型。因此各国都非常重视转炉炼钢数学模型的开发与应用。研制冶炼过程的简单而精确的数学模型,已成为国内外转炉炼钢自动化领域中的一个十分受重视的研究与应用课题。

计算机对炼钢过程的终点控制一般分为静态控制(前期控制)和动态控制(后期控制)。静态控制是在吹炼之前先根据主、副原料的性质和所吹炼钢种的目标终点要求,计算出一些原料的加入量并按其进行吹炼。而动态控制,是在静态控制的基础上,利用副枪、烟气成分分析等实测的数据,对整个冶炼后期进行控制,以提高最终冶炼命中率。关于静态控制的数学模型很多,从建模方法上大致可分为以下四类:

(1)机理模型。机理模型的特点是尽可能地考虑冶炼中的物理化学过程,是建立在物料平衡和热平衡基础之上的,如奥钢联模型。这类模型的假定条件多,且要求有较稳定的物料质量、管理水平及操作规范化。所以,这种模型在一般的现场条件下得到应用是比较困难的。

(2)统计模型。这类模型的结构和参数是在已取得大量的冶炼数据的情况下,应用数理统计方法得到。这类模型没有明确的物理意义,但能以数学方法较好地描述输入与输出之间的因果关系。因此,在一般的现场条件下都能应用,但很难保证精度,因而现在各企业都很少使用这类模型。

(3)复合模型或机理–统计模型。这类模型的特点是:模型结构由冶炼机理加以确认,模型参数可由现场冶炼数据通过优化方法加以确定。这类模型在一定程度上中和了上述两种模型的情况,具有一定的实用性。

(4)智能式模型。智能式模型,主要是把每一个和转炉炼钢相关的冶炼因子,根据冶炼专家的判断,通过人工智能的数学方法,建立起相关的数学模型。这种模型在冶炼过程中能自动的加以修正,提高终点命中率。这种建模的方式在人类各种活动中已经得到了广泛的应用。在氧气转炉炼钢数学模型的研制与应用方面,奥地利、德国、日本等国家都已取得了相应的专利。如奥钢联研制的模型属于典型的机理模型,在欧洲的一些大型钢铁企业中有着广泛的应用。它充分运用了转炉炼钢原理,对复杂的物理化学反应描述得全面而深刻,是世界上较为先进的数学模型。但对现场条件要求比较严格。随着企业管理水平的提高及操作的规范化,铁水预处理比例加大,加之炉气分析及声纳技术的日益成熟,大多国家的冶金企业仍致力于转炉炼钢机理数学模型的使用与研究。这里,主要介绍机理模型、复合模型与智能模型的基本原理及智能式建模方法。

6.2 机理模型的组成及其功能

转炉过程控制系统的机理数学模型,主要是以冶炼过程的物料平衡关系及炼钢反应理化原理为依据,完成一炉钢从备料到钢水处理各阶段的下料计算,氧枪控制。它是以冶炼机理为基础,结合钢厂原料、设备、操作等具体工艺条件,加以改造和逐步完善。

根据模型应用的实践,按冶炼顺序及功能机理数学模型分为表 6-1 所示 13 套数学模型。

表 6-1 机理数学模型冶炼顺序和功能分类

冶炼顺序号	名 称	功 能
1	主原料加料计算模型	计算本炉次铁水、废钢总装入量
2	副原料加料计算模型	计算本炉次各类矿石、各种副原料及氧气的总用量
3	主吹校正下料计算模型	计算主吹校正阶段,各类矿石、各种副原料及氧气的总用量
4	补吹校正下料计算模型	计算补吹阶段各类矿石,各种副原料及氧气的总用量
5	熔池液面计算模型	计算铁水、废钢入炉后,熔池液面与参考点距离
6	氧枪吹炼控制模型	确定在达到不同氧耗量时,氧枪高度和供氧强度
7	副原料下料控制模型	确定在达到不同氧耗量时各类铁矿石及各种副原料下料量
8	底吹搅拌控制模型	确定在达到不同氧耗量时,底吹气体类别和搅拌强度
9	钢水调整计算模型	计算氩气量,废钢块重量及脱氧用铝块重
10	合金料下料计算模型	计算各种合金料的加入量
11	理论模型参数修正模型(自学习模型)	修正机理模型 1、2、3、4 中部分参数
12	合金元素收得率修正模型	修正合金元素收得率,优化模型 10
13	熔池参数修正模型	修正熔池参数,优化模型 5

6.2.1 加料计算模型

(1)主原料加料计算模型。根据冶炼钢种和目标出钢量,铁水成分和温度,生铁块加入量等,计算本炉次铁水、废钢的加入总量。

(2)副原料加料计算模型。根据冶炼钢种和目标出钢量,入炉铁水成分、温度及实际加入重量,生铁块和各类废钢的实际加入量等,计算本炉次主吹阶段中各类铁矿石(或提温剂)、石灰、萤石、白云石和氧气的用量等。

(3)主吹校正下料计算模型。当吹氧到总氧量的 90% 时,下副枪或其他测试手段测得熔池钢液碳、温值,起动该模型,实施动态校正。根据实测的 C、T 值,铁水、废钢及各种副原料的实际加入量和氧耗。计算主吹校正阶段铁矿石(或提温剂),副原料和氧气的用量。

(4)补吹校正下料计算模型。如果主吹终点未达到出钢要求,起动该模型,进行补吹校正。根据倒炉取样化验钢样结果,前各阶段实际加入的各原料量及吹氧量。计算补吹阶段铁矿石(或提温剂),副原料和氧气的用量。

以上(1),(2)为静态机理模型,(3),(4)为动态机理模型。

6.2.2 吹炼控制模型

（1）熔池液面高度计算模型。根据本炉役炉衬次数，铁水和废钢加入量，计算熔池液面距参考点的距离。该模型计算结果主要是保证氧枪、副枪控制高度的准确性。

（2）氧枪吹炼控制模型。计算达到不同氧耗量时，控制氧枪高度和供氧强度。

（3）底吹搅拌控制模型。计算达到不同氧耗量时，底吹气体类别和搅拌强度。

（4）副原料下料控制模型。计算达到不同氧耗量时，各种副原料的下料量。

6.2.3 钢水调整计算模型

（1）调温、脱氧模型。计算调温用废钢块加入量，脱氧剂加入量。

（2）合金料下料计算模型。根据出钢前钢水化验成分及出钢量计算值，计算各类合金料的加入量，以保证钢水的合格的合金含量。

6.2.4 自学习模型

（1）机理模型参数计算模型。如果本炉次控制成功，起动该模型，修正机理模型中的部分参数，实现自学习功能。根据主吹结束时熔渣和钢液成分、温度的测定值和钢水重量计算值，实际投入的各种原料和氧气用量。计算热损失常量和氧气利用系统等参数的修正值，以提高下一炉次冶炼的命中率。

（2）熔池参数计算模型。由于炉衬的浸蚀厚度是不均匀的，因此要求每隔 24 h 实测一次熔池液面高度，修正模型参数。根据铁水和废钢加入量和实测熔池液面高度。计算炉衬浸蚀厚度等参数的修正值。

（3）合金元素收得率计算模型。根据合金化前后钢水成分的测定值，重量的称量和各类合金料的加入量。计算各合金元素的收得率。

6.2.5 模型访问的数据文件

模型计算时所用的钢种规定、原料成分和模型参数分别存于不同文件中，模型运行时读取，同时也可以由一组人机对话画面对这些数据进行在线修正。

6.2.5.1 钢种参数文件

对每一钢种应为模型准备下列数据：

（1）钢种名及编号；

（2）钢水温度下限、目标、上限；

（3）钢水碳成分下限、目标、上限；

（4）钢水磷、硫成分上限；

（5）萤石/铁水（kg/t）；

（6）铁矿石/废钢（kg/kg）；

（7）各类铁矿石、各类废钢使用比（%）；

（8）终渣碱度、MgO 目标值；

（9）合金化时所用的合金料号；

（10）合金化后钢水成分的下限和上限。

6.2.5.2 原料成分文件

所有模型用的原料都应有相应的化学成分。原料包括：

（1）各类废钢：重型高碳、重型中低碳、轻型高碳和轻型低碳。
（2）各类矿石：铁矿石、氧化铁皮、烧结球团矿、锰矿。
（3）副原料：石灰、石灰石、萤石、白云石、铁矾土等。
（4）其他铁料：生铁块、含 Si 废钢、提温剂、增碳剂。
（5）合金原料：厂方提供的合金原料。

6.2.5.3 模型参数文件

模型参数文件有：

（1）输入的过程数据合理性检查的限制值。
（2）各原料的冷却效率和利用系统。
（3）工艺参数。包括：元素在渣、钢间分配系数、平衡偏离常数、CO 的二次燃烧率、炉气的脱硫系统、渣中氧化铁含量上下限等。
（4）自学习模型计算出的模型参数。
（5）模型计算中用的开关量及初始值。

6.3 模型的算式和算法

静态模型部分包括主原料加料计算模型和副原料加料计算模型。

6.3.1 模型的基本原理

模型的基本原理为：

（1）在冶炼过程的各阶段，参加反应的各元素分别保持质量守恒，热能亦守恒。
（2）运用冶金物理化学原理研究各炼钢反应，建立了各元素在炉气 – 熔渣 – 金属各相间分配系数的算法。

6.3.2 物料平衡和热平衡方程

铁平衡方程、氧平衡方程、热平衡方程中的具体算式和算法，在第 2 章的有关章节已经作了详细说明，不再赘述，此三大方程是模型计算的基本算式。

6.3.3 终渣成分计算方程组

在熔渣成分计算中，以渣中 8 种主要氧化物的重量百分含量为变量，建立由 7 个方程式组成的终渣成分计算方程组。由于方程组中变量个数多于方程个数，以渣中含铁量作为迭代变量，采用迭代法求解。计算过程如下：设定渣中铁含量的迭代初值后，进入迭代入口，求解终渣成分计算方程组，算得其他 7 种氧化物的含量，在计算与具有这样成分的终渣相平衡的钢水成分，及对应每吨铁水的石灰、白云石用量和渣量。在计算中，为满足操作要求，应对算得的渣中铁含量、P_2O_5 含量及石灰用量加以限制。这些界限值与钢种规定一起，作为迭代的约束条件。将每次迭代的计算结果与约束条件比较,不满足约束条件就按一定的算法修改渣中铁含量的初始值,返回迭代入口,重复执行上述过程,以满足约束条件,反复多次如得不到满足,则退出迭代,结束计算。

6.3.4　终渣成分计算

在终渣成分算法中,考虑了 FeO,Fe_2O_3,CaO,SiO_2,P_2O_5,MnO,MgO,Al_2O_3,Cr_2O_3 9 种氧化物。其中假定 Fe^{3+}/Fe^{2+} 比值为 3/7,由此算出 FeO 与 Fe_2O_3 在渣中重量百分含量之和为 $1.33\sum Fe$。

6.3.4.1　石灰饱和方程

如第 2 章所述,根据德克尔(Deeker)提出在石灰饱和渣中各组元含量之间的关系,得到石灰饱和方程为

$$C(CaO)/(SiO_2) + D = (\sum Fe)$$

其中常数 C, D 由钢水终点目标碳浓度确定。

6.3.4.2　(SiO_2) 与 (P_2O_5) 的比值

建立 SiO_2 平衡式

$(SiO_2) \cdot$ 渣重 $= 100 \times$（石灰、矿石、铁水渣等带入的 SiO_2 量 + 铁水、废钢、提温剂等原料中的硅氧化生成的 SiO_2 量）

再建立 P_2O_5 平衡式

$(P_2O_5) \cdot$ 渣重 $= 100 \times$（铁水、废钢、矿石等中的磷全部氧化生成的 P_2O_5 量 - 钢水残磷折合的 P_2O_5 量）

将两式相除即得 (SiO_2) 与 (P_2O_5) 的比值。

6.3.4.3　锰的氧化

如第 2 章所述,以 [C] = 0.2% 为界划分低碳钢和中高碳钢。应用数理统计方法,求得的统计值。最终得到:

(1) 对于低碳钢,锰的氧化反应式为

$$(MnO) = K_{Mn}/D_{Mn统计} \cdot [Mn] \cdot (0.7848 \cdot (\sum Fe) + 1.008)$$

(2) 对于中高碳钢,锰氧化反应式为

$$(MnO) = K'_{Mn}/D'_{Mn统计} \cdot [Mn]$$

将上式代入锰平衡方程

各原料含锰总量 $= 0.01 \times ([Mn] \cdot$ 出钢量 $+ (MnO) \cdot (55/71) \cdot$ 渣量)

消去 [Mn] 即得 (MnO) 的算式。

6.3.4.4　铬的氧化

对铬氧化反应的讨论与对锰的讨论类似。限于篇幅,这里只给出建模时采用的反应式。对于低碳钢种,反应式为

$$2[Cr] + 3(FeO) = (Cr_2O_3) + 3[Fe]$$

对于中高碳钢种,则为

$$2[Cr] + 3[O] = (Cr_2O_3)$$

6.3.4.5 (Al_2O_3)的计算

(Al_2O_3)由 Al_2O_3 平衡关系算出

$(Al_2O_3)\cdot$渣重 $= 100 \times$(各种原料含 Al_2O_3 总量)

6.3.4.6 $(\%MgO)$的计算

为降低炉衬损失,常按冶炼钢种规定渣中 MgO 成分值(约为 $6\% \sim 8\%$),造成 MgO 饱和渣。模型中,通过调整白云石的用量达到这一目标值。

(MgO)由 MgO 平衡关系算出

$(MgO)\cdot$渣重 $= 100 \times$(各种原料含 MgO 总量 $+$ 由炉衬进入渣中 MgO 量)

6.3.4.7 氧化物成分和

$(CaO) + (SiO_2) + (P_2O_5) + (MnO) + (Cr_2O_3) + (MgO) + (Al_2O_3) + 1.33(\sum Fe) = $ 常数。

6.3.5 根据熔渣成分确定钢水成分

6.3.5.1 碳、锰、氧

菲尔斯等人通过实验室研究和工业试验得到下述半经验公式

$$[C] = f_1((\sum Fe), T, B)$$
$$[O] = f_2([C], T, B)$$
$$[Mn] = f_3([O], T, (MnO))$$

式中,T 为钢水温度;B 为终渣碱度。

6.3.5.2 磷

关于脱磷反应,如第 2 章所述,模型中采用了希玛(Scimas)的计算方法。希玛根据熔渣的离子理论及实验室研究结果,提出了平衡常数 K_P,渣中 P_2O_5 活度 $\alpha_{P_2O_5}$ 和钢水氧浓度 $[O]$ 的计算方法,从而可以确定平衡时的钢水磷浓度 $[P]$。

在工业试验中,统计出磷平衡的偏离量:

$$D_P = [P]_{计算}/[P]_{实测}的平均值 D_{P统计}$$

则有

$$[P]_{实际} = [P]_{计算}/D_{P统计}$$

6.3.5.3 硫

建立硫的平衡式

（各种原料含硫量）×100＝[S]·出钢量＋(S)·渣量＋炉气带走的硫量引进硫损失常量

$$S_{损失} ＝ 炉气带走的硫量/各种原料含硫总量$$

假设 $S_{损失}$ 为常数（约为 8%），并根据第 2 章所述郭尔(Goal)的实验结果最终得到

$$[S] ＝ 各种原料含硫总量(1 - S_{损失})(出钢量 + (C_1 + C_2 · B) · 渣量)×100$$

6.3.5.4　铬

根据铬的质量平衡关系，有

$$[Cr] ＝ [(各种原料含铬量)×100 - (Cr_2O_3)·渣量]/出钢量$$

6.3.6　渣量及副原料加入量计算

6.3.6.1　渣量的计算

渣量由磷的质量平衡关系解出。

渣量＝(142/62)·(各原料含磷总量×100 - [P]·出钢量)/(渣中 P_2O_5 百分含量)

6.3.6.2　石灰加入量的计算

由 CaO 质量平衡关系，得

石灰重＝((CaO)·渣量 - 除石灰外各原料含 CaO 总量×100)/石灰中 CaO 百分含量

在计算中，按上式算得石灰重后，还要除以石灰的利用系数。

6.3.6.3　白云石加入量的计算

按 MgO 质量平衡得到白云石加入量为

白云石重量＝((MgO)目标值·渣量 - 除白云石外各原料含 MgO 总量×100)/白云石中 MgO 百分含量

6.3.7　模型的算法

为在吹炼终点达到目标钢种和出钢量要求，各原料的加入量应同时满足终渣成分计算式和铁、氧、热平衡式。

模型计算的目的在于求解各原料的加入量。因此，应首先确定三个平衡方程中的各平衡系数，但由于在计算各平衡系数之前，终渣和终点时钢液的成分、温度以及渣量与铁水比应为已知，而这些量又要求各原料的加入量应为已知，所以平衡方程组为非线性方程组。

为解决这一问题，模型采用了迭代法。预先设定某些原料的加入量，确定各平衡系数，再求解方程组，算得各原料的用量后，赋值给另一组变量作为本次迭代结果，然后根据与上次迭代结果比较，修正上次的原料量设定值，重新计算各平衡系数后，再求解方程组，算得各原料的用量后，赋值给另一组变量，将两次迭代结果相比，若两组值不够接近，迭代不收敛，或本次迭代结果不合理，例如某种原料加入量的计算结果为负。则返回迭代入口重复上述过程；否则结束运算。

6.4 复合模型或机理-统计模型

6.4.1 复合模型的特点

6.4.1.1 复合模型或机理－统计转炉炼钢模型的主要特点

复合模型或机理－统计转炉炼钢模型的主要特点是:

适应能力强,容易实现,主要工作是围绕建立合适的前期二次加料模型,后期经副枪测试后的后期补吹模型进行。

关于转炉炼钢过程的数学模型主要是以静态平衡描述,这些方程基本上反应了转炉炼钢过程中各个物理量之间的关系。但必须指出的是现场的条件影响,使这样的模型的应用受到限制。这样就有必要考虑一个有效的转炉炼钢的数学模型,使其在控制过程中作为一个核心尽可能地反应过程中各物理量之间的关系。

6.4.1.2 转炉炼钢过程中的平衡关系

转炉炼钢过程的机理是相当复杂的,它是一个非常复杂的物理化学反应的动态系统,目前关于动态描述由于现场检测条件和技术的制约,一般多用静态的平衡方程描述,其理论依据是物质不灭定律,能量守恒原理及物理化学反应中的平衡关系。其内容如前所述。

A 物料平衡

这里包括:氧平衡方程,镁平衡方程,硅平衡方程,磷平衡方程,硫平衡方程,锰平衡方程和钙平衡方程,铬平衡方程。

B 热平衡

在热平衡中建立转炉体系的焓变与炉内各化学反应的生成热,原料的溶解热和炉内温度变化的吸收热之间的关系而得到的平衡方程。

C 物理化学反应平衡

这里包括:碳的氧化反应方程,锰的氧化反应方程及 FeO,CaO 和 SiO_2 的终点渣关系。

上述的平衡方程是一个复杂的非线性方程组,对这个方程的求解是十分困难的,即使是求近似解也是不容易的,而且特别关键的问题是这些方程中的大多数参数是不能精确得到,而且它们因现场的条件及来料条件而变化。故求解这样的方程在现有的实际水平这个角度上来说是没有必要的,但一个有效的转炉炼钢过程的数学模型对控制这个过程是十分重要的。因此,有必要提出一个合适的符合现场条件的数学模型。

正是在考虑上述条件下,各企业针对各自的具体情况对转炉炼钢的数学模型进行开发研究工作。鞍钢在上世纪末曾与东北大学针对鞍钢具体生产条件对引进的奥钢联炼钢模型进行了改进性工作。经过大量的准备工作,采用科学的"通用性智能化建模"方法,建立了转炉复吹自动化生产需要的三个模型库,将二次加料模型分别与副枪模型和补吹模型相结合,综合命中率均有大幅度的提高。介绍如下:

6.4.2　二次加料模型

6.4.2.1　系统分析

由于终点量还要通过动态控制部分进行调整,因此,现场对二次加料环节主要关注的是二次加料的量能否达到工艺的要求。二次加料中的各种原料量和吹氧量是根据一次加料结果(铁水重、废钢重,铁水温度,底部供气及其成分等)和对钢水的终点要求制定的。也即各种副原料量是这些量的函数,吹氧量也是如此。

上述各函数都是非线性的,而且含有非数量的影响因素,如炉体状况等。炼钢是一种复杂的高温化学反应过程,机理模型是一系列的非线性化学反应平衡方程和其他平衡方程,从这些平衡方程中解出二次加料量是非常困难的,其原因是:

(1) 理论上而言计算量很大,很难得到精确解,而迭代计算耗时太多,有些算法又无收敛性保证。

(2) 现场方面很难健全相应的检测手段,平衡方程中的相当多的量都很难得到(如副原料成分,炉气中 CO 与 CO_2 的比例,废钢成分等),而用大批设想的或估计的量去替代真正的量,将使平衡方程失去意义。从而失去了应有的价值。

6.4.2.2　建模过程

通过对转炉复吹炼钢的机理分析和现场环境(特别是检测设备方面)的调查,采用"通用性智能化建模的方法"。本方法的建模过程为:

(1) 在有关炼钢工艺和操作制度稳定的情况下,利用现场的实际数据,独立运行"通用性智能化建模"程序,直接进行建模工作,同时,在计算机的存储单元上建立相应的数据库文件、操作经验知识库文件,随着工作的不断进行,便可建立模型知识库,并在不断地自学过程中,逐渐提高模型质量,完成建模工作。

(2) 建立了一套较完整的数学模型后,而将模型提供给控制系统的应用软件,这里存在一些模型与应用软件间的接口与配套工作。

在建立二次加料数学模型的实际工作中,先用历史数据建立了一套数学模型的初步框架(其中包括有关的数据库、经验知识库、模型库等),然后将所得模型结果与程序的决策机制部分直接连在控制系统的应用软件上,而后,有关模型的完善与经验知识的学习以及决策能力的提高便在实时的运用中进行。即运行控制系统应用软件进行实际控制,而运行"通用性智能化建模"程序从事模型的完善工作。这项工作可以永远进行下去,只要系统不出现问题,模型的改进与建立也将不断地进行。

6.4.2.3　二次加料模型

A　模型结构

前面已经说明了在二次加料问题中,各种副原料量及吹氧量是铁水重 W_T,废钢重量 W_g,铁水中主要成分,铁水含碳量 $[C]_T$、铁水含硅量 $[Si]_T$ 等因素以及铁水温度 T_T,钢水的终点温度 T_g,钢水含碳量 C_g,渣中碱度 R,底部供气及其成分等的函数。用表 6-2 的符号代表对应的副原料量和吹氧量。

表 6-2 符号对应表

符 号	W_{BH}	W_{HL}	W_{BYS}	W_{SHS}	V_O
副原料	白灰重	混料重	白云石重	石灰石重	吹氧量
单 位	t	t	t	t	m³

已用本模型分类方法划分出的各类冶炼过程的二次加料模型的结构皆为

$$W_{BH} = W_{BH}^c + \alpha_{T1}(W_T - W_T^c) + \alpha_{g1}(W_g - W_g^c) + \cdots + \cdots + \alpha_{R1}(R^* - R^C) \quad (6-1)$$

$$W_{HL} = W_{HL}^c + \alpha_{T2}(W_T - W_T^c) + \alpha_{g2}(W_g - W_g^c) + \cdots + \cdots + \alpha_{R2}(R^* - R^C) \quad (6-2)$$

$$W_{BYS} = W_{BYS}^c + \alpha_{T3}(W_T - W_T^c) + \alpha_{g3}(W_g - W_g^c) + \cdots + \cdots + \alpha_{R3}(R^* - R^C) \quad (6-3)$$

$$W_{SHS} = W_{SHS}^c + \alpha_{T4}(W_T - W_T^c) + \alpha_{g4}(W_g - W_g^c) + \cdots + \cdots + \alpha_{R1}(R^* - R^C) \quad (6-4)$$

$$V_O = V_O^c + \alpha_{T5}(W_T - W_T^c) + \alpha_{g5}(W_g - W_g^c) + \cdots + \cdots + \alpha_{C5}(C_g^* - C_g^T) \quad (6-5)$$

式中，W_{BH}^c，W_{HL}^c，W_{BYS}^c，W_{SHS}^c，V_O^C 为经验控制值（副原料值），而 W_T^c，W_g^c，$\cdots$，T_T^c 为实际的非控制自变量值；T_g^c，C_g^c，$\cdots$，R^C 为实际经验结果值；T_g^*，C_g^*，$\cdots$，R^C 为冶炼本炉钢的终点要求。但不同类模型参数 α_{T1}，α_{T2}，α_{T3}，α_{T4} $\cdots$ 等各不相同。

B 模型结果

用多炉实际数据建立了对应于 12 种类别的数学模型，即目前的模型库中存有 12 个模型，这些模型结合决策机制发挥了很好的作用，取得了很好的结果。

6.4.3 动态修正模型

二次加料模型解决的是副枪检测前的控制方案（副原料加入量及吹氧量的确定），如果副枪检测的结果满足炼钢的终点要求，则冶炼过程结束，否则，如果副枪检测的结果没有达到炼钢要求，就需要使用动态控制进行校正，动态控制采用的模型为动态修正模型。

6.4.3.1 系统分析

从炼钢机理的分析可知，炼钢的终点目标量（钢水含碳量、钢水温度和渣中碱度等）被铁水成分、铁水温度、各种副原料加入量及吹氧量唯一确定，而在动态部分开始时，铁水经过了前一段的吹炼，很多杂质得以净化，已知的炉内钢水的中间状态只有副枪测的钢水含碳量和钢水温度及前一段加入的铁水重、废钢重和各副原料量，并没有其他有关的量，如钢水含硅量，钢水含锰量等，但可以认为经过前段的吹炼，各炉次的这些量的取值均相关不多，而终点钢水含碳量 C 和钢水温度 T 是副枪测得的碳含量 C_0 以及总装入量（包括铁水重 W_T，废钢重 W_g）、白灰重 W_{BH}、混料重 W_{HL}、白云石重 W_{BYS}、石灰石重 W_{SHS} 和氧耗量 V 的函数。

6.4.3.2 模型结构

与二次加料建模同样的原因，在此也不采用从平衡方程组中反解控制量的方法，仍然用"通用性智能化建模"方法。

通过系统分析，我们采用如下模型结构。

$$C = C^{c} + g_{c1}(W_{BH} - W_{BH}^{C}) + g_{c2}(W_{HL} - W_{CHL}) + \cdots + \cdots + g_{c7}(T_0 - T_0^{C}) \tag{6-6}$$

$$T = T^{c} + g_{T1}(W_{BH} - W_{BH}^{C}) + g_{T2}(W_{HL} - W_{CHL}) + \cdots + \cdots + g_{T7}(T_0 - T_0^{C}) \tag{6-7}$$

式中, g_{ci}, g_{T1}, $i = 1, 2, \cdots, 7$ 是辨识系数; $(C^{c}$, T^{c}, W_{BH}^{c}, W_{HL}^{c}, $\cdots$, C_0^{c}, $T_0^{C})$ 是某类问题的经验知识。

6.4.3.3　建模过程

建模过程与二次加料模型的建立过程是相似的,首先编制"通用性智能化建模"方法程序,再利用历史数据建立数据库、知识库和模型库。然后,将对应的决策机制和模型部分提交控制系统原应用软件,并保证系统软件的正常运行。

6.4.3.4　动态修正模型结果

根据现场的历史数据共建立了 8 种类型的模型及其有关数据,模型运行结果比较好。在使用中有 90% 以上的控制方案可被工艺工程师所接受,模型命中率也有大幅度提高。

6.4.4　补吹模型

补吹模型与动态修正模型的区别仅在倒炉取样和不倒炉用副枪取样,因此,补吹模型的结构及建模过程与动态修正模型的结构与建模过程是一样的,但由于通过倒炉倒掉了一部分渣子,使补吹期间的炉内装入量趋于一致,另外,倒炉取样的结果似乎比副枪取样更精确,因此,补吹模型的命中率比动态修正模型的命中率提高 5% 左右。

6.5　通用性智能化建模方法

建立转炉自动化数学模型的实际问题提出的几种具有通用性的智能化建模方法。它的通用性在于该方法适用于各种具有终点控制特点(如转炉炼钢、高炉炼铁等)的线性和非线性工业生产过程,智能性体现在自动积累和学习有用的实际经验,在总结经验的基础上,取其精华,逐步摸索出生产过程的变化规律,并在使用中不断地自我完善。

6.5.1　功能的设计及选择原则

6.5.1.1　通用性

建模是一项很复杂的工作,除了通过机理分析、简化和确定模型结构外,建模工作还要对现场环境、现场条件进行调查和分析,使模型有所适用。而这些工作在设备和工艺稳定之后,还要进行一段时间,特别是工艺和设备环境发生变化时,建模工作又需要重新开始,而且有些建模方法并不总是行之有效的,同一个系统的模型也不是一成不变的(如系统中增加一个有影响的因素,系统中的各种量及其关系要发生相应的改变)。因此,具有通用性特点的建模方法是能够很好地解决上述问题的。

6.5.1.2　智能性

转炉炼钢模型是具有终点控制特征的系统,种类繁多,结构也可能很杂,包括线性的和非线性的,特别是非线性模型,处理起来比较麻烦,而且精度也较难达到。因此,一种适用这些繁多系统建模方法,必须具有向专家们学习的功能,它能够将专家的经验和实际的效果融汇在一起,建立一套基于专家经验和实际结果的,又可脱离专家意见的推理和决策机制,只有这样才可能对线性系统和非线性系统均是行之有效的。所以建模方法应具有智能特性。

6.5.1.3 模型的可维护性

任何方法建立的模型都只适应一定的环境,当系统的环境发生渐变或有些参量出现漂移,模型的有效性也将改变。因此,必须具有相应的维护手段,以保证模型的可靠性。

6.5.2 功能实现

6.5.2.1 通用性

转炉炼钢模型所遇到的物料平衡、热平衡及化学反应平衡方程等。这些种类繁多的物料和形形色色的方程从表面上很难进行统一,但是在具体的系统中能够确定哪些量是原因量,哪些量是结果量,即哪些量是自变量,哪些量是因变量,如在转炉炼钢生产过程中的二次加料问题,自变量分别确定为铁水温度、铁水重量、铁水中的主要成分 C, Si, Mn, P, S 和吹炼过程中的吹氧量、石炭、白云石、混料的加入量等。而因变量则主要是钢水温度、钢水碳含量、渣的碱度等,其中自变量又分为控制变量(如氧耗量等)与非控制变量(如已兑入的铁水的成分等),非控制自变量对应那些不可调的输入量,又称初始条件。也即,这些系统都具有一些主要的输入量和一些被重视的输出量,这是系统的共性。因此,通用性方法首先将各种系统统一于输入与输出的这种结构上。而输出量是由输入量唯一决定的。

6.5.2.2 智能化的形成

通用性的实现需要专家的经验和实际效果,而专家在某条件下或对某钢种的经验并不一定能普遍推广,特别是非线性系统是不可能全局使用的。因此,对于不同的系统状态(如铁水成分隶属范围很大,炉与炉之间的量值差距很大)或者不同的目标要求(如钢种改变)应具有相对应的经验。经验的积累和正确的选择是智能化工作的一部分。在此,运用聚类分析的手段进行。聚类分析的目的在于区分不同的问题,选择合适的经验,以采取正确的决策。而随着工作的进行,可形成一个经验知识库和一个标准Ⅲ数据库。

目前,已有几种较好的聚类方法,如重心聚类法、动态聚类法和类平均法等。

6.5.2.3 自学习的进行

A 经验的积累

聚类分析的使用,可以对具体问题的性质进行判断,如果是新问题,这类推断可能非常靠不住,请专家干预。作为一种对应于新问题的经验知识积累到经验知识库中,以备以后参考。或积累到经验知识库,或检验智能化模型的效果并在必要时用来修改模型库以及完善已学的知识。

B 模型自动建立及其修改

在具体工作中可以这样选择模型的结构:当对问题的解决只关心目标结果时,可选用因变量为目标变量结构的模型,如转炉炼钢中的动态控制问题,此时主要考虑的是终点目标量是否合乎要求。而当对问题的解决特别注意控制量时,可采取因变量为控制变量形式模型,如转炉炼钢中的二次加料问题。在二次加料冶炼期间,时间较长,炉内情况也比较复杂,因此,实际中特别注意二次加料量,如果二次加料量超出经验范围太多,操作人员不可能执行。

6.5.2.4　应变措施

A　异常数据的处理

智能化建模方法处理误差(不包括系统误差)较大的问题可能得到质量较低的模型,这是正常的。但在较准确的测量环境中,运用智能化建模方法时,偶尔出现较大测量误差或使用的数据有严重错误时(如输错数据),将影响该组数据所属类别的模型质量,其他类别的模型质量并无改变。因此必须具有单独修改指定某类模型的能力,这对于今天的计算机的软件技术而言已不成问题,可以通过去掉对应类别的理性认识而从感性认识开始重新工作,也可用好的结果(包括模型、数据等)直接替换对应质量差的内容。

B　工艺改变时的应变手段

对于任意一个生产过程来说,它的工艺过程都不是一成不变的,就鞍钢转炉炼钢而言,曾用矿石作为降温材料,也曾用过石灰石。石灰石的作用不可能与矿石相同,即使都用矿石,鞍钢弓长岭铁矿石与澳大利亚铁矿石的作用也不会一样,也有可能矿石和石灰石并用。这意味着将可能增加新的副原料种类,诸如此类,工艺在不断改变,而数学模型必须能够适应这种变化,才能继续利用数学模型进行有效的自动化生产。为此,考虑了如下的工艺变化及其对策:

(1) 增加目标变量的对策。

(2) 更换目标变量的对策。

(3) 减少目标变量的对策。

(4) 增加非控制自变量的对策。

(5) 更换非控制自变量的对策。

(6) 减少非控制自变量的对策。

(7) 增加控制变量的对策。

(8) 更换控制变量的对策。

(9) 减少控制变量的对策。

由于采用了自学习式和智能式结构模型,当发生上述变化时,并不需要重新进行建模工作,有些只要稍微改变一个模型库、数据库等的容量,有的情况可自动适应。

6.5.3　方法的应用条件

方法的应用条件是:

(1) 工艺过程、操作过程要尽可能稳定。

(2) 除了目标结果和控制量,其他所有的量均不要求给出,可以是未知的,但未知的量要尽可能稳定,无太大波动,或在已知的情况下发生跳跃后稳定改变,即定期取常值也可以,常变动的而且变动范围较大的量要尽可能测得,并且测准(系统误差除外)。

(3) 当工艺出现较大变动或某些未知的量(未引入模型的量)发生大的变化后,重新稳定时,最好能重新开始建模工作。

（4）必须用准确的数据建模和修正系数，否则，将导致模型精度下降。

6.6 智能控制简介

随着现代控制论的不断发展，以神经网络为代表的智能控制方案对于解决转炉炼钢这类复杂的、非线性的、强耦合系统的建模问题具有独到的优势，有必要介绍一下智能控制的概念及特点。

6.6.1 智能控制的发展及特点

智能控制理论是一门新兴的交叉前沿学科，是自动控制理论的最新发展阶段，主要用来解决那些传统控制方法难以解决的复杂系统的控制问题。传统控制包括经典反馈控制和经典的现代控制理论，它们的主要特征是基于精确的数学模型的控制。然而实际系统由于存在复杂性、非线性、时变性、不确定性、不完整性等，一般无法获得精确的数学模型。虽然自适应、自校正等控制理论可以对缺乏数学模型的被控对象进行在线识别，但这些推算算法实时性差，使用范围受到了很大的限制。20世纪60年代末发展起来的智能控制是传统控制的高级阶段，是现代科学技术高度综合的产物。它应用人工智能的理论和技术及运筹学的优化方法等与控制理论相结合，能克服被控对象和环境所具有的高度复杂性和不确定性，仿效人类的智能，实现对系统有效的控制。总之，智能控制不需要知道被控对象的精确模型，对于模型未知或知之甚少以及模型结构和参数变化很大的被控对象往往会取得比较好的控制效果。智能控制通常包括专家控制、模糊控制、神经网络控制和分层递阶智能控制。专家控制就是根据专家对工艺过程的规则加以组合形成识别规则存于计算机中待事件触发以后予以控制的方法。模糊控制就是把人类专家对生产过程或被控对象的控制过程总结成一系列控制规则，以模糊数学、模糊语言表示形式和模糊逻辑的规则推理，得到对被控过程或对象的控制作用。神经网络在控制系统中主要用于对被控过程或对象的模型辨识以及作为控制器直接用于控制。一般来说，智能控制系统具有以下几个共同的特点：

（1）学习功能。系统能对一个过程或未知环境所提供的信息进行识别、记忆、学习，并能将得到的经验用于估计、分类、决策或控制，从而使系统的性能得到进一步改善，这种功能类似于人的学习过程。

（2）适应功能。从系统角度看，系统的智能行为是一种从输入到输出的映射关系，是一种不依赖于模型的自适应估计，因此比传统的自适应控制有更好更高层次的适应性能。

（3）组织功能。系统对于复杂的任务和各种传感器信息具有自行组织、自行协调的功能。它可以在任务要求范围内自行决策，出现多目标时可以适当地自行解决。因此，系统具有较好的主动性和灵活性。

6.6.2 智能控制在钢铁工业中的应用

智能控制自从出现以来，已经在许多领域得到了非常广泛的应用，这里仅就其在钢铁工业中的应用作简单介绍。

美国Standford大学W.EStab等人于1990年成功地将人工神经网络技术应用于电弧炉炼钢过程控制中，开发出了智能电弧炉。该技术在全世界几十座不同吨位的交流电弧炉上得到了实际应用。K.Omura等研制出一种在连铸器中结晶器液位在线实时诊断模糊专家系统。该系统能用一个模糊隶属函数经过复杂计算和推理,发现可能引起液位波动的异常数据,指导浇注操作,从而减少铸坯缺陷。1995 年,Takashi 等人将模糊建模方法应用于轧制过程的厚度控制系统中,通过在线校正模糊规则来适应轧制条件的变化,通过对大量的轧制过程数据进行学习,建立了冷连轧机某一机架的轧制力模糊预报模型。N. Pican 等人采用多层感知器神经网络对轧机的轧制机和校直机进行重新调整,减少了钢材不良端头的损失。

6.6.3　转炉动态终点控制的建模前期准备

尽管转炉动态终点控制的内容相当广泛,磷含量和硫含量等都应该纳入控制的范围,但最为核心的还是碳含量和温度的控制,因此本书把精力主要集中在这样两个方面。此外,智能控制在钢铁工业中成功应用的典型实例多为神经网络模型和模糊模型,充分说明了这两种理论的合理性及实用性,因此探索应用这两种智能控制技术来建立转炉终点动态控制模型是重要的。下面首先将问题描述清楚,然后再给出相应的解决方案。

6.6.3.1　问题描述

因为转炉炼钢动态终点控制分两个阶段,前期的静态控制和后期的动态控制。所以分两个方面来论述。

A　前期的静态控制

设 $v_{铁} = T_C \times T_{Si} \times T_{Mn} \times T_S \times T_P \times T_t \times T_{w1} \times T_{w2}$,其中 $T_C, T_{Si}, T_{Mn}, T_S, T_P, T_t, T_{w1}, T_{w2}$ 分别表示炼钢初态时铁水含 C 量、铁水含 Si 量、铁水含 Mn 量、铁水含 S 量、铁水含 P 量、铁水温度、铁水量、废钢量的论域。并且称 $v_{铁}$ 为初态空间。

设 $v_{钢} = G_C \times G_{Si} \times G_{Mn} \times G_S \times G_P \times G_t$,其中 $G_C, G_{Si}, G_{Mn}, G_S, G_P, G_t$ 分别表示炼钢终态时成品含 C 量、成品含 Si 量、成品含 Mn 量、成品含 S 量、成品含 P 量、成品温度的论域。并且称 $v_{钢}$ 为终态空间。

设 $v_{过} = C_1 \times C_2 \times C_3 \times C_4 \times C_5 \times C_6 \times C_7 \times C_8 \times C_9 \times C_{10} \times C_{11} \times C_{12} \times C_{13} \times C_{14} \times C_{02} \times C_T$,其中 $C_1, C_2, C_3, C_4, C_5, C_6, C_7, C_8, C_9, C_{10}, C_{11}, C_{12}, C_{13}, C_{14}, C_{02}, C_T$ 分别表示炼钢过程中添加铁矾土、石灰、白云石、铁皮、菱镁石、焦炭、硅锰、硅铁、硅钡铝、硅钙铁、铝锭、铝锰铁、C-Si 中 SiMn 的量的论域和吹氧量、冶炼时间的论域。并且称 $v_{过}$ 为过程空间。

因此为了讨论问题的方便,考虑用如下映射关系来表示这个系统:

$$y = g(X_1, X_2)$$

式中,$g(X_1, X_2)$ 为结构与参数未知的映射关系。$y \in v_{过}, X_1 \in v_{铁}, X_2 \in v_{钢}$

B　后期的动态控制

转炉炼钢吹氧到副枪测定时刻,其他杂质元素已基本去除,剩下的任务就是确定合适的后吹氧量继续将碳氧化至目标值,同时还应考虑这一阶段的升温过程以确定合适的冷却剂加入量使停吹温度同时命中目标值。尽管这个后吹阶段时间较短,相对静态模型来说要简单得多,但其间同样既有化学反应又有物理变化,是一个存在严重非线性的多输入多输出复杂系统,因此为了讨论问题的方便,我们考虑用如下非线性方程来表示这个系统

$$y = f(X_1, X_2, X_3, \cdots, X_{13})$$

式中　$f(.)$——结构与参数未知的非线性函数；

　　　　X_1——副枪测定钢水温度；

　　　　X_2——副枪测定钢水碳含量；

　　　　X_3——后吹氧量；

　　　　X_4——钢水重量(用装入总量近似)；

　　$X_5 \sim X_7$——副枪测定时刻锰含量、磷含量及硫含量；

　$X_8 \sim X_{13}$——后吹阶段添加的氧化钙、氧化铝、生石灰、铁矿石、压渣剂及防溅剂；

$y = (y_1, y_2)^T$，y_1, y_2 分别对应停吹钢水温度和碳含量。

6.6.3.2 数据预处理

实际工程数据往往存在大量偏差和错误数据，造成偏差和错误的原因是多方面的，这些数据不仅会影响建模的效果，严重时甚至会导致错误的结论，因此我们必须设法消除这些可疑值。当然，在剔除可疑数据时一定要保持慎重的态度，绝对不能单凭主观的意愿，毫无根据地剔除自认为是不满意的数据，从而得到一个虚假的"高精度"模型，这样是绝对经不起实践考验的。严格说来，我们应当依据数理统计原理，在一些人为的假设条件下，确立一些标准作为对异常值的取舍判断原则，如格拉布斯(Grubbs)准则、狄克松(Dixon)准则等。但是针对我们这里实际建模的需要，采用简单的最大最小滤波就可满足需要，即通过统计获取每一变量在正常冶炼状况下的最大最小值，然后以此作为上下阈值对原始数据进行滤波工作。

具体数理统计例证从略。

6.6.4　模糊控制模型

6.6.4.1　前期的静态控制的模糊建模

在此建模过程中，把以往的"经验型静态模型"作为本模型的一个辅助因子，图 6-1 所示的流程图给出了建模方案。

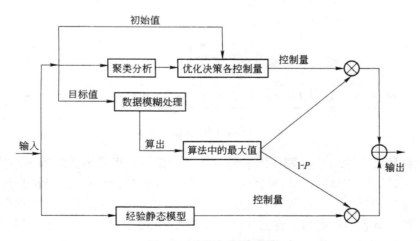

图 6-1　建模方案流程图

　　在输入数据通过模糊处理和聚类后,应用下面的计算关系式来确定冶炼过程的前期静态控制的各个控制量。下面的计算关系式是对每个类中的数据在进行相关系数讨论的基础上利用模糊回归方法给出的。

　　在所分的多个类中:设 $v = (T_C, T_{Si}, T_{Mn}, T_S, T_P, T_t, T_{w1}, T_{w2})^T$ 给出相应的多组数据,然后应用这些数量公式,按照以上流程图计算确定每个"控制量"。

6.6.4.2　后期的终点温度动态控制模型

A　模糊逻辑简介

　　由于人类的思维除了对于一些单纯、易断的问题,能迅速做出确定性判断与决策以外,多数情况下,是极其粗略的综合,与之相应的语言表达也是暧昧的,它的逻辑判断往往是定性的,毫不在乎地容纳着许多矛盾。因此,从某种意义上说,"模糊概念"更适合于人们的观察、思维、理解与决策,它也更适合于客观事物和现象的模糊性规律。客观世界中的模糊性、不确定性、含糊性等有多种表现形式。在模糊集合中主要处理没有精确定义的这一类模糊性,其主要有两种表现形式,一是许多概念没有一个清晰的外延;另一个是概念本身的开放性 。因此总是有不确定性存在,由于对象本身没有明确的定义,普通的集合论无法被应用,而模糊集合论正是处理这类模糊概念的有效工具。

　　研究模糊命题的模糊逻辑是建立在模糊集合和二值逻辑概念基础上的一类特殊的多值逻辑,模糊逻辑式的真值可以是[0,1]区间中的任何值,它表示了这个模糊命题为真的程度。通过严格的逻辑处理,模糊逻辑可以把人们的柔性思维模型化,这就有可能构成人与计算机间的第 3 子系统。模糊模型是模糊集与模糊逻辑在系统建模中的一种应用,它为一些复杂、不确定性的系统提供了一种有效的建模方法。从模型结构上说,模糊模型可分成两类:基于规则描述的模糊模型和不基于规则描述的模糊模型。前者主要包括语言模型(Linguistic Models,即 LM)和 Takagih-Sugeno-Kang 模型(TSK 模型);后者主要包括模糊回归模型(Fuzzy Regression Models)和模糊神经网络模型(Fuzzy Neulal Network Models)。LM 模型是用一组纯粹由模糊谓词构成的 IF-THEN 规则来描述系统的,规则的后件与前件都是模糊集,对不确定性的描述能力比较强,并且较之其他几种模糊模型简单易行。图 6-2 的方框图大体表示了 LM 模型建模的过程。

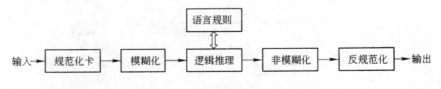

图 6-2　LM 模糊建模示意图

　　从图中容易看出,LM 模糊建模的关键就在于模糊集合隶属函数的确定和模糊语言规则的整合。隶属函数的确定,应该是反映出客观模糊现象的具体特点,要符合客观规律,而不是主观臆想的;但是,另一方面每个人在专家知识实践经验、判断能力等方面各有所长,即使对于同一模糊概念的认定和理解也会具有差别性,因此,隶属函数的确定又带有一定的主观性。不管怎样,最终所得到的处理模糊信息的本质结果应该是相同的。

　　模糊规则的整合主要应包括完整模糊规则的收集、模糊规则的修正以及矛盾规则的处理。所谓模糊规则的完整性主要指模糊规则应能涉及所有可能出现的输入组合,它主要与每个输入变量所取的等级值有关;由于模糊模型所逼近的过程往往为一时变过程,模糊规则应当依据实际结果进行不断修正,因此模糊规则的修正同样至关重要,它直接决定了模糊模型的预报精度;最后一个关键问题就是矛盾规则的判断和处理。由于仅由输入数据难以完全描述动态变化过程,其间尚有很多非定量化因素的影响以及干扰因素的存在,因此矛盾规则的出现在所难免;关键在于如何判断某条规则是否与现有规则相矛盾,相互矛盾的诸条规则哪条反映了正常情况,哪条是异常情况所致。

B LM 模糊预报模型

按照 LM 模糊建模的过程,建立终点温度动态控制的模糊模型。考虑到模糊关系矩阵的规模会随着输入变量的增加而膨胀,我们仅选取动态吹炼中几个主要的定量因素作为输入来做研究。动态温度预报考虑如下四个输入变量:副枪测定温度、钢水重量、后吹氧量、冷却剂量。

模糊集的确立 依据数据分析的结果,确立每个变量变化的上下限,即变量的论域。并由论域空间的跨度、各变量数据的分布以及模型精度要求确定各自的等级值,即每个变量论域上所取的模糊集合的个数。考虑到吹炼模型中每个变量的分布都接近正态分布,即论域中间部分数据比较密集,两头数据比较稀疏,因此,中间数据所取的模糊集合较多,以确保模型较高的精度,两头所取模糊集合较少(在数据预处理中完成)。模糊隶属函数都取对称型的高斯函数

$$y = e^{\dfrac{-(X - X_0)^2}{2\sigma^2}}$$

高斯函数的中心 X,为原始论域的中心,参数 σ 选择则依据该模糊集合所对应原始论域的宽度,保证相邻模糊变量在交叉点处的模糊值为 0.5。如,副枪温度论域为 [1550, 1700],模糊集个数划分如下:

[1550,1570](含<1550): 1 个

[1570,1640]: 5 个

[1640,1700]:(含>1700): 1 个

这些模糊集合的隶属函数的中心依次为:1560,1577,1591,1605,1619,1633,1670。

当然,这只是分析过程,具体操作时还应当对每个变量做正规化处理,即将原始论域转化到相应的标准论域 [-10, +10],公式如下

$$y = 10 + 20 \frac{(x - a)}{(b - a)}$$

式中,X 为原始论域内的值;y 为转化后的标准论域内的值;a、b 分别为原始论域的下界值和上界值。

输入输出数据模糊化处理 从数据库读来原始数据后先经标准化处理,然后送给该变量论域对应的每个模糊集合的隶属函数进行计算,得到该值从属于每个模糊集合的隶属度,然后将这些隶属度依次排成向量 ui 即得该数值所对应的模糊集合。如,当副枪检测温度为 1600℃ 时,其对应的模糊集为:$ui = (0, 0.15, 0.4, 0.9, 0.35, 0.1, 0)$。类似可得到钢水重量、后吹氧量、冷却材量及停吹钢水温度的模糊化结果。

模糊规则的获取与数学表达 由每组实测输入与输出间的对应关系即可得到输入模糊

集合与输出模糊集合间的逻辑关系。比如，$X_1=a_1, X_2=a_2, X_3=a_3, X_4=a_4$ 时，$y=b_1$，这组数据对应的模糊规则即为

　　　IF x1＝u1　and　x2＝u2　and　x3＝u3　and　x4＝u4　THEN　y＝V1

向量 u_1, u_2, u_3, u_4, v_1 分别为数值 a_1, a_2, a_3, a_4, b_1 模糊化处理的结果。我们可以用模糊关系矩阵来表达这样一种模糊逻辑关系，具体做法是用取小运算求出输入至输出各向量的直积。比如 $u_1=(u_{11}, u_{12}, \cdots, u_{17})_{1\times 7}$,

$$u_2=(u_{21}, u_{22}, \cdots, u_{27})_{1\times 7}$$

那么

$$u_1 \times u_2 = \begin{vmatrix} u_{11}\wedge u_{21} & \cdots & u_{11}\wedge u_{27} \\ \vdots & \vdots & \vdots \\ u_{17}\wedge u_{21} & \cdots & u_{17}\wedge u_{27} \end{vmatrix}$$

这里，$\wedge$ 为取小运算符。多个向量做直积的方法是将前面向量直积结果依次排成一行向量，然后再重复上步的工作。由于所取输入模糊变量副枪测定温度、钢水重量、后吹氧量、冷却材量及输出模糊变量停吹钢水重量的维数分别是 7，7，12，11 和 7，因此最后所得模糊关系矩阵维数为 6468，矩阵规模较大。

模糊规则的学习　依据上述方法每组数据均可得到一个模糊矩阵，模糊规则的学习过程就是不断将原有模糊关系矩阵与新数据合成所得模糊关系矩阵进行取大运算，比如

$$\boldsymbol{R} = \begin{bmatrix} R_{11} & \cdots & R_{1m} \\ \vdots & \vdots & \vdots \\ R_{n1} & \cdots & R_{nm} \end{bmatrix}_{n\times m} \qquad \boldsymbol{r} = \begin{bmatrix} r_{11} & \cdots & r_{1m} \\ \vdots & \vdots & \vdots \\ r_{n1} & \cdots & r_{nm} \end{bmatrix}_{n\times m}$$

那么

$$\boldsymbol{R}' = \begin{bmatrix} R_{11}\vee r_{11} & \cdots & R_{1m}\vee r_{1m} \\ \vdots & \vdots & \vdots \\ R_{n1}\vee r_{n1} & \cdots & R_{nm}\vee r_{nm} \end{bmatrix}_{n\times m}$$

式中，$\boldsymbol{R}$ 为原有模糊关系矩阵；r 为由新规则得到的模糊关系矩阵；$\boldsymbol{R}'$ 为学习新规则后的模糊关系矩阵；$\vee$ 为取大运算符号；n 为所有输入模糊变量维数之乘积；m 为输出模糊变量维数。

　　尽管从组合论的角度来看，学习样本的个数至少应该达到 6468 个才能囊括所有的模糊规则，但从实际生产的角度出发，并不是每种可能组合都会出现，因此实际学习过 500 样本后就已经建立起规则较完备的模糊模型。由于实际生产的数据良莠不齐，鱼目混珠，极易导致矛盾规则的出现，并且难以找到有效的方法进行识别，鉴于这种复杂情况，我们采用实际生产数据中的命中代码来帮助判断矛盾规则。如果本炉命中代码表明实际动态控制命中目标，则基本可判断本炉未出现异常情况，该炉数据对应的模糊规则即为有效规则，否则视为无效规则，不进行学习。

　　模糊预报　模糊预报就是模糊规则学习过程的逆运算。具体做法是将输入模糊变量做直积，然后用直积结果与模糊关系矩阵做合成运算，算法是普通的取小取大运算，如各个输入模糊变量直积的结果 $u=(u_1, \cdots, u_n)_{1\times n}$，那么预报输出模糊变量

$$v = u \circ R = (u_1, \cdots, u_n)_{1 \times n} \begin{bmatrix} R_{11} & \cdots & R_{1m} \\ \cdot\cdot & \cdot\cdot & \cdot\cdot \\ R_{n1} & \cdots & R_{nm} \end{bmatrix}_{n \times m}$$

$$= ((u_1 \wedge R_{11}) \vee \cdots \vee (u_n \wedge R_{n1}) \cdots (u_1 \wedge R_{1m}) \vee \cdots \vee (u_n \wedge R_{nm}))_{1 \times n}$$

去模糊化处理 上步中得到的模糊预报结果并不是我们所期待的输出值,必须将其进行去模糊化处理才能与实际要求相符。目前比较实用的去模糊化的处理方法有:最大隶属度法、重心法等。这里采用重心法不太合适,因为它将降低模糊预报的预报精度,应用最大隶属度法时则应注意区分各种可能遇到的情形,如最大隶属度出现多个的情况等。

下面举例说明。如输出模糊变量为(0.2,0.528,0.68,0.45,0.68,0.68,0.54),则应判断实际输出为第5,6两个模糊集合对应的原始论域间的某个值。具体判决公式如下

$$y = a + \text{sign}b(1 - \text{Maxm})$$

式中,y 为预报输出去模糊值;a 为最大隶属度对应原始论域的中心(如出现上述情况,则 a 为两个模糊集合原始论域的交界值);sign 是一符号函数;当最大隶属度左边隶属度值小于右边隶属度值时取 +1,否则取 -1;b 为最大隶属度对应原始论域的半径,Maxm 为最大隶属度值。

总之,模糊变量清晰化的过程不是纯粹运用最大隶属度法,其间也体现了专家知识的重要性。

最后必须说明的一点是,上述去模糊化过程应用的为一线性公式,从理论上讲它只是适用于模糊隶属函数形状为三角形状的情形。尽管我们所取隶属函数为高斯型,但在原始论域划分较细、范围较窄时,可以考虑近似使用这种线性形式。

模糊规则的修正 在转炉炼钢中,随着炼钢炉次的增加,炉衬逐渐被侵蚀变薄,氧枪头逐渐烧损,即氧气流股发生变化,同时各个生产时期(主要考虑采购造成的差异)冶炼中加入的原材料和副原料成分也不尽相同,为了适应这些情况,上述建模过程中采用新息模型,也就是在每炉钢炼完之后,将最新这炉钢的数据加到建模所用的原始数列中,而且加入的最新数据是该炉在冶炼过程中没有出现较大异常情况的炉次(也就是为发生大的溢渣和喷溅等情况的炉次),以确保预报精度。因此使模糊模型具备自学习功能将是十分必要的。我们的做法是将命中代码合适并且预报结果与实际结果之差在某一范围之内的数据作为新的模糊规则通过一定的学习率修正原有的模糊关系矩阵。具体做法如下

$$R'_{ij} = R_{ij} + \alpha(r_{ij} - R_{ij})$$

式中　R_{ij}——原有模糊关系矩阵中的元素;

　　　r_{ij}——新规则生成模糊关系矩阵中对应元素;

　　　α——学习速率;

　　　R'_{ij}——学习后所得模糊关系矩阵中对应元素。

6.7 LBE 技术在转炉上的应用

6.7.1 LBE 模型与吹炼噪声法

吹炼噪声法(也称声纳法)是利用转炉吹炼过程中顶吹氧枪产生的噪声在炉渣传播,噪声强度随炉渣厚度变化而变化的现象。因为根据具体的转炉形状和氧枪的喷嘴特征,就形

成了自己所特有的频率噪声。这一频率噪声一般在 400 Hz 左右,根据炉体具体情况有时亦有差别。在转炉炉口安装微音器(声纳装置)以连续检测炉内噪声强度及其变化并分析其变化而得出化渣的关系。如图 6-3 所示,当噪声强度 $S \leqslant S_{min}$ 时(S_{min} 为喷溅报警线),说明炉渣过厚,可能发生喷溅,应及时降低枪位或增加底吹强度,降低渣中 FeO,抑制喷溅,当 $S \geqslant S_{max}$ 时(S_{max} 为返干报警线),应提高枪位或降低底吹强度,增加渣中 FeO,抵制返干。

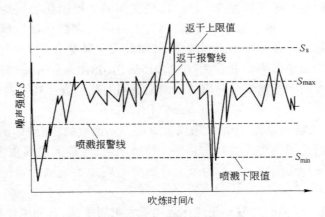

图 6-3　噪声强度与化渣关系曲线

　　国内从 20 世纪 80 年代初就已研究利用炉渣信息进行吹炼控制,且大多使用吹炼噪声法,太钢、济钢、南京钢厂等都做过试验研究;鞍钢应用振动法做过试验。马钢三钢厂、武钢三钢厂从卢森堡引进的 LBE 技术,就是利用转炉吹炼过程中顶吹氧枪产生的噪声在炉渣中传播强度的变化,作为模型反馈控制冶炼全程。LBE 技术是卢森堡顶底复吹技术,马鞍山钢铁公司转炉于 20 世纪 90 年代初引进 LBE 技术,其基本原理是:运用转炉冶炼模型,以化渣声纳信号为炼钢过程控制输入预报,以氧枪,副原料,底吹为调节手段,保证冶炼过程在理想曲线内运行。

　　吹炼噪声法由于干扰很多并且环境恶劣,关键是信息检测及引导装置,它应满足:信息高效率及不失真传递、在高温条件下能长期稳定工作以及防止吹炼炉渣堵塞。这就需要选择频谱和合适的安装地点。一般取样位置在炉口,此处能使波导管有效地检测到炉内噪声信号。图 6-4 所示为马鞍山钢铁公司三钢厂转炉造渣噪声法微机临近系统框图。应用结果为:返干预报命中率大于 90%,喷溅预报命中率大于 85%。

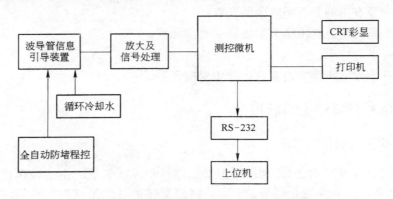

图 6-4　马钢三钢厂转炉造渣噪声法系统框图

图 6-5 示出了马钢三钢厂的用吹炼噪声预报喷溅装置,为减少背景噪声和喷渣等影响,选取靠近炉口的 OG 烟道作为最佳的噪声检测位置。在此炉子上,与渣面高度相对应的最佳频率为 630～1250 Hz,可在 1 min 前捕获噪声强度的变化,约 80% 的喷溅可以预报出来。采用该系统后,喷溅发生率从 22.8% 减少到 5.8%,钢水收得率提高 0.1%。图 6-6 为马钢三钢厂转炉造渣噪声法记录曲线。LBE 系统以此为炼钢过程控制输入预报,实时修正模型,其系统主程序框图如图 6-7 所示。

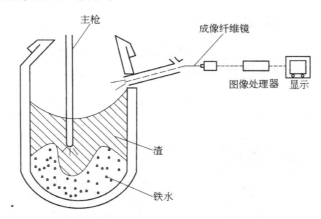

图 6-5　马钢三钢厂吹炼噪声预报喷溅装置

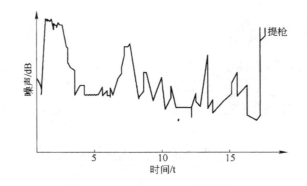

图 6-6　马钢三钢厂转炉造渣噪声法记录曲线

6.7.2　LBE 系统的改进及完善

马鞍山钢铁公司三钢厂原有 600 t 混铁炉两座,60 t 转炉三座,年产量 110 万 t 钢水,1992 年引进卢森堡 LBE 工艺和自动化系统冶炼控制,自动化系统核心采用法国 BULL 公司制造的 SPS-5/70 计算机。基础自动化采用三套西门子公司 S5-155U 型 PLC。因当时条件所限,电气及仪表基础尚不完善,随着炉后精炼及连铸的大规模投产,为适应马钢生产发展对自动化程度的高要求,马钢三钢厂于 21 世纪初对原系统进行了完善性更新改造。更新后的马钢三炼钢转炉 LBE 自动化系统采用两级工业网的形式控制,系统配置如图 6-8 所示。

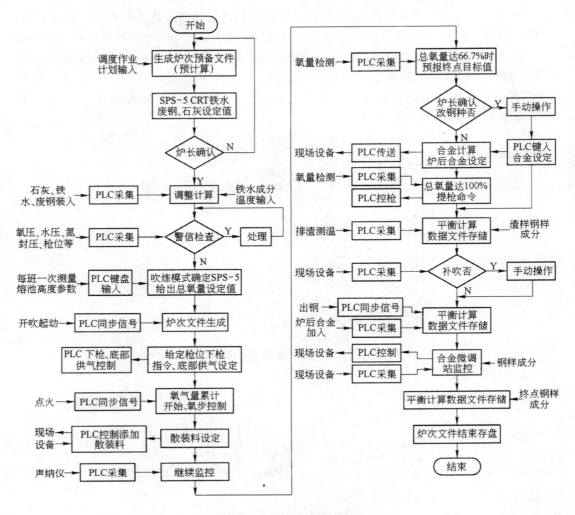

图 6-7　LBE 系统主程序框图

主要完善了下述内容:

(1) 采用西门子 S7-400(CUP414-2DP)PLC 完成转炉的基础自动化电器与仪表的功能,每座转炉采用一台 S7-400PLC 及相应的多条 PROFIBUS-DP 总线及 ET200M 远程控制站集中完成一座转炉的 MCC、电气传动 SIMOREG、氧枪、副原料、风机房、水处理、煤气回收的控制。

(2) 将原 LBE 系统底吹阀门站引入 ET200M 远程站,由 PROFIBUS-DP 现场总线进行通信。

(3) 将 LBE 的声纳系统溶入本系统中,采用 PC 服务器作为二级过程控制机,将原"SOLAR"过程机所完成的控制模型移植改造到新系统中。以 ETHERNET 网与基础自动化 PLC 通信。

(4) 根据生产管理和工艺控制的要求,更新开发转炉—炉后精炼—连铸生产管理、调度系统,完成生产的记录和报表。

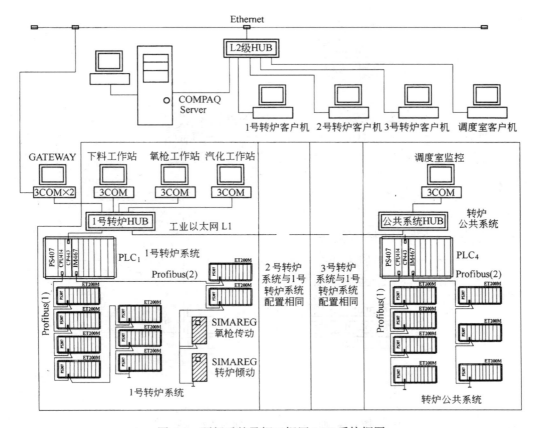

图 6-8　更新后的马钢三钢厂 LBE 系统框图

6.7.3　LBE 的过程自动化系统

转炉过程计算机系统完成整个转炉生产过程的管理与控制,并协调转炉和连铸的生产。基础自动化系统与过程计算机连接,实现具体生产指令的下达和指令执行情况反馈,以达到生产过程的最优控制。

转炉过程控制计算机系统留有与连铸过程计算机系统的接口,使转炉和连铸匹配,以协调全厂的生产。

6.7.3.1　转炉过程控制系统功能

图 6-9 显示原"SOLAR"过程机软件结构图。转炉过程控制系统的主要任务是对转炉生产过程和工艺进行管理和控制,即根据控制对象的数据流,安排相应的人机接口,使操作人员能够监视和管理所控制的过程,并进行必要的数据输入输出,从而达到过程控制的目的。由过程机通过人机对话拟定调度作业计划,存储各种数据文件,并根据冶炼过程热平衡、铁平衡、渣碱度平衡、渣重量平衡、硅平衡、磷平衡、锰平衡、碳平衡、氧平衡等九个物理、化学方程式进行模型运算,使调度作业计划自动形成可以付诸实际生产运行的当前炉次文件。当前炉次文件执行过程中,过程机将周期地向 PLC 发出各种参数设定值和接收 PLC 及其他终端发来的冶炼数据和监控信号将作调整计算以修正当前前炉次文件指令数据,完成全过程的冶炼控制。

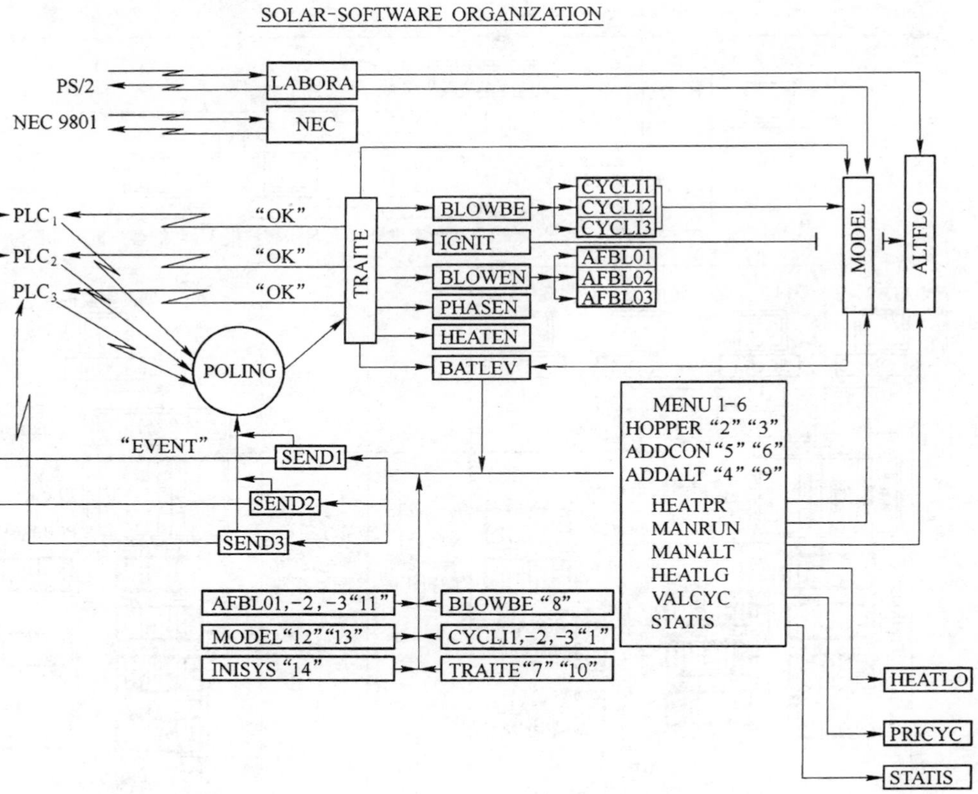

SOLAR–SOFTWARE ORGANIZATION

图 6-9　原"SOLAR"过程机软件结构图

转炉过程控制系统共分成以下几个子系统：

转炉调度子系统；铁水管理子系统；废钢管理子系统；LBE 炼钢控制子系统；合金管理子系统；通讯子系统；工艺参数维护子系统；连铸通信子系统；化验数据处理子系统。

下面仅就其中几个加以表述。

A　转炉调度子系统

功能描述　由调度人员根据日生产计划和本系统提供的生产信息,包括:连铸生产情况、转炉的设备状况。安排单座转炉的生产计划,完成一次加料模型计算,下达铁水、废钢需求。该项功能主要由操作人员根据计算机提供的信息,由人工操作来完成。

该系统需要向操作人员提供以下信息：

（1）连铸生产情况,包括钢包重量,铸机拉速,浇铸钢种,浇铸时间等。

（2）转炉生产情况,包括转炉处于修炉,正常吹炼,设备故障,等铁等。

正常吹炼分为：准备吹炼、主吹、补吹、吹隙,溅渣、吹氧时间、枪位、下料量。

设备故障分为：转炉本体、下料系统、烟气净化及冷却系统、煤气回收系统等。

（3）大罐情况,包括炉后有罐无罐等。操作人员根据连铸与转炉的实际生产情况,便可下达单座转炉生产计划。

（4）计划格式,包括熔炼号、钢种、出钢量、用途、出钢时间,计划编排后即可下达至转炉控制子系统。本系统也允许操作人员,对已制定的计划进行增加、修改、删除以适应实际生产的需要。

附加功能　提供钢种表供操作人员参考,提供报表查寻和打印的功能,供管理使用,详见报表系统。根据生产计划中的出钢量、钢种和铁水成分、温度起动主原料计算模型,模型计算的结果经确认后,送至铁水站、废钢站准备主原料。

B　铁水管理子系统

铁水管理子系统主要功能有:采集由化验处理子系统传来的数据存档,并传至其他系统,如炼钢控制系统、调度子系统;铁水管理子系统的数据主要是铁水信息,有铁水编号、铁水成分、铁水温度、采集时间。

C　LBE 炼钢控制子系统

炼钢控制子系统为本系统的核心,负责炼钢过程的计算机控制。由操作人员输入必要的数据后,起动冶炼模型对炼钢过程进行控制,以达到最优控制目的。以一个冶炼周期为例,炼钢控制子系统的执行过程为:

(1) 确认计划数据,包括熔炼号、计划钢种、出钢量、出钢时间和用途、各种操作方案。

(2) 由人工输入实际装入铁水量、温度、铁水成分,废钢量、废钢种类,是否有底吹等,并在操作键盘上选取如下方案的表号,氧枪操作方案,底吹操作方案,下料操作方案,起动副原料计算模型,计算出冶炼所需的各种副原料量、吹氧量、底吹方案等。

(3) 修改、确认计算结果,向 L1 级各子系统发送降枪方案设定点和第一批料设定点和底吹方案等。

(4) 按点火按钮,降枪吹氧进入计算机控制。

(5) 吹氧量达到测试点,声纳开始测试,起动主吹校正模型对照理想目标曲线进行修正,进入碳温动态曲线画面对吹炼阶段进行监视。

(6) 达到终点,倒炉,取样,化验。

(7) 进入"临界终点"画面,确认是否进行补吹。

(8) 倒炉出钢,加合金,溅渣补炉,确定最终生产数据。

(9) 如果本炉次控制成功,则由过程计算机自动调用模型参数修正子程序,修正热损失常量和氧气收得率两项参数,实现自学习功能。

转炉控制站还负责数据存储功能包括存储炼钢厂日常生产的钢种技术标准;所需的原材料(包括铁水、废钢、副原料、铁合金)的成分;氧枪控制方案;下料控制方案;底吹控制方案;提供报表查寻和打印的功能,供管理使用。

(10) 从基础自动化上传的数据包括:

1) 氧枪:吹氧,吹氮,氧压,氧流量,枪高,耗氧量,吹氧时间,A、B 氧枪等。

2) 烟气净化:汽包水位、风机房数据、煤气回收数据等。

3) 其他:铁水成分、钢水成分、温度、铁水重量、钢水重量、煤气回收、下料重量、合金料种类、重量、下料批次、下料量、熔炼号等。

下载到基础自动化数据包括:氧枪操作方案、底吹控制方案、副原料下料控制方案。

(11) 生产过程信息量是固定的,信息来源分两类:

1) 由人工输入,如铁水重量、铁水成分、铁水温度、钢水温度、钢水成分、废钢重量、兑铁时间、出钢时间等。

2) 现场采集或经过程序计算得到的信号,如炉渣成分、冶炼周期时间等。

D　参数维护子系统

参数维护子系统主要负责维护各生产系统的数据,供数学模型使用,主要有:造渣剂的成分,炉渣成分等。

主要工序的作业时间分配　主要工序的作业时间分为:混铁炉作业;脱硫扒渣作业;转炉作业;炉外精炼作业;连铸作业。

钢种表　钢种表中包含以下数据:

钢种编号(1~400);钢种名称;钢种所属类别(碳钢、合金钢,沸腾钢、压盖钢、半镇静钢、镇静钢、连铸钢等。这项数据用于管理和操作指导);成分目标(%):出钢时碳目标及上下限、磷硫上限;温度目标(T):出钢温度目标及上下限、罐处理后钢水温度上下限、浇铸温度等;操作方案号(格式规定见书 6.7.3.2 节)。氧枪操作方案见表 6-3,副辅助原料下料操作方案见表 6-5,底吹操作方案见表 6-4;对于该钢种的铁水硫最大允许值(%);铁矿石总重量与废钢总重量之比(无量纲);各类废钢使用比(%);各类铁矿石使用比(%),每吨铁水的萤石或其他辅助熔剂用量(kg);终渣碱度((CaO)/(SiO_2))的目标值;终渣(MgO)的目标值;出钢时使用何种脱氧剂,吨钢加入量;出钢时进行合金化否(是/否);该钢种在合金化时使用何种铁合金料,各种合金料的加入顺序;钢水脱硫否(是/否);如需钢水脱硫,在钢种表中给出各类钢水脱硫剂的使用比(%);钢罐内吹氩否(是/否);罐处理结束时钢液成分、温度的上下限(%)等内容。

6.7.3.2　操作方案

按以下格式制定操作方案。见表 6-3。

表 6-3　氧枪操作方案(开吹 → 终点)　　　　　　　　方案号:001

序　　号	氧耗量/m³	枪高/cm	氧流量/(m³/h)
1	2000	220	12000
2	3500	200	12000
3	4500	180	12000
4	6500	140	12000
5	8000	160	12000
6	9000	150	12000
7	11000	140	12000
8	12000	130	12000

氧枪操作方案根据钢种碳含量不同分为 6 种。表 6-3 给出的是 1 号方案。

表 6-4　底吹操作方案(开吹 → 终点)　　　　　　　　方案号:001

序　　号	氧耗量/m³	气体类别	气体流量/(m³/h)
1	2000	N_2	600
2	3500	N_2	700
3	4500	N_2	600

序 号	氧耗量/m³	气体类别	气体流量/(m³/h)
4	6500	N₂	600
5	8000	N₂	1200
6	9000	N₂	800
7	11000	Ar₂	800
8	12000	Ar₂	600

底吹操作方案共有 10 种。表 6-4 给出的是 1 号方案。

表 6-5 副原料下料操作方案(开吹 →倒炉测试点)　　　方案号:001

序 号	氧耗量/m³	副原料 1/%	副原料 2/%	副原料 n/%
1	0	50	50	100
2	4500	20	30	0
3	6500	20	10	0
4	8000	10	0	0

副原料下料操作方案共有 5 种。表 6-5 给出的是 1 号方案。

6.8 OTCBM 过程控制模型

6.8.1 OTCBM 模型与质谱仪

6.8.1.1 质谱仪工作原理和应用

OTCBM(蒂森克虏伯最佳转炉吹炼模型)过程控制模型是德国蒂森克虏伯研制的转炉复吹模型,鞍钢于 2005 年在其 260 t 转炉自动控制中使用了这一成果。OTCBM 过程控制模型以数学模型为基础组成,主要是静态转炉模型和动态吹炼控制模型,静态转炉模型包含氧气吹入量计算,而动态吹炼控制模型包含用于吹炼校正的副枪模型和转炉炉气分析模型。炉气分析作为过程控制的反馈,始终贯穿整个静、动态控制,这是 OTCBM 过程控制模型的主要特点之一,因此,首先了解炉气分析质谱仪工作原理是很必要的。

典型的质谱仪由以下三部分组成:

(1) 离子源,将被测气体分子或原子转化为离子,主要利用热灯丝的电子束轰击被测气体分子或原子产生正电荷离子。

(2) 质量分离器,对不同质量与不同电荷的离子在电磁场中进行分离。

(3) 法拉第探测器,检测不同正电荷离子的产生的电流。

利用质谱仪连续对炉气进行气体成分分析,可得知炉气成分随时间变化的规律,炉气成分随时间变化的规律是炉内物理化学反应的间接信息,通过分析这些间接信息可以了解炉内的实际情况,以达到控制生产的目的。

转炉炉气分析模型是指在转炉冶炼过程中,利用质谱仪连续对炉气进行在线气体成分分析(包括 $CO, CO_2, N_2, Ar, O_2, H_2$, He 等)、温度和流量等信息,通过模型计算,实时在线预报钢水中 C, Si, Mn, P, S 等成分和温度的变化,并且,对炉渣进行模式识别和喷溅预报,在线调整吹氧制度和造渣制度,以提高控制精度和命中率,降低生产成本,提高钢质量。

目前,国外许多大型钢厂都采用了炉气分析或炉气分析 + 副枪的动态模型控制转炉生产,碳、温的命中率均在 90% 以上;此外,炉气分析在炉外精炼领域也获得了很大的成功。在欧美、日、韩和我国台湾地区都有基于质谱仪连续对炉气分析动态模型的应用情况,比较典型的有:Posco Kwangyang 工厂应用 VG 公司生产的 Prima600S 磁扇式质谱仪用于转炉生产。碳、温的命中率均在 95% 以上,预测喷溅的成功率为 81%。类似系统还有美国的 US Steel 和 Inland Steel 公司,韩国 Poisco 公司和我国台湾地区的中国钢铁公司等。

6.8.1.2　质谱仪炉气分析和副枪的比较

从炉气分析法的发展过程和应用情况来看,要想在副枪动态控制的转炉上进一步提高终点命中率,以及实现闭环全自动炼钢,引入炉气分析是一个非常理想的方法。

这是因为:

(1) 基于副枪系统的动态模型能获取停吹后转炉生产信息,并且能够进行在线矫正。但是,副枪获得的信息仍然是点信息,不具有连续性,并且留给动态模型矫正的时间很短。转炉冶炼过程大部分时间仍在静态模型指导下生产,而炉气分析动态模型可获得转炉冶炼全程的生产信息,能够对控制模型进行全程动态矫正,并且可以连续预报。

(2) 质谱仪分析炉气获得的是炉内状态的间接信息,给出的是关于炼钢实时闭环的连续信息,动态控制需要的正是这种信息。严格地说,利用副枪点测的信息进行控制仍属于静态性质,因为从点测后到吹炼终点没有再引入什么控制信息。

(3) 副枪系统仅能即时获得钢水的温度以及[C]等少量信息,而炉气分析系统除了可以获得钢水的温度以及[C]以外,还可以获得钢水的[S]等成分及炉渣成分的信息,并且获得这些信息的变化规律。

(4) 副枪动态模型仅能预报钢水的温度以及[C],而炉气分析模型除了可以预报钢水的温度以及[C]外,还可以预报钢水的[S],[P]等成分及炉渣的[FeO]等成分,并且能对异常情况进行预报(如炉渣返干、喷溅等)。

(5) 转炉炉气分析动态模型所需要的投资小,见效快,维修方便,不仅适用于大炉,也适用于小炉,而副枪系统仅适用于大型转炉。

6.8.1.3　质谱仪应用于转炉炉气分析的优点

质谱仪应用于转炉炉气分析的优点有:

(1) 提高终点命中率,降低钢的成本。国内外各大厂家的实践证明,采用炉气分析可以使原转炉控制水平大大提高。例如炉气分析 + 副枪动态模型控制生产,可以提高终点命中率到 90% 以上,有利于改善钢质量和降低钢成本。

(2) 提高转炉煤气的回收率。利用质谱仪分析的炉气成分数据,不仅可以用来控制转炉生产,还可以用来提高转炉煤气的回收率。这是因为质谱仪的采样点位置位于转炉的顶部,在废气冷却和除尘系统的前面,加上质谱仪的快速分析数据的特点,这样可以使煤气回收站的操作者至少提前 20 s 获得炉气信息,并且可以决定开始回收煤气。

（3）减少出钢时温度和成分的波动。由于精确预报钢中的温度、[C]、[Mn]、[S]、[P]等成分，提高了终点的命中率，降低了后吹率，缩短了冶炼时间，稳定了钢水温度和成分的波动，为精炼和连铸创造了良好的条件。

（4）提高金属收得率。在动态模型中对喷溅进行预报和控制，可以有效地提高金属的收得率，此外，模型通过对渣成分的计算和对吹氧制度和加料制度的调整，可以控制渣中的（FeO）含量，使终渣（FeO）含量限制在下限；再有，后吹率的减少也导致渣中（FeO）含量的降低，可以进一步提高金属的收得率。

（5）降低铁合金的用量。由喷溅预报模型可以精确计算转炉内的总氧量，该总氧量主要由渣中氧和钢中氧组成，对钢中氧的精确预报，可以精确控制铁合金的用量；并且，通过改善吹氧制度可以控制转炉内总氧量和降低终点钢中含氧量，达到降低铁合金的用量。

（6）显著缩短了单炉冶炼时间，提高生产率。

6.8.1.4   在线质谱仪和红外分析仪应用对比

过程控制计算机为现代炼钢的自动化提供了必要的物质基础，而过程模型是过程控制的核心，对于以炼（超）低碳钢为目的的转炉是十分重要的，对于特殊要求的钢种（如对碳命中率有上下限范围）没有模型帮助命中是很困难的。而实时对废气分析的数据则是过程控制的基本输入，及时、准确地获得废气组成信息是非常重要的。传统的废气分析仪是用红外和磁氧法，现代的质谱仪废气分析系统具有更优越的性能，下面分别说明。

A   质谱仪与红外分析仪的性能对比

传统的废气分析仪是采用红外法分析 CO 和 CO_2 用磁氧法分析 O_2；而质谱仪能仅用单台仪器就能够更快、更准确的分析出 CO，CO_2，O_2，H_2，N_2，Ar 和 He 的组分。通过如下对比，更能清楚说明两者的性能差异。

（1）质谱仪与红外分析仪响应时间的对比如图 6-10 所示。

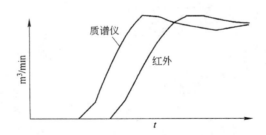

图 6-10   质谱仪与红外分析仪响应时间的对比

（2）传统废气分析仪与质谱仪的单项性能对比见表 6-6：

表 6-6   传统废气分析仪与质谱仪的单项性能对比

功　　能	VG Prima 质谱仪	传统分析仪
（1）分析气体	CO，O_2，H_2，N_2，He	CO，O_2
（2）取样点位置	废气管线上	废气管线上
（3）从取样主体到显示结果的延时	$10 \sim 20$ s	130 s 以上

续表 6-6

功　能	VG Prima 质谱仪	传统分析仪
(4) 仪器响应时间	0.01 s	1 s
(5) 测量限度	从 100 MPa 到 0.03 MPa 以下。专业设计的变压力补偿取样装置	<0.05 MPa
(6) 废气测量精度	<0.1%	<1%
(7) 校准/标定	每一个月一次,全自动标定	每月一次
(8) 使用率	100%,投入运行后基本不需要现场人员干预	受现场维护力量的限制
(9) 维护	单台仪器,需用户做一般性维护,每年例行维护一次	多套检测装置,需用户维护,目前国内用户维护均有不同程度的难度
(10) 高级功能	具有远程诊断功能,使有经验的维护工程师能在 1 h 内访问用户现场的仪器,保证仪器 100% 的在线全自动运行。配有先进的专用软件包,保证仪器全自动的运行	

(3) 取样点位置的不同带来很大的控制效果的不同。质谱仪的取样点靠近脱气室,气体延时短;传统分析仪的取样点因安装位置的限制,废气从取样点出来到分析点的延时在 20 s 以上,另外加上从取样点到预处理系统以及红外分析仪本身的延时(20 s),其总延时比质谱仪要长 40 s 以上。尤其在吹炼后期转炉降碳比较快的情况下,延迟对命中率有很大影响。

图 6-11 所示为炉气分析系统的标准安装示意图。

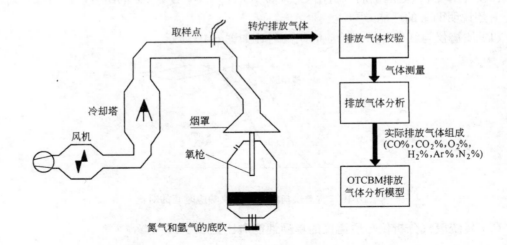

图 6-11　炉气分析系统的标准安装示意图

B　质谱仪用于废气分析的优点总结
在转炉冶炼过程中采用质谱仪进行废气分析是基于质谱仪的以下优点:
(1) 单台仪器能分析所有主要的气体 CO,CO_2,O_2,N_2,Ar 和 He;
(2) 分析速度快、精度高;

(3) 专门设计的取样装置能够在冶炼全阶段取样；

(4) 能够得到连续气体组分数据；

(5) 碳成分的精确测量提高了成品钢的质量；

(6) 精确的终点末端控制；

(7) 碳含量命中率提高了 10%；

(8) 缩短冶炼时间，提高生产率；

(9) 系统的投资回收期不到 12 个月。

6.8.1.5 适用于质谱仪的转炉模型的建立

如上所述，我们可以看到"炉气分析＋副枪动态模型控制生产"，即用 OTCBM 或类似模型进行控制已经成为转炉炼钢的一个主要发展方向。为了适应未来转炉炼钢控制的需要，在动态模型的设计基础上，实现了在线随时读取炉气分析的结果及时修正模型，算出调整量，进行高精度的控制。

具体过程是：

(1) 调整访问数据库的间隔时间，使得读取数据与质谱仪炉气分析后数据入库同步。

(2) 对读的数据进行规范化。

(3) 在此数据的基础上，建立动态模型。

(4) 算出有关的控制预测量，同时把这些控制预测量存储于中心数据库。

(5) 做好循环进行下一次运行的准备。

6.8.2 OTCBM 模型原理

6.8.2.1 概述

如前所述，OTCBM 过程控制模型以几个数学模型为基础，主要是静态转炉模型和动态吹炼控制模型，静态转炉模型进行装料和氧气计算，而动态吹炼控制模型则包含吹炼后期用于校正的副枪模型和转炉炉气分析模型。

OTCBM 控制模型的性能和质量依赖于以下因素：模型精度、输入数据精度（测量和称量精度），同时也取决于所用原料质量的稳定。

OTCBM 模型使用副枪＋转炉炉气质谱分析仪方式，吹炼期的 80% 运行静态模型，在此点之前对吹氧量和加料量不做太大的校正，而在吹氧量的 80% 至终点这一期间投入动态吹炼控制模型，由炉气分析模型进行总的吹氧量调解。

吹氧达到总计算量 80% 进行副枪测试，而炉气分析质谱仪作为反馈所进行的优化调整持续吹炼的全过程直至吹炼的终点。

转炉炼钢过程控制的目的是提高产品质量，降低消耗，减少补吹以降低热耗，OTCBM 模型着重于吹炼终点碳含量控制，以及有助除磷的温度控制。

图 6-12 显示了一炉钢的冶炼步骤，80% 吹氧步骤运行静态模型，然后运算动态模型。OTCBM 操作顺序为：

第一次加料计算——第二次加料计算——吹炼及装入量实际计算——动态吹炼控制——再次吹炼——合金计算——吹炼观察——结束一炉——重新计算及回归自学习。

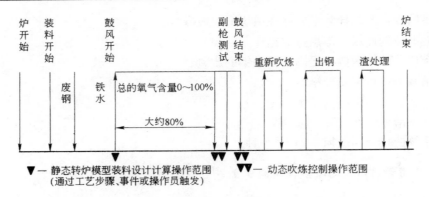

图 6-12　一炉钢的工艺过程

图 6-13表示了 OTCBM 操作顺序。

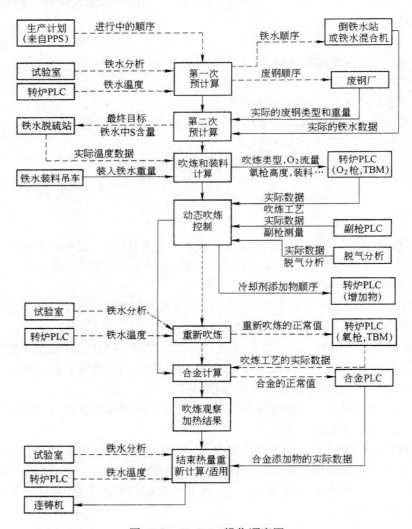

图 6-13　OTCBM 操作顺序图

根据生产计划系统给出的钢种计划,转炉模型计算用的重要的输入参数的准确性至关重要,其包括吹炼前的铁水温度、铁水重量、铁水成分及其他参数。例如在转炉中直接测量铁水温度,并对入炉后铁水取样分析可获得最佳结果,因为入炉前铁水温度和化学成分的变化可能是很大的。由于某些原因,有时有些参数的直接获得几乎是不可能的,因而应有其他方法获得这些输入数据。

(1) 铁水温度的测量方法有:

1) 在脱硫装置中进行测量;

2) 铁水从鱼雷罐车中倒入铁水罐进行测量。

这样,就须采用 1) 或 2) + 估算(外插法)进行处理,因为其与"铁水罐温度损失"有关。

(2) 铁水碳含量(在转炉中准备吹炼)的测量方法:

用一个回归方程:铁水碳含量 = f(温度,[Mn],[Si])求值。

(3) 铁水重量(在转炉中准备吹炼)的测量方法(此数据的精度非常重要):

1) 通过吊车称量对满的和空的铁水罐车进行称重。

2) 有时从鱼雷罐车向铁水罐倒铁水称重时要进行称重 + 脱硫损失 + 吊车损失的补正。

以上是应用 OTCBM 时,模型所要求的必要条件。

6.8.2.2 静态模型的内容

静态模型含下列子模型:

(1) 过程模型。按步控制冶炼过程和模型的初始计算。

(2) 炉计算模型。炉计算模型包括:炉次命令管理,炉吹序列计划。

(3) 加料准备模型。第一次、第二次预加料模型含以下内容:

1) 废钢站管理;

2) 废钢和铁水订购;

3) 首批石灰量;

4) 经脱硫站处理后目标硫含量计算;

5) 废钢与铁水的数据发送。

(4) 吹炼与加料计算含以下内容:

1) 热平衡模型;

2) 氧平衡模型;

3) 石灰平衡模型。

(5) 校正模型(补吹计算)。

(6) 合金模型含以下内容:

1) 氧化率计算;

2) 多项合金加入量计算。

(7) 适应模型。

(8) 化验分析管理。

(9) 报告。

A 静态模型的基本计算

静态模型基本计算核心是以下四个模型:热平衡、氧平衡、石灰平衡和自适应自学习模型。

热平衡模型　静态转炉模型包含各种不同元素氧化热的信息,如碳、铁,其总的吹氧热效就是炼钢过程产生的热量的总值,该热量与使用冷却剂的消耗以达到目标出钢温度的热量是守恒的。

以下是详细的计算:

(1) 氧化物产生热量的计算;

(2) 不同类型废钢冷却效率的计算;

(3) 副原料冷却效率的计算;

(4) 转炉热含量效率的计算。

氧平衡计算　计算吹氧总流量,C,Si,Mn,P,S 及 Fe 的总氧化耗氧,渣中 FeO 的氧气吹入效率。吹氧控制直接影响渣中 FeO 的含量,脱磷反应发生在金属滴和渣中 FeO 之间,反应区域是在熔池和渣之间的中间区,FeO 的含量对脱磷极端重要。

在一个临界碳含量以下(大约 3%),碳氧化所需 FeO 远不及 FeO 产生的速度,渣中 FeO 的快速增长,结果引起铁的损失。

以下是计算内容:

(1) 铁水各元素氧化率的计算;

(2) 废钢中 Si 和 Al 的氧化率计算;

(3) 转炉添加物氧气发热量的计算;

(4) 渣中 FeO 成分的计算。

石灰平衡计算　石灰平衡计算石灰利用效率,渣中 SiO_2 来源于铁水中硅,经氧化而成为 SiO_2,计算渣中二氧化硅的总量。为了保护转炉碱性耐火材料内衬,CaO/MgO 渣的饱和很重要。因此也计算渣中白云石、石灰的加入量。

以下是计算内容:

(1) 铁水和废钢中 Si 成分的计算;

(2) 废钢中 CaO 和 SiO_2 的计算;

(3) P 分布的计算;

(4) Mn 分布的计算;

(5) 快速取样时 P 含量计算;

(6) 快速取样时分散 P 含量计算;

(7) 渣中碱度计算(basicity)。

B　加料准备计算

第一次预加料计算　第一次预加料计算的目的是计算并下达将冶炼的这一炉所需的铁水和废钢的数量。需输入下列数据:

生产的钢种,钢包容积,废钢平均有效成分,铁水温度和成分,副原料的有效成分。出钢目标温度,转炉的实际情况。图 6-14 为预加料计算操作画面。

基于以上数据,静态模型第一次预计算发出下列指令:

(1) 预订来源于铁水站的铁水数量;

(2) 预订来源于废钢站的废钢数量。

第二次预加料计算　第二次预加料计算的目的是验证钢水中硫的最终含量。

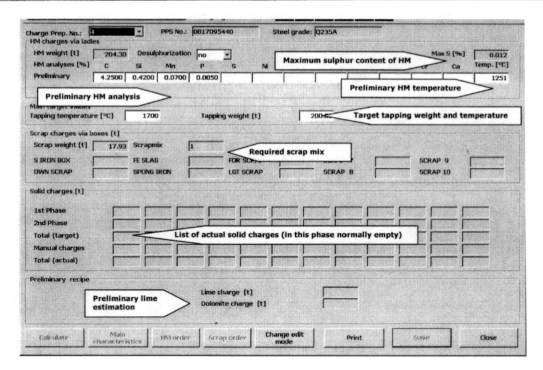

图 6-14 预加料计算操作画面

　　为此,铁水站和废钢站要提供下列所需数据:确认生产钢种,钢包容积实况,加入废钢类型和重量,确认铁水温度与成分,副原料数据,确认出钢目标温度,底吹系统情况,实际炉况。

　　根据以上数据,第二次预计算结果后,将铁水的标准硫含量送脱硫站,如果要向转炉装入几个铁水罐车的铁水,最多用三个不同的罐计算该值。其送脱硫站的最终订单数据是:铁水最终目标硫含量。

　　C　吹氧和加料计算

　　吹氧和加料计算的目的是得到吹炼过程直至副枪测试开始时的必要数据,以此比较预期值与实际值,以其结果指导冶炼过程。为此,在兑入铁水和废钢后需输入下列数据:

　　钢种,钢包情况,废钢类型和重量,入炉铁水重量、成分和温度,副原料类型和重量,出钢目标温度,底吹系统实况,炉实况。

　　基于以上数据,静态模型输出以下数据:

　　(1) 总吹氧量;

　　(2) 分步输出氧流量和枪高;

　　(3) 基于最后一次测试的熔池深度校正熔池深度值;

　　(4) 分步所加副原料的类型和数量;

　　(5) 出钢量的理论值;

　　(6) 补吹计算。

　　根据目标出钢温度和钢种成分,重新计算并给出所需的氧气量及氧枪高度。图 6-15 为加料计算操作画面。

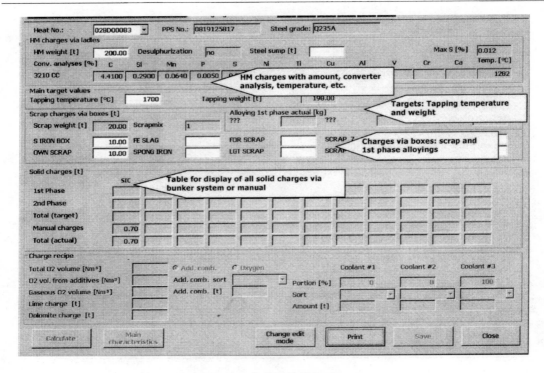

图 6-15　加料计算操作画面

D　合金计算

铁合金计算在吹炼完成后进行,将结果传送给铁合金站,需输入如下信息:

(1) 吹炼或补吹后钢水的最终化学成分;

(2) 理论出钢量,计划钢种的成分;

(3) 合金料的有效率及其成分。

基于以上数据,模型给出对于此炉的合金加入种类及重量。图 6-16 为合金加入计算操作画面。

E　自学习/每炉校正计算模型

出钢结束后,所有实际最终数据,包括铁水钢水及渣成分都被正确确认,并被存于历史趋势数据库中,输入给自学习程序用于下一炉计算,其基于重新计算的结果、历史结果、内部数学公式及实际生产条件自动进行。

6.8.2.3　动态吹炼控制

A　OTCBM-副枪模型

副枪测试设备用于测试熔池温度及化学成分,投入时机为在计算吹氧总量的 80% 和 100% 各一次。图 6-17 为副枪模型操作画面。

副枪系统执行下列测试和计算:

(1) 本炉温度;

(2) 本炉取样;

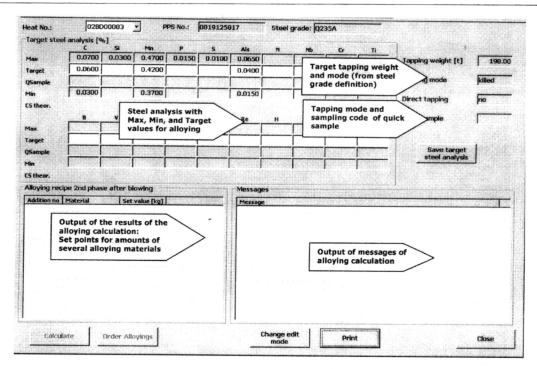

图 6-16 合金加入计算操作画面

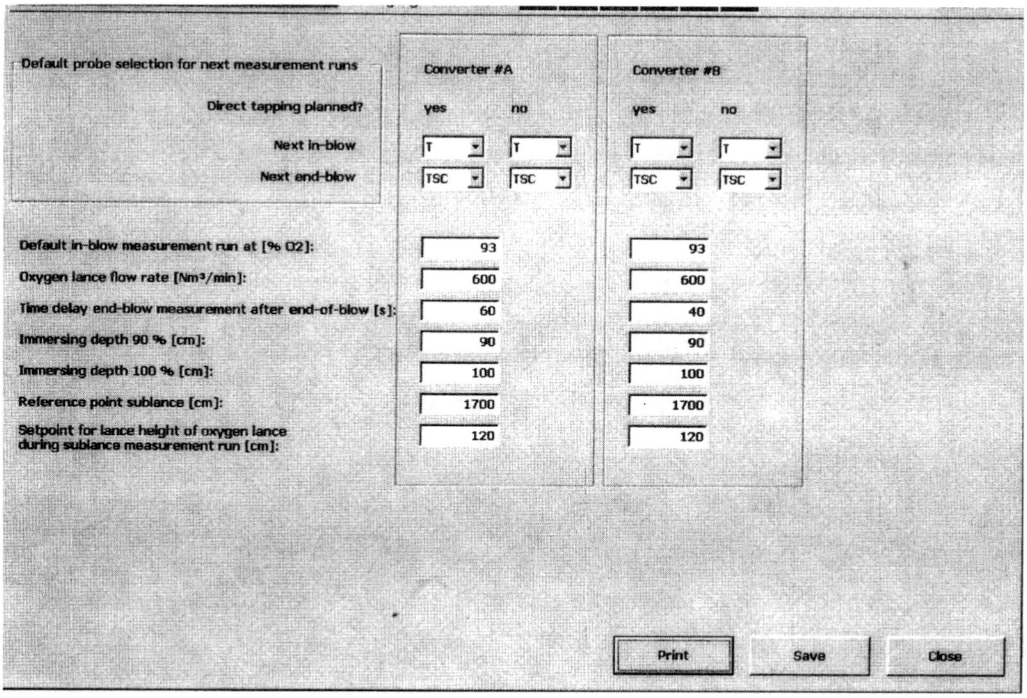

图 6-17 副枪模型操作画面

（3）测试含氧量和含碳量；

（4）液面测量。

副枪模型要求提供下列数据：

（1）副枪测试开始；

（2）吹炼进行中测试的时间；

（3）副枪高度；

（4）测试期间氧枪流量和底吹流量；

（5）吹炼结束副枪模型测试的滞后时间。

下列数据是计算所必需的：

（1）实际吹炼阶段的特征值；

（2）吹氧实际流量的即时值；

（3）吹氧总量计算值；

（4）辅助影响氧量的材料（铁矿等）实际量；

（5）铁水中的硅含量；

（6）铁水中碳含量。

B　OTCBM-气体分析模型

OTCBM-气体分析贯穿于静态与动态吹炼控制的全过程。该系统静态转炉模型增加的内容就是气体分析模型，其在连续吹氧每一时刻的上一秒钟进行调整，动态吹炼控制也基于带有光谱分析仪的转炉炉气分析系统的连续运行，（分析内容 CO%，CO$_2$%，O$_2$%，N$_2$%，H$_2$%，Ar%）同时结合数学模型的运算，运行到吹炼终点，这对于达到终点碳和温度的目标值，有极大的帮助，直接涉及冷却剂的加入量，影响出钢。

炉气分析模型执行下列运算：

（1）吹炼结束的时刻；

（2）脱碳率的计算；

（3）钢和渣成分的计算；

（4）熔池温度的计算。

脱碳率 $dC/dO = f(O_2, CO, CO_2)$ 作为吹氧能力计算函数，用于连续吹炼过程，直接涉及终点碳含量目标值的实现。

图 6-18 曲线显示吹氧期间上 1 min 炉气模型校正的有效性。

6.8.3　OTCBM 模型的应用

6.8.3.1　OTCBM 的硬件配置

硬件配置如图 6-19 所示 。OTCBM 系统采用 ftServer 3300 系列容错服务器，容错服务器适用于对服务器可靠性、可用性要求更为苛刻的行业，容错技术冲击前几年兴起的双机热备份和集群技术。容错服务器的基本原理是通过 CPU 时钟锁频，通过对系统中所有硬件的备份，包括 CPU、内存和 I/O 总线等的冗余备份，通过系统内所有冗余部件的同步运行，实现真正意义上的容错。系统任何部件的故障都不会造成系统停顿和数据丢失。目前很多容错系统是基于 IA 架构的服务器，与 Windows 2000 完全兼容，实现以前只有在 RISC 系统

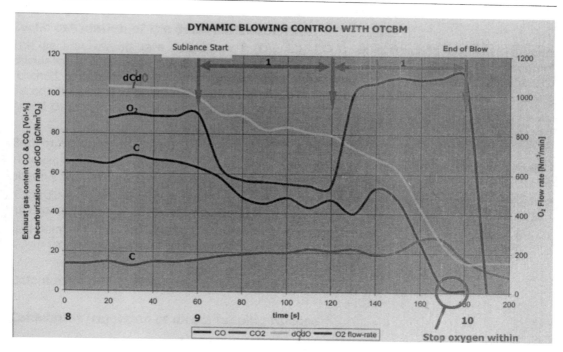

图 6-18 吹氧期间炉气模型校正的有效性曲线

上才能实现的容错。这种容错技术在 IA 服务器上的实现,将 IA 服务器的可靠性提高到了 99.999%,同时服务器的运行是不间断的,也就是 100%。其高可用性、安全性、稳定性、高管理性及其不间断运行等特点,能够更好地满足一些重要行业的应用需求。

随着信息数据的爆炸性增长以及业务连续性的需求不断增加,容错服务器是今后的发展趋势。双机备份方式由于需要至少 2 台服务器,导致在软件采购(操作系统、中间件、双机备份软件等)、软件维护升级、系统硬件升级都需要比单机容错方式多 1 倍的额外投入,而且在双机备份软件出现故障后,其维修的难度是业界众所周知的。

Stratus 推出的容错服务器——Stratus ftServer 3300 采用对称多处理(SMP)架构,配备一至两路 Intel Xeon 2.4GHz 处理器。Stratus ftServer 3300 经过机架优化设计,在一个机柜内可配置 8 台 2 路容错服务器。此服务器是面向业务连续性、信息连续访问、交易完整性、应用可用性等基本需求的关键性处理和操作而设计的。新系统由 4 块用户可替换的 1U 组件组成,每个组件可插在一个标准 19 英寸机架内的公用背板上。其中两块是可以配置为 1 路或 2 路双模冗余服务器的冗余 CPU 模块,包括内存、芯片组等部件;另外两块是核心 I/O 模块,包括硬盘等部件。这种模块化设计将使用户在更快的处理器面世后及时升级,从而保护了用户在服务器其他方面的投资。

ftServer 3300 容错系统的配置与目前主流的机架式工业标准集群系统基本相同,同时提供了 99.999%以上的运行时间稳定性、快速实施、无缝集成以及与标准 Windows 应用兼容的 API。ftServer 3300 服务器依赖三个因素来获得连续可用性:一是同步技术,在同一时刻,双份的、容错硬件部件处理相同的指令。在一个部件出现故障的情形下,其冗余部件继续正常操作。二是故障安全软件。Stratus 故障安全软件与同步技术协调工作,预防软件出现的错误,它也捕获、分析以及向 Stratus 通报软件问题。这可使支持人员在软件问题发生

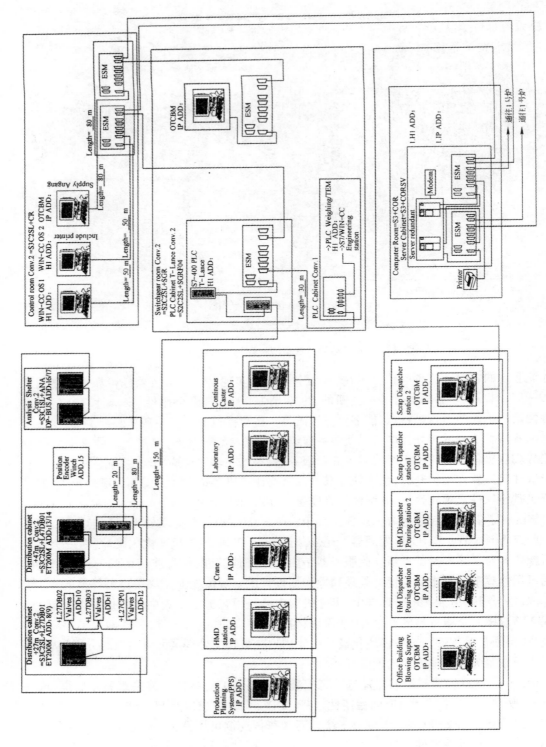

图 6-19 OTCBM 的硬件配置

之前纠正问题,同时使驻留内存的数据得到保护。三是 ActiveService 体系结构,Stratus ft-Server 系统可持续监视自己的操作,其远程支持能力可使服务工程师把 95% 以上的时间用于在线诊断、调试和解决问题。

OTCBM 使用的 Stratus ftServer 3300 具体配置如下:

(1) 处理器 Intel Xeon 3.06 GHz

(2) 高速缓存 512 KB iL2

(3) 前端总线 533 MHz

(4) 内存 2 GB DDR

(5) I/O 子系统: PCI 插槽总数 $2\times32/33$, $4\times64/33$

　　　　　　　 PCI 用户可配置插槽 $4\times64/33$

(6) 存储子系统: SCSI 驱动器 73 GB

　　　　　　　 基本系统驱动器插槽 6

　　　　　　　 扩展驱动器插槽数量 12

(7) 网络接口:10/100 以太网$\times2$

　　　　　　 10/100/1000 以太网$\times2$

　　　　　　 Ultra 160 SCSI 内部和外部端口

　　　　　　 CD-ROM$\times2$

　　　　　　 串(行)口$\times2$

　　　　　　 USB 端口$\times2$

(8) PCI 适配器: VGA 适配器 2 可选

　　　　　　　 ftServer 访问适配器 2 可选

　　　　　　　 2 通道 Ultra 2 SCSI 2 可选

　　　　　　　 光纤通道 (直链或 SAN attach EMC)2 可选

　　　　　　　 异步端口$\leqslant4$(可选)

　　　　　　　 1000 Base-T/Sx 以太网$\leqslant4$(可选)

　　　　　　　 10/100 Mbps 以太网$\leqslant4$(可选)

(9) 操作系统: Microsoft Windows Advanced Server 2000

(10) 系统软件:

1) Microsoft Windows Advanced Server 2000

2) Microsoft SQL Server 2000

3) SIMATIC SOFTNET- S7 V6.1 + V6.0 + Advanced PC Configuration

4) TfServer System Software Release 2.3.0.2

5) W2k Service pack4［English］。This supplement is for use only on Stratus ftServer System

6) 软件镜像:STRATUS2.GHO

stratus FT3300 W2KSRV ADV SP4 TERMSERV SQLSRV2000 SP3A SOFTNET - H1

7) FT SERVER 2.3.010

8) Active Service Manager ［ASM］user Interface

9) FtServer 3300/5600 Hardware overview

10）FtServer System　Administrator

11）FtServer Disk　Management

6.8.3.2　OTCBM 的工艺实现过程

A　工艺操作顺序

炉次准备　吹炼操作员为下一炉准备 OTCBM 需要输入的数据和目标值。操作员排好来自生产计划系统（PPS）的将要进行的炉次顺序。炉次的序列计划是为整个炼钢车间制定的,不是只为转炉制定的。然后,向即将生产的转炉做装料配置,通过计算机进行第一次加料预计算。这个预计算确定了按顺序装入铁水量和废钢量及类型。首先输入该炉的控制目标值,即出钢温度和出钢重量。下一步是采用一个基本的装料准备号以识别、确定铁水和废钢的顺序。在转炉控制室内显示与该顺序部分有关的铁水和废钢信息。

（1）铁水准备。铁水在铁水包中,转炉控制室中的 OTCBM 终端屏幕上显示铁水有关数据。这些数据是由铁水站操作员按要求向 OTCBM 输入的数据,有罐号、铁水重量、铁水成分等。

（2）废钢准备。废钢在废钢装料槽中。在转炉控制室中的 OTCBM 终端的屏幕上显示废钢数据（只要求废钢的分类和废钢重量）。废钢站操作员向 OTCBM 系统输入废钢类型及重量。

（3）铁水脱硫装置（HMD）。以要求的钢种为基础,OTCBM 系统在转炉控制室内的终端上按工艺要求设定硫含量的最终目标值,OTCBM 假定它的第一次预计算将达到该值。在脱硫工艺完成后,操作员用实际的最后脱硫含量进一步计算,对 OTCBM 进行更新。

装料准备完成,为转炉冶炼做好了准备。

炉开始　用工艺步骤“炉开始”为转炉产生一个新炉号。该步骤是即将开始炉的标准等待步骤,其后是“向转炉装料”。

转炉装料　开始执行“向转炉装料”的工艺步骤。此时,炉号被链接了,铁水的基本装料准备号和废钢的顺序号被赋值到自动产生的炉号上,这是唯一的不可更改的炉号。一般先将废钢装入转炉,吊车操作员从转炉控制室得到指示（装料箱号,转炉号）。并向转炉控制室内的 OTCBM 系统输入实际数据确认废钢装料。

装入铁水时,吊车吊起需要的铁水罐并将其倒入转炉。吊车操作员从转炉控制室得到指示（铁水罐号,转炉号）。并向转炉控制室内 OTCBM 系统输入实际数据确认铁水装入量。

如果铁水罐中有剩余的铁水或装料槽中的有剩余的废钢,为了进行 OTCBM 装料计算,操作员必须将称重后的正确值填上。

手动取样和温度测量　在废钢和铁水装料完成后,开始吹炼前进行手动取样和测温。完成后,等待下个工艺步骤（开始吹炼）。

开始吹炼（点火）　当所有的装料材料的实际值都合适时,操作员开始起动计算氧气总量,并且向一级 PLC 传送吹氧模型数据,其包括向炉内加入的副原料及副枪测试的时间进度表。由操作员在转炉控制室通过 CRT 点火操作。

吹氧工艺过程　氧气吹炼过程期间,静态转炉模型是一直运行的,直到吹炼了氧气总量的大约 80%。由操作员手动触发或由吹炼进度的自动触发,其间进行了几次加料计算。吹炼过程,由 PLC 执行的吹氧模型不能修改。只能修改吹炼周期、吹氧总量和副枪测试时间。

熔池液位修正　固定氧枪高度和副枪高度的标准参考值,通过 OTCBM 数据库对话或

WinCC 参数对话建立这两个值。用一个修正值作为位移量,调节实际的枪高度位置。可一炉一炉地改变修正值,并对整个炉龄的耐火材料内衬的损失进行补偿。

采用副枪系统进行熔池液位的测量(至少一天一次),有两种测量熔池液位的方法:

(1) 第一种方法是副枪选择测量液位探头(ML-DIST),当探头运行到达熔池液位时,产生一个到达 PLC 的信号。该事件与副枪当前的位置进行比较并计算修正值。

(2) 第二种方法是利用固定副枪上的一把"标尺"进行的,当浸入到熔池中时进行目视测量。目视读出的熔池液位被手动输入到 OTCBM 系统中并计算修正值。

熔池液位被测量后,实际修正值被存储起来用于下一炉。

转炉添加物(冷却剂,熔剂和石灰),即副原料的加入　由转炉 PLC 控制副原料的加入(冷却剂,熔剂和石灰)。由 OTCBM 系统按当前吹炼模型的设定添加石灰和熔剂的加料时间表。在自动方式下,加料是自动的,不用操作员干预。将加料分为两个阶段。第一阶段,按给定的吹炼进度、按计算的每种副料的数量添加。第二阶段,在下一个定义的吹炼进度中添加剩余量。如在总吹氧的 5% (第一阶段)时加入总石灰的 80%,在总吹氧的 30% (第二阶段)时加入另外的 20% (剩余的)。第一阶段的石灰应在开始吹炼之前做好准备,因为在点火后,尽快地装入计算石灰的最大量可获得最佳结果。

吹炼期间的副枪测量　吹炼期间当计算的总吹氧量到达大约 80%,副枪插入到熔池中测试温度。通过碳温探头可进行碳求值的取样和测量。在运行期间,转炉处于垂直位置。测量时,只减少氧气流量和底吹搅拌强度,按相关的吹氧模型的工艺步骤和底吹模型进行。

在自动方式下,吹炼期间副枪的测量是自动的,不用操作员干预。

冷却剂或助燃物的添加　由一级 PLC 控制冷却剂或助燃物的添加。OTCBM 系统计算需要的量并向 PLC 发出加料指示。PLC 执行加料并用实际值更新 OTCBM 系统。在自动方式下,装入冷却剂是自动的,不用操作员干预。

结束吹炼　动态吹炼控制与炉气分析模型在最后的时间内通过修正氧气总量确定精确的"结束吹炼"。当达到了给出的氧气总量时,关闭 O_2 的快切阀,OTCBM 系统进行到"结束吹炼"步骤。在自动方式下,结束吹炼是自动的,不用操作员干预。

后吹炼　当等待结束吹炼测量或出钢时,底吹惰性气体底部搅拌系统减量运行。

结束吹炼测温枪测量　在达到吹炼 100% 的氧气总量后,为了确认是否达到了出钢的目标温度,起动结束吹炼副枪测试。按 OTCBM 系统设定的参数,由副枪 PLC 执行该测量。如果在该步骤内添加了冷却剂,将再次触发副枪测量的延时时间。这个过程保证在任何情况下在最后时间执行结束吹炼测试。在自动方式下,该测量是自动的,不用人工干预。

补吹　如果目标值有重大的偏差,需要补吹。手动操作补吹工艺。底吹惰性气体底部搅拌系统与该步骤的特殊参数一起运行,OTCBM 系统建议氧气流量和枪的高度值。

出钢　手动操作该工艺步骤。底吹惰性气体底部搅拌系统按该步骤的参数一起运行。

渣处理　手动操作该工艺步骤。底吹惰性气体底部搅拌系统与该步骤的参数一起运行。

炉结束　吹炼结束时,向 OTCBM 系统输入吹炼实际值,以改进模型的预报质量(自学习)。OTCBM 系统进行下个工艺步骤,即再次"炉开始"。

B　操作功能

操作功能表明了不同工作地点的操作员的操作权限。

（1）在过程计算机室的系统管理员。允许管理员改变整个系统数据。这包括数据库和实际数据、改变用户权利、修改炉号或修改结束炉后的吹炼结果。

（2）在调度室操作终端上的调度员。允许调度员进行与相关的生产工艺方面的工作。这包括数据库和所有转炉的实际数据。不允许修改炉号。他的任务是对所有转炉和所有炉次：

1）整个炼钢车间用的炉序列计划；

2）铁水罐车的配置；

3）制定铁水和废钢的顺序计划。

（3）在转炉控制室中的操作员。图6-20为控制室操作员总体监控画面，只允许控制机

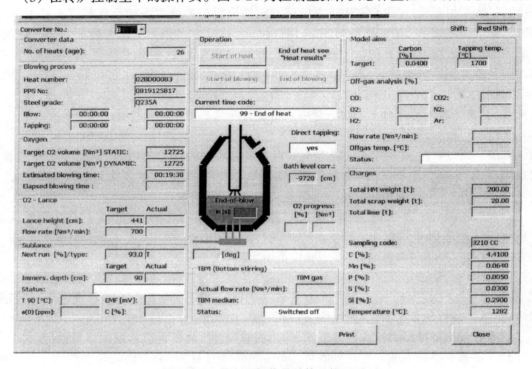

图6-20　控制室操作员总体监控画面

操作员进行相关的转炉炼钢工作，不允许修改数据库。他的任务是对一座转炉和相关的炉次：

1）在铁水罐车中所有铁水排序的准备（按显示的顺序）；

2）为每个铁水罐车信息栏中输入铁水重量，铁水分析和铁水温度；

3）废钢装料斗中所有顺序废钢混合的准备（按显示的顺序资料）；

4）废钢装料斗配置；

5）为每种废钢输入装料槽号、废钢种类和重量；

6）向转炉加料；

7）手动数据输入或修改相关的炉次和转炉号；

8）吹炼和加料计算的起动操作；

9）吹炼观察；

10）吹炼结果。

C　OTCBM 操作方式

转炉控制系统提供的 OTCBM 操作方式　在该操作方式中,OTCBM 系统产生加料、吹炼工艺、底吹系统、副枪操作等的标准值,并将这些值传输到一级自动化系统进行进一步的处理。一级自动化系统对命令的正确执行、模型能力测验、标准值等负责,并且及时向 OTCBM 系统提供正确的、可靠的和准确的实际值。除了通过操作员手动操作和控制室的监视系统外,一级自动化系统只接收来自 OTCBM 系统的命令和输入数据。

紧急情况处理　如果通讯有问题或 OTCBM 的一个系统崩溃了,由操作员通过转炉一级自动化系统能够完成当前炉次的冶炼任务,而不用接收来自 OTCBM 系统的任何指令。只有在下一炉的工艺步骤"炉开始"时才可能转换回到 OTCBM 方式。对于已经手动运行的吹炼炉次,不能中途转为 OTCBM 自动方式。

6.8.3.3　OTCBM 的数据交换和通信接口

A　OTCBM 的代码

OTCBM 时间代码　时间代码描述了炉的实际状态并且是通过转炉 PLC 产生的并传送到 OTCBM 系统。

10——炉开始

21——废钢装料开始

22——铁水装料开始

25——结束装料,吹炼请求

30——开始吹炼(氧气快速切断阀打开)= 点火(直到吹入氧气总量的 5%)

40——吹氧

41——吹炼期间的事件(如喷溅等)

42——在主要吹炼工艺期间吹炼中断(氧气快速切断阀关闭)

43——吹炼中断后开始吹炼

44——在吹炼期间副枪测量(氧气快速切断阀打开)

50——结束主要的吹炼工艺(氧气快速切断阀关闭并且料仓排放完成)

52——后吹炼

54——结束吹炼副枪测量(氧气快速切断阀关闭)

55——手动测温

61——第一次重新吹炼开始

62——第一次重新吹炼结束

63——第二次重新吹炼开始

64——第二次重新吹炼结束

65——任何进一步的重新吹炼开始

66——任何进一步的重新吹炼结束

70——开始出钢

71——在出钢期间的事件

72——出钢中断

80——出钢结束

90——渣处理开始

91——渣处理结束

99——炉结束

OTCBM 取样代码

(1) 从铁水罐取样。

1×××　　　　铁水包号

1100～1199　　处理前取样

1200～1299　　处理后取样

(2) 从转炉取样。

2×××　　　　转炉号

2100～2199　　吹炼前取样

2200～2299　　吹炼期间取样

2300～2399　　吹炼后取样

3×××　　　　从转炉取渣样

3100～3199　渣样

(3) 从(液体)钢水包取样。

4×××　　　　(液体)钢水包号

4100～4199　　在进一步处理前取钢水样

B　OTCBM 的通信接口

OTCBM 与转炉 PLC 通信　转炉 PLC 包括氧枪设备、TBM(底吹)和副原料控制。

(1) OTCBM 到转炉 PLC。

1) OTCBM 系统的实际状态。

表名称：[OTCBM_ACT_STATUS]

激活条件：根据变化

名　　称	类　　型	单　位	说　　明	范　　围
MSG_NO	U-INT(6)		自动增量	1～99999
MSG_TIMESTAMP	DATETIME			
ACT_STATUS	U-INT(1)		0 = OTCBM 操作 OFF 1 = OTCBM 操作 ON	0,1

注：该表包括一个数据库，如果激活了，旧数据被新数据替换。

2) 氧气模型参数表。

表名称：[OTCBM-O2-PATTERN]

激活条件：根据炉次变化每炉一次

名　　称	类　　型	单　位	说　　明	范　　围
MSG_NO	U-INT(6)		自动增量	1～99999
MSG_TIMESTAMP	DATETIME			

续表

名 称	类 型	单 位	说 明	范 围
CONV _ NO	U-INT(1)		炉号	
HEAT _ NO	CHAR(9)		炉次号	
O2 _ PROGRESS _ S1	U-INT(2)	%	第 1 氧步至氧累积量百分数	
NOM _ LANCE _ HEIGHT _ S1	U-INT(4)	cm	第 1 氧步枪高	
O2 _ FLOW _ RATE _ S1	U-INT(4)	m³/h	第 1 氧步氧流量	
O2 _ PROGRESS _ S2	U-INT(2)	%	第 2 氧步至氧累积量百分数	
NOM _ LANCE _ HEIGHT _ S2	U-INT(4)	cm	第 2 氧步枪高	
O2 _ FLOW _ RATE _ S2	U-INT(4)	m³/h	第 2 氧步氧流量	
O2 _ PROGRESS _ S3	U-INT(2)	%	第 3 氧步至氧累积量百分数	
NOM _ LANCE _ HEIGHT _ S3	U-INT(4)	cm	第 3 氧步枪高	
O2 _ FLOW _ RATE _ S3	U-INT(4)	m³/h	第 3 氧步氧流量	
O2 _ PROGRESS _ S4	U-INT(2)	%	第 4 氧步至氧累积量百分数	
NOM _ LANCE _ HEIGHT _ S4	U-INT(4)	cm	第 4 氧步枪高	
O2 _ FLOW _ RATE _ S4	U-INT(4)	m³/h	第 4 氧步氧流量	
O2 _ PROGRESS _ S5	U-INT(2)	%	第 5 氧步至氧累积量百分数	
NOM _ LANCE _ HEIGHT _ S5	U-INT(4)	cm	第 5 氧步枪高	
O2 _ FLOW _ RATE _ S5	U-INT(4)	m³/h	第 5 氧步氧流量	
O2 _ PROGRESS _ S6	U-INT(2)	%	第 6 氧步至氧累积量百分数	
NOM _ LANCE _ HEIGHT _ S6	U-INT(4)	cm	第 6 氧步枪高	
O2 _ FLOW _ RATE _ S6	U-INT(4)	m³/h	第 6 氧步氧流量	
O2 _ PROGRESS _ S7	U-INT(2)	%	第 7 氧步至氧累积量百分数	
NOM _ LANCE _ HEIGHT _ S7	U-INT(4)	cm	第 7 氧步枪高	
O2 _ FLOW _ RATE _ S7	U-INT(4)	m³/h	第 7 氧步氧流量	
O2 _ PROGRESS _ S8	U-INT(2)	%	第 8 氧步至氧累积量百分数	
NOM _ LANCE _ HEIGHT _ S8	U-INT(4)	cm	第 8 氧步枪高	
O2 _ FLOW _ RATE _ S8	U-INT(4)	m³/h	第 8 氧步氧流量	
O2 _ PROGRESS _ S9	U-INT(2)	%	第 9 氧步至氧累积量百分数	
NOM _ LANCE _ HEIGHT _ S9	U-INT(4)	cm	第 9 氧步枪高	
O2 _ FLOW _ RATE _ S9	U-INT(4)	m³/h	第 9 氧步氧流量	
O2 _ PROGRESS _ S10	U-INT(2)	%	第 10 氧步至氧累积量百分数	
NOM _ LANCE _ HEIGHT _ S10	U-INT(4)	cm	第 10 氧步枪高	
O2 _ FLOW _ RATE _ S10	U-INT(4)	m³/h	第 10 氧步氧流量	

注:该表包括多个数据库,每炉一个,如果激活了,旧数据被新数据替换。

3) 枪高度的修正值

表名称:〔OTCBM-CORR-LANCE-HEIGHT〕

激活条件:根据变化

名　称	类　型	单　位	说　明	范　围
MSG _ NO	U-INT(6)		自动增量	1～99999
MSG _ TIMESTAMP	DATETIME			
CONV _ NO	U-INT(1)		炉号	
HEAT _ NO	CHAR(9)		炉次号	
CORR _ LANCE _ HEIGHT	S- INT(4)		枪标准高度值的总修正值	
CODE _ DATA	U-INT(1)		1 = CORR _ LANCE _ HEIGHT 是一个计算值 0 = CORR _ LANCE _ HEIGHT 是一个基本数据值	

注：该表包括多个数据库，每炉一个，如果激活了，旧数据被新数据替换。

4）副原料加料模型参数表

表名称：[OTCBM-NOM-BUNKER-DISCHARGE]

激活条件：根据炉次变化每炉一次

名　称	类　型	单　位	说　明	范　围
MSG _ NO	U-INT(6)		自动增量	1～99999
MSG _ TIMESTAMP	DATETIME			
CONV _ NO	U-INT(1)		炉号	
HEAT _ NO	CHAR(9)		炉次号	
NOM _ BUNKER1 _ P1	U-INT(6)	100 kg	1 号仓一次加料值	
NOM _ BUNKER1 _ P2	U-INT(6)	100 kg	1 号仓二次加料值	
NOM _ BUNKER1 _ I	U-INT(6)	100 kg	1 号仓校正加料值	
NOM _ BUNKER2 _ P1	U-INT(6)	100 kg	2 号仓一次加料值	
NOM _ BUNKER2 _ P2	U-INT(6)	100 kg	2 号仓二次加料值	
NOM _ BUNKER2 _ I	U-INT(6)	100 kg	2 号仓校正加料值	
NOM _ BUNKER3 _ P1	U-INT(6)	100 kg	3 号仓一次加料值	
NOM _ BUNKER3 _ P2	U-INT(6)	100 kg	3 号仓二次加料值	
NOM _ BUNKER3 _ I	U-INT(6)	100 kg	3 号仓校正加料值	
NOM _ BUNKER4 _ P1	U-INT(6)	100 kg	4 号仓一次加料值	
NOM _ BUNKER4 _ P2	U-INT(6)	100 kg	4 号仓二次加料值	
NOM _ BUNKER4 _ I	U-INT(6)	100 kg	4 号仓校正加料值	
NOM _ BUNKER5 _ P1	U-INT(6)	100 kg	5 号仓一次加料值	
NOM _ BUNKER5 _ P2	U-INT(6)	100 kg	5 号仓二次加料值	
NOM _ BUNKER5 _ I	S-INT(6)	100 kg	5 号仓校正加料值	
NOM _ BUNKER6 _ P1	U-INT(6)	100 kg	6 号仓一次加料值	
NOM _ BUNKER6 _ P2	U-INT(6)	100 kg	6 号仓二次加料值	
NOM _ BUNKER6 _ I	U-INT(6)	100 kg	6 号仓校正加料值	
NOM _ BUNKER7 _ P1	U-INT(6)	100 kg	7 号仓一次加料值	
NOM _ BUNKER7 _ P2	U-INT(6)	100 kg	7 号仓二次加料值	

续表

名　称	类　型	单　位	说　明	范　围
NOM_BUNKER7_I	U-INT(6)	100 kg	7号仓校正加料值	
NOM_BUNKER8_P1	U-INT(6)	100 kg	8号仓一次加料值	
NOM_BUNKER8_P2	U-INT(6)	100 kg	8号仓二次加料值	
NOM_BUNKER8_I	U-INT(6)	100 kg	8号仓校正加料值	

注:该表包括多个数据库,每炉一个,如果激活了,旧数据被新数据替换。

5）氧气总量和结束吹炼值

表名称：[OTCBM-NOM-O2_EOB]

激活条件:根据变化

名　称	类　型	单　位	说　明	范　围
MSG_NO	U-INT(6)		自动增量	1~99999
MSG_TIMESTAMP	DATETIME			
CONV_NO	U-INT(1)		炉号	
HEAT_NO	CHAR(9)		炉次号	
TOTAL_O2	U-INT(5)	m^3	氧气总量 （吹炼时可修改该值,新值是加料计算的结果也是动态吹炼控制的结果）	
EOB	U-INT(1)		1＝激活结束吹炼,100%吹氧(有此信号转炉PLC关闭氧阀,进入"结束吹炼"阶段)	

注:该表包括多个数据库,每炉一个,如果激活了,旧数据被新数据替换。

6）副枪测温运行标准值

表名称：[OTCBM-NOM-SUBL-RUN]

激活条件:根据变化

名　称	类　型	单　位	说　明	范　围
MSG_NO	U-INT(6)		自动增量	1~99999
MSG_TIMESTAMP	DATETIME			
CONV_NO	U-INT(1)		炉号	
START_SUBL_RUN	U-INT(4)		开始测量运行	0850~0970
NOM_O2_FLOW_SUBL	U-INT(4)	m^3/h	副枪测量运行期间的标准氧气流量	500~1200
EOB	U-INT(1)		副枪测量运行期间的氧枪标准枪高	

注:该表包括多个数据库,每炉一个,如果激活了,旧数据被新数据替换。

（2）转炉PLC到OTCBM

1）转炉操作的实际值

表名称：[CONV-ACT-STATUS]

激活条件:根据变化

名　称	类　型	单　位	说　明	范　围
MSG _ NO	U-INT(6)		自动增量	1～99999
MSG _ TIMESTAMP	DATETIME			
CONV _ NO	U-INT(1)		炉号	
TIME	DATATIME		事件时间	
ACT-STATUS	U-INT(1)		0 = OTCMB 操作 OFF 1 = OTCMB 操作 ON	

注:该表包括多个数据库,每炉一个,如果激活了,旧数据被新数据替换。

2) 吹炼工艺实际值

表名称：[CONV-ACT-BLOW]

激活条件:每 2 s 或根据 CUR _ TIMECODE 的变化

名　称	类　型	单　位	说　明	范　围
MSG _ NO	U-INT(6)		自动增量	1～99999
MSG _ TIMESTAMP	DATETIME			
CONV _ NO	U-INT(1)		炉号	
HEAT _ NO	CHAR(9)		炉次号	
TIME	DATATIME		事件时间	
CUR _ TIMECODE	U-INT(2)		当前时间代码	
CUR _ LANCE _ HEIGHT	U-INT(4)	cm	枪高度的当前值	
CUR _ O2 _ BLOWN	U-INT(3)	%	当前吹氧量的百分数 (吹氧正在进行)	
CUR _ O2	U-INT(5)	m^3	吹氧当前值	
CUR _ O2FLOW	U-INT(4)	m^3/h	氧气流量的当前值	

注:该表包括多个数据库,每炉一个,如果激活了,旧数据被新数据替换。

3) 副原料料仓料位实际值

表名称：[CONV-ACT-BUNKER-LEVELS]

激活条件:根据变化

名　称	类　型	单　位	说　明	范　围
MSG _ NO	U-INT(6)		自动增量	1～99999
MSG _ TIMESTAMP	DATETIME			
CONV _ NO	U-INT(1)		炉号	
ATC _ LEVEL _ BUNKER1	U-INT(6)	100 kg		
ATC _ LEVEL _ BUNKER2	U-INT(6)	100 kg		
ATC _ LEVEL _ BUNKER3	U-INT(6)	100 kg		

名　　称	类　型	单　位	说　明	范　围
ATC_LEVEL_BUNKER4	U-INT(6)	100 kg		
ATC_LEVEL_BUNKER5	U-INT(6)	100 kg		
ATC_LEVEL_BUNKER6	U-INT(6)	100 kg		
ATC_LEVEL_BUNKER7	U-INT(6)	100 kg		
ATC_LEVEL_BUNKER8	U-INT(6)	100 kg		

注:该表包括多个数据库,每炉一个,如果激活了,旧数据被新数据替换。

4) 副原料加料实际值

表名称:[CONV-ACT-BUNKER-DISCHARGE]

激活条件:根据变化,完成当前的一次加料过程

名　　称	类　型	单　位	说　明	范　围
MSG_NO	U-INT(6)		自动增量	1~99999
MSG_TIMESTAMP	DATETIME			
CONV_NO	U-INT(1)		炉号	
HEAT_NO	CHAR(9)		炉次号	
TIME	DATATIME		事件时间	
TOTAL_DISCHARGE_BUNKER1	U-INT(5)	100 kg		
DISCHARGE_RUNNING_BUNKER1	U-INT(1)		1=运行 0=不运行(称量斗下阀关闭)	
TOTAL_DISCHARGE_BUNKER2	U-INT(5)	100 kg		
DISCHARGE_RUNNING_BUNKER2	U-INT(1)		1=运行 0=不运行(称量斗下阀关闭)	
TOTAL_DISCHARGE_BUNKER3	U-INT(5)	100 kg		
DISCHARGE_RUNNING_BUNKER3	U-INT(1)		1=运行 0=不运行(称量斗下阀关闭)	
TOTAL_DISCHARGE_BUNKER4	U-INT(5)	100 kg		
DISCHARGE_RUNNING_BUNKER4	U-INT(1)		1=运行 0=不运行(称量斗下阀关闭)	
TOTAL_DISCHARGE_BUNKER5	U-INT(5)	100 kg		
DISCHARGE_RUNNING_BUNKER5	U-INT(1)		1=运行 0=不运行(称量斗下阀关闭)	

名　称	类　型	单　位	说　明	范　围
TOTAL _ DISCHARGE _ BUNKER6	U-INT(5)	100 kg		
DISCHARGE _ RUNNING _ BUNKER6	U-INT(1)		1＝运行 0＝不运行(称量斗下阀关闭)	
TOTAL _ DISCHARGE _ BUNKER7	U-INT(5)	100 kg		
DISCHARGE _ RUNNING _ BUNKER7	U-INT(1)		1＝运行 0＝不运行(称量斗下阀关闭)	
TOTAL _ DISCHARGE _ BUNKER8	U-INT(5)	100 kg		
DISCHARGE _ RUNNING _ BUNKER8	U-INT(1)		1＝运行 0＝不运行(称量斗下阀关闭)	

注:该表包括多个数据库,每炉一个,如果激活了,旧数据被新数据替换。

5) 底吹系统实际值

表名称:〔CONV-ACT-TBM〕

激活条件:每 2 s 一次

名　称	类　型	单　位	说　明	范　围
MSG _ NO	U-INT(6)		自动增量	1～99999
MSG _ TIMESTAMP	DATETIME			
CONV _ NO	U-INT(1)		炉号	
TIME	DATATIME		事件时间	
ACT _ STATUS	U-INT(1)		0＝两主阀全关 1＝一主阀开	
OP _ MODE	U-INT(1)		操作方式 1＝手动方式 2＝自动方式	
NO _ ACTIVE _ TUYERES	U-INT(2)		工作管路号	
CUR _ TBM _ FLOW	U-INT(3)	m³/h	当前底吹惰性气体流量	
CUR _ TBM _ MEDLA	U-INT(1)		1＝氮气 2＝氩气	

注:该表包括多个数据库,每炉一个,如果激活了,旧数据被新数据替换。

6) 转炉倾角实际值

表名称:〔CONV-ACT-ANGLE〕

激活条件:每 2 s 一次

名　称	类　型	单　位	说　明	范　围
MSG _ NO	U-INT(6)		自动增量	1～99999
MSG _ TIMESTAMP	DATETIME			
CONV _ NO	U-INT(1)		炉号	
CODE _ POSITION	U-INT(1)		1＝转炉 0 位 2＝装废钢位 3＝兑铁位 4＝出钢位 5＝维修位 9＝转炉移动	
ACT _ POSITION	U-INT(3)	°	0°＝吹炼位 ＋＝炉前倾方向 －＝炉后倾方向	

注:该表包括多个数据库,每炉一个,如果激活了,旧数据被新数据替换。

7) 转炉动态吹炼控制值

表名称:[BLOW _ CONV(1-n)_ DYN _ DATA]

激活条件:吹氧量在 70% 至终点之间,每 100 ms 一次,其他吹氧期间 2 s 一次。

名　称	类　型	单　位	说　明	范　围
MSG _ NO	U-INT(6)		自动增量	1～99999
MSG _ TIMESTAMP	DATETIME			
CONV _ NO	U-INT(1)		炉号	
HEAT _ NO	CHAR(9)		炉次号	
TIME	DATATIME		事件时间	
CUR _ O2	U-INT(5)	m^3	当前吹氧值	
CUR _ O2 _ FLOW	U-INT(6)	m^3/h	当前氧气流量值	
CUR _ TBM _ FLOW	U-INT(3)	m^3/h	当前底吹惰性气体流量值	
CUR _ TBM _ MEDIA	U-INT(1)		1＝氮气 2＝氩气	

注:该表包括多个数据库,每炉一个,如果激活了,旧数据被新数据替换。

OTCBM 与副枪 PLC 通信　副枪 PLC 包括副枪设施和炉气分析系统。

(1) OTCBM 到副枪 PLC

1) 副枪测量的标准值

表名称:[OTCBM _ NOM _ SUBLANCE]

激活条件:根据变化

名　称	类　型	单　位	说　明	范　围
MSG _ NO	U-INT(6)		自动增量	1～99999
MSG _ TIMESTAMP	DATETIME			

续表

名　　称	类　型	单　位	说　　明	范　围
CONV _ NO	U-INT(1)		炉号	
HEAT _ NO	CHAR(9)		炉次号	
CUR _ TIME _ CODE	U-INT(2)		当前时间代码	
CUR _ O2 _ BLOWN	U-INT(3)		当前吹氧值	
START _ RUN	U-INT(4)		开始测量运行	
PROBE _ TYPE	U-INT(1)		1＝温度 2＝温度和取样 3＝EMF 4＝熔池液位	
NOM _ DELAY _ EOB	U-INT(3)	s	吹炼结束开始测试标准延时时间值	
NOM _ IMM _ DEPTH	U-INT(4)	cm	插入深度标准值	
COR _ IM _ DEPTH	U-INT(4)	cm	插入深度修正值	

注:该表包括多个数据库,每炉一个,如果激活了,旧数据被新数据替换。

2) 炉气分析系统的标准值
表名称:[OTCBM _ NOM _ OFFGAS]
激活条件:根据变化

名　　称	类　型	单　位	说　　明	范　围
MSG _ NO	U-INT(6)		自动增量	1～99999
MSG _ TIMESTAMP	DATETIME			
CONV _ NO	U-INT(1)		炉号	
HEAT _ NO	CHAR(9)		炉次号	
CODE _ ONOFF	U-INT(1)		0＝炉气分析 OFF 1＝炉气分析 ON	

注:该表包括多个数据库,每炉一个,如果激活了,旧数据被新数据修改。

(2) 副枪 PLC 到 OTCBM
副枪测量系统的实际值
表名称:[SUB _ ACT _ DATA]
激活条件:根据变化

名　　称	类　型	单　位	说　　明	范　围
MSG _ NO	U-INT(6)		自动增量	1～99999
MSG _ TIMESTAMP	DATETIME			

续表

名 称	类 型	单 位	说 明	范 围
CONV _ NO	U-INT(1)		炉号	
HEAT _ NO	CHAR(9)		炉次号	
TIME	DATATIME		事件时间	
ACT _ CHANNAL	U-INT(2)		实际通道号(从通道号 X 取探头)	
PROBE _ TYPE	U-INT(1)		1＝温度 2＝温度和取样 3＝EMF 4＝熔池液位	
ACT _ STATUS _ HERAEUS	U-INT(1)		1＝测试准备就绪 2＝吹炼期测试运行 3＝结束吹炼期测试运行 4＝测试完成并数据有效 5＝测试失败	
ACT _ STATUS _ SUBLANCE	U-INT(1)		1＝操作准备就绪 2,3＝探头准备顺序运行 9＝故障	
ACT _ BATH _ TEMP	U-INT(4)	℃	实测熔池温度值	
CODE _ BATH _ TEMP	U-INT(1)		1＝自动副枪测试 2＝手动副枪测试	
CODE _ TEMP	U-INT(1)		1＝控制室操作(手动) 2＝OTCBM 操作	
ATC _ EMF	U-INT(3)	mV	EMF 实测值	
ACT _ IMM _ DEPTH	U-INT(4)	cm	插入深度标准值	

注:该表包括多个数据库,每炉一个,如果激活了,旧数据被新数据替换。

参 考 文 献

1　马竹梧等编著.钢铁工业自动化·炼钢卷.北京:冶金工业出版社,2003
2　张宏建等主编.自动检测与装置.北京:化学工业出版社,2004
3　韩安荣主编.通用变频器及其应用.北京:机械工业出版社,2000
4　鞍山钢铁公司,东北大学.鞍钢 AFC 顶底复吹转炉项目总结资料,1993
5　张昆龙.模糊控制理论及转炉炼钢控制中的应用.博士论文,北京科技大学,2003(11)
6　赵沛主编.转炉精炼及铁水预处理实用技术手册.北京:冶金工业出版社,2004
7　鞍钢集团设计研究院.鞍钢炼钢易地改造初步设计.2003(5)
8　刘浏.转炉控制信息与在线检测技术(下).冶金自动化,2000(3)